● 武汉市自然资源和规划局委托项目“武汉城市远期远景空间布局框架研究”成果
● 国家自然科学基金项目“大城市都市区‘紧凑·多核·弹性’地域结构理论模式及其应用研究”（项目号：51478199）成果
● 国家自然科学基金项目“城市形态与城市微气候耦合机理与控制”（项目号：51538004）成果
● 武汉研究院开放课题重点项目“武汉与一线城市发展比较研究”（项目号：IWHS20181001）
● 青年千人计划基金项目资助（项目号：D1218006）
● 国家自然科学基金项目“快速成长期城市密集区生态空间测度及优化关键技术研究”（项目号：51408248）成果
● 华中科技大学文科学术著作出版基金资助成果
● 国家自然科学基金项目“反脆性大城市地域结构的测评体系及空间组织范型研究”（项目号：51708471）

大城市空间布局框架研究

——以武汉市为例

王智勇　林小如　黄亚平 / 著

中国建筑工业出版社

图书在版编目（CIP）数据

大城市空间布局框架研究：以武汉市为例／王智勇，林小如，黄亚平著．—北京：中国建筑工业出版社，2019.10

ISBN 978-7-112-24109-5

Ⅰ．①大… Ⅱ．①王… ②林… ③黄… Ⅲ．①城市空间－空间结构－研究－武汉 Ⅳ．①TU984.263.1

中国版本图书馆CIP数据核字（2019）第179165号

中国的快速城市化进程及其对全球的影响已成为21世纪最大的世界性事件之一。随着城市化的快速发展，大城市都市区逐步成型，以超大及特大城市为代表的国家中心城市是协调区域发展的空间支点，是代表国家参与国际竞争与合作的重要门户。武汉市第十二次党代会报告确定了“建设国家中心城市、复兴大武汉”的宏伟目标。武汉作为武汉城市圈及长江中游城市群的核心城市，作为中部地区中心城市，也是中部地区唯一的超大城市，武汉需要承担起国家空间支点的责任。

基于这样的背景，本书选取武汉市为对象，立足于新时期长江经济带、长江中游城市群及武汉建设国家中心城市等战略要求，提出武汉大城市都市区空间结构优化目标，研究国家战略及区域发展对武汉城市空间结构的影响和要求，探索经济模式及生产方式转变对武汉城市产业空间结构的影响，构建武汉大城市都市区合理的空间结构。

责任编辑：曹丹丹　张伯熙
责任校对：张　颖

大城市空间布局框架研究——以武汉市为例
王智勇　林小如　黄亚平/著

*

中国建筑工业出版社出版、发行（北京海淀三里河路9号）
各地新华书店、建筑书店经销
北京佳捷真科技发展有限公司制版
北京建筑工业印刷厂印刷

*

开本：787×1092毫米　1/16　印张：18¾　字数：374千字
2019年11月第一版　2019年11月第一次印刷
定价：90.00元
ISBN 978－7－112－24109－5
（34610）

作者简介

王智勇，博士，1983年2月出生于湖北蕲春，华中科技大学建筑与城市规划学院城市规划系副教授，城市规划系副系主任，国家注册城乡规划师，美国华盛顿大学访问学者。主持国家自然科学青年基金课题1项，参与国家自然科学基金课题6项，编著著作2本，参与编著著作5本，在《城市规划》《中国园林》《华中建筑》《规划师》等权威、核心期刊上发表学术论文30余篇。主持和参与实际工程项目30余项，涉及概念规划、城市总体规划、控制性详细规划、城市设计、修建性详细规划、乡村规划等多个领域，其中，主持项目获省级二等奖1项，参与项目获国家三等奖1项，省级二等奖5项，三等奖2项。主要研究方向为城市与区域发展研究、城市生态规划、乡镇规划研究等。

林小如，博士，1985年9月出生于福建厦门，厦门大学建筑与土木工程学院助理教授，硕士生导师，美国北卡罗来纳大学博士后。主持国家自然科学青年基金课题1项，参与国家自然科学基金课题3项。主要研究方向为县域及小城镇的城镇化问题及路径模式研究、大城市地域结构研究、城市海岸带空间规划管制研究。在《城市规划》《城市规划学刊》《Chinese City Planning Review》（城市规划 英文版）、《城市发展研究》《现代城市研究》等专业权威的核心期刊上共发表学术论文十几篇。主持和参与实

际工程项目20余项，涉及概念规划、城市总体规划、控制性详细规划、城市设计、修建性详细规划、城市海岸带空间规划管制等多个领域，其中，参与城市规划设计实践项目获省级以上奖项9项。

黄亚平，博士，1964年2月出生于湖北蕲春，华中科技大学建筑与城市规划学院院长、教授、博士生导师，国家首批注册规划师。1984年7月毕业于武汉理工大学城市规划专业，获学士学位。1989年4月毕业于同济大学城市规划专业，获硕士学位。2006年毕业于重庆大学建筑城规学院，获博士学位。在高校从事城市规划教育工作近30年，主持国家自然科学基金课题4项、国家重点研发计划子课题1项、省部级课题6项。获部级三等奖1项，省级一等奖1项，省级二等奖3项，省级三等奖2项。先后出版有《城市规划中的土地利用规划》（合著）、《城市外部空间开发规划研究》《城市空间理论与空间分析》《城市规划与城市社会发展》《城市土地开发及空间发展》《大城市都市区簇群式空间成长机理及结构模式研究》等著作，参与编写《城市规划资料集——小城镇规划》（任副主编）、《华中科技大学城市规划作品集》（任主编），在《城市规划》《城市规划学刊》《经济地理》等专业杂志发表论文40多篇。

前　言

改革开放40年，伴随着中国城市化的快速发展，大城市呈现快速规模化增长，尤其是进入21世纪以来，城市区域化及区域城市化趋势明显，一大批特大城市、超大城市涌现。在全球城镇化进程与经济全球化进程双重加快的时代背景下，大城市的快速扩张已成为带有普遍意义的不可阻挡之势，尤其是超大城市正在作为国家参与全球竞争与国际分工的空间支点，并深刻影响着国家的国际竞争力和21世纪全球经济的新格局。

2007年由住房城乡建设部编制的《全国城镇体系规划（2006—2020年）》首次提出“国家中心城市”的概念，至今，确立了9个国家中心城市——北京、上海、广州、天津、重庆、成都、武汉、郑州、西安。自此，国内几个特大区域中心城市都将建设国家中心城市定位为未来城市发展的战略方向。在国家相关政策及相关规划的引导下，以超大及特大城市为代表的国家中心城市是协调区域发展的空间支点，是代表国家参与国际竞争与合作的重要门户。

在这样的背景下，本书选取国家中心城市及超大城市武汉为对象，研究武汉城市发展特征及问题，探讨武汉城市空间结构布局框架的优化对策，为我国特大城市未来空间发展导控及规划决策提供参考；本书的研究也可为探索转型时期大城市的新型城镇化路径提供参考。

本书共分为六大部分。

第一部分为武汉城市空间发展现状综合评估。从问题导向和目标导向两条主线入手，研究武汉城市空间未来发展的趋势判断，提出武汉城市空间发展的规划建议。

第二部分为国内外典型大城市空间结构的案例研究。在研究国内外典型大城市案例的基础上，总结国内外典型大城市都市区发展及其空间重构的特征及经验，提出典型案例经验对武汉都市区空间发展的借鉴意义。

第三部分为武汉都市区地域结构优化的目标及评价指标体系。研究转型关键时期武汉城市发展的目标及空间发展的目标，建构武汉都市区空间结构优化的四维评价指标体系。

第四部分为区域发展对武汉城市远期远景空间结构的影响研究。从区域功能发展、区域基础设施建设、区域生态环境保护、区域空间开发四个维度，研究区域视野中武汉城市功能及空间发展的问题，探索武汉城市功能及空间发展的趋势和对策。

第五部分为经济模式及生产方式转变对武汉产业空间结构的影响。在研究生产方式及空间格局特征演变的基础上，探讨未来经济模式与生产方式转变的趋势，研究武汉市经济发展及产业空间分布特征及趋势，提出武汉市产业发展引导策略，并构建武汉市新的产业空间格局。

第六部分为基于人口、就业及轨道交通的武汉主城区功能空间重构研究。主要研究武汉主城区人口分布对城市功能空间的影响、主城区就业岗位分布对城市功能空间的影响、轨道交通对城市功能空间的影响，并在此基础上提出武汉主城区功能空间重构的优化对策。

本书是在完成武汉市自然资源和规划局、武汉市规划编制研究中心委托及合作课题“武汉城市远期远景空间布局框架研究”的基础上拓展撰写而成的。编写人员如下：

彭翀：第1章武汉城市空间发展现状综合评估；

林小如、王智勇：第2章国内外典型大城市空间结构的案例研究；

林小如、王智勇：第3章武汉都市区地域结构优化的目标及评价指标体系；

王智勇、罗吉：第4章区域发展对武汉城市远期远景空间结构的影响研究；

周敏、王智勇：第5章经济模式及生产方式转变对武汉产业空间结构的影响；

陶德凯、罗吉、王智勇：第6章基于人口、就业及轨道交通的武汉主城区功能空间重构研究。

全书由王智勇负责结构设计并统稿，由黄亚平教授负责技术指导，由杨体星协作进行技术性修改。呈现在读者面前的这部著作，可为全国各地大城市规划编制提供参考，也可供城市政策制定者、城市发展研究人员、相关高校教师及学生参考，书中若有不妥之处，请读者不吝批评指正。

目录

第 1 章　武汉城市空间发展现状综合评估　001

1.1　现状研究思路及内容　002

1.1.1　研究思路　002

1.1.2　研究目标　002

1.1.3　研究重点内容　003

1.2　城市空间发展与用地布局　003

1.2.1　武汉城市空间发展阶段的判定　003

1.2.2　土地空间开发特征　010

1.2.3　城市功能布局的演变与特征　017

1.2.4　武汉城市空间发展的影响因素　021

1.2.5　评估与判断　022

1.3　主城区重点功能空间发展与布局　023

1.3.1　主城区重点功能空间发展概况　023

1.3.2　主城区重点功能区规划与现状发展的比较分析　027

1.3.3　主城区重点功能区规划与其他规划的衔接分析　030

1.3.4　评估与判断　031

1.4　产业发展与重大基础设施建设　033

1.4.1　武汉经济发展与产业阶段判定　033

1.4.2　武汉工业空间发展与规划的分析　034

1.4.3　评估与判断　039

1.4.4　武汉大型基础设施工程的影响　040

1.5　都市区生态空间发展与布局　043

1.5.1　建设用地与生态空间的协调关系　043

1.5.2　生态用地保护现状与压力　045

1.5.3　生态用地保护措施的国内外经验借鉴　046

1.5.4　评估与判断　047

1.6　新城发展与主城建设　048

1.6.1　新城发展历程与趋势　048

1.6.2　典型新城与主城空间布局发展现状与问题　049

1.6.3　典型新城与主城联动发展分析　054

1.6.4　新城发展的经验借鉴　056

1.6.5　评估与判断　060

第 2 章　国内外典型大城市空间结构的案例研究　063

2.1　案例选择及研究框架　064

2.1.1　研究背景　064

2.1.2　研究目标及意义　064

2.1.3　研究案例城市选择　065

2.1.4　研究内容及技术路线　068

2.2　共性目标特征　070

2.2.1　区域协同：外协内调，提升城市能级　072

2.2.2　智慧多元：利用信息技术打造智慧网络城市　073

2.2.3　文化转向：发展文化创意产业，营造特色鲜明的魅力之城　074

2.2.4　生态弹性：应对未来的不可知性，转向反脆弱型绿色城市　074

2.2.5　瓶颈突破：走向可持续发展　075

2.3　都市区空间功能布局与重组　075

2.3.1　各大都市区圈层功能分布格局　075

2.3.2　居住：核心区持续加密，郊区圈层状轴向加速外移　077

2.3.3　工业：柔化重组　078

2.3.4　服务业：专业化的多核化地域分工　078

2.3.5　新城：多元多级梯度差异型培育　079

2.4　都市区空间结构与形态　083

2.4.1　整体空间结构：圈层式拓展到轴向拓展，组团推进，区域融合　083

2.4.2　新城发展：附属型—半独立式—自立型—网络融合型　083

2.5　都市区空间发展策略　097

2.5.1　区域空间：容量均衡化的网络开敞式大融合　099

2.5.2　都市区空间结构：多中心 + 廊道　100

2.5.3　增长模式：从“极化圈层式拓展”到“多元有机增长”　101

2.5.4　文化空间：升级式再造与战略性储备　101

2.5.5　交通系统：关联整合与差异式引导　102

2.5.6　生态空间：近域易达性与全域网络化　103

2.5.7　发展时序：由多方向同时出击向重点有序带动转变　104

第3章　武汉都市区地域结构优化的目标及评价指标体系　105

3.1　研究内容及方法　106

3.1.1　研究目的及意义　106

3.1.2　研究内容及要解决的主要问题　106

3.2　武汉城市发展目标梳理及空间发展目标提取　109

3.2.1　武汉市相关规划目标解读　109

3.2.2　大城市都市区空间发展关注的关键领域　112

3.2.3　武汉市都市区发展面对的挑战　115

3.2.4　武汉城市发展目标聚焦及空间发展目标映射　115

3.3　大城市都市区四维评价指标体系框架建构　116

3.3.1　国内外大都市区相关评价指标体系的空间向量检索　116

3.3.2　结构主义方法论下的四维框架搭建　117

3.4　武汉都市区空间结构优化的四维测评体系建构　119

3.4.1　区域协调度　119

3.4.2　紧凑集约度　121

3.4.3　有机舒展度　123

3.4.4　弹性适应度　128

3.4.5　武汉都市区空间发展综合评价指标体系的合成　131

第4章　区域发展对武汉城市远期远景空间结构的影响研究　133

4.1　区域发展对城市空间影响的主要领域　134

4.1.1　相关理论研究　134

4.1.2　区域发展对城市空间影响的要素　135

4.2　区域功能发展对武汉城市空间的影响　138

4.2.1　长江经济带层面武汉的功能发展　138

4.2.2　中三角层面武汉的功能发展　139

4.2.3　武汉城市圈及近域城市层面　146

4.2.4　结论　155

4.3　区域基础设施建设对武汉城市空间的影响　155

4.3.1　武汉新港建设，带动空间发展沿江聚集　155

4.3.2　交通廊道建设，带动武汉新的空间格局　159

4.3.3　重大基础设施建设，带动空间新的增长点　161

4.3.4　结论　163

4.4　区域生态环境保护对武汉城市空间的影响　163

4.4.1 区域生态空间格局现状及问题 163
4.4.2 区域生态空间保护对武汉的影响 166
4.4.3 结论 167
4.5 区域空间开发对武汉城市空间的影响 168
4.5.1 区域空间开发的现状及趋势 168
4.5.2 区域空间开发对武汉的影响 169
4.5.3 结论 171
4.6 区域视野中的武汉城市功能及空间发展问题与对策 171
4.6.1 区域视野中的武汉城市功能及空间发展的问题 171
4.6.2 区域视野中的武汉城市功能及空间发展趋势和对策 172
第5章 经济模式及生产方式转变对武汉产业空间结构的影响 179
5.1 生产方式与空间格局特征的演变 180
5.1.1 生产方式的界定 180
5.1.2 福特制及工业化城市空间格局 180
5.1.3 后福特制及后工业化城市空间格局 182
5.1.4 生产方式演化案例分析 183
5.2 未来经济模式与生产方式转变的趋势 184
5.2.1 趋势判断：新经济时代的到来 184
5.2.2 产业转型对城市空间结构的影响 189
5.3 武汉现状产业发展与空间分布 191
5.3.1 经济发展现状 191
5.3.2 产业结构分析 195
5.3.3 产业空间分布特征 202
5.4 武汉市经济发展及产业空间变化趋势 221
5.4.1 未来经济模式阶段划分 221
5.4.2 产业空间的变化趋势 222
5.5 基于产业布局的城市空间概念规划 225
5.5.1 产业空间布局理念 225
5.5.2 产业空间规划的层次构建 226
5.5.3 产业空间规划布局 228
5.5.4 武汉市产业发展引导策略 232

第6章　基于人口、就业及轨道交通的武汉主城区功能空间重构研究 233
6.1 研究背景及主要内容 234
6.1.1 研究背景 234
6.1.2 问题的提出 234
6.1.3 研究主要内容 235
6.2 主城区人口分布对城市功能空间的影响 235
6.2.1 主城区现状居住人口分布 235
6.2.2 主城区规划人口规模分析 237
6.2.3 规划居住人口规模的检讨 242
6.3 主城区就业岗位分布对城市功能空间的影响 249
6.3.1 主城区现状就业岗位分布 249
6.3.2 主城区规划就业岗位分析 253
6.3.3 小结 259
6.4 规划职住关系的检讨 260
6.4.1 基于标准分区职住比分析 260
6.4.2 基于功能单元职住比分析 262
6.4.3 基于功能板块职住比分析 263
6.4.4 小结 265
6.5 基于职住关系分析的主城区空间发展策略 265
6.5.1 基于职住错位的案例——东京 265
6.5.2 空间趋势与对策 266
6.6 基于轨道交通的主城区功能及空间重构 268
6.6.1 武汉市轨道交通发展情况 268
6.6.2 轨道交通与主城区规划耦合分析 269
6.6.3 基于轨道交通的主城区空间规划优化策略 281
参考文献 284

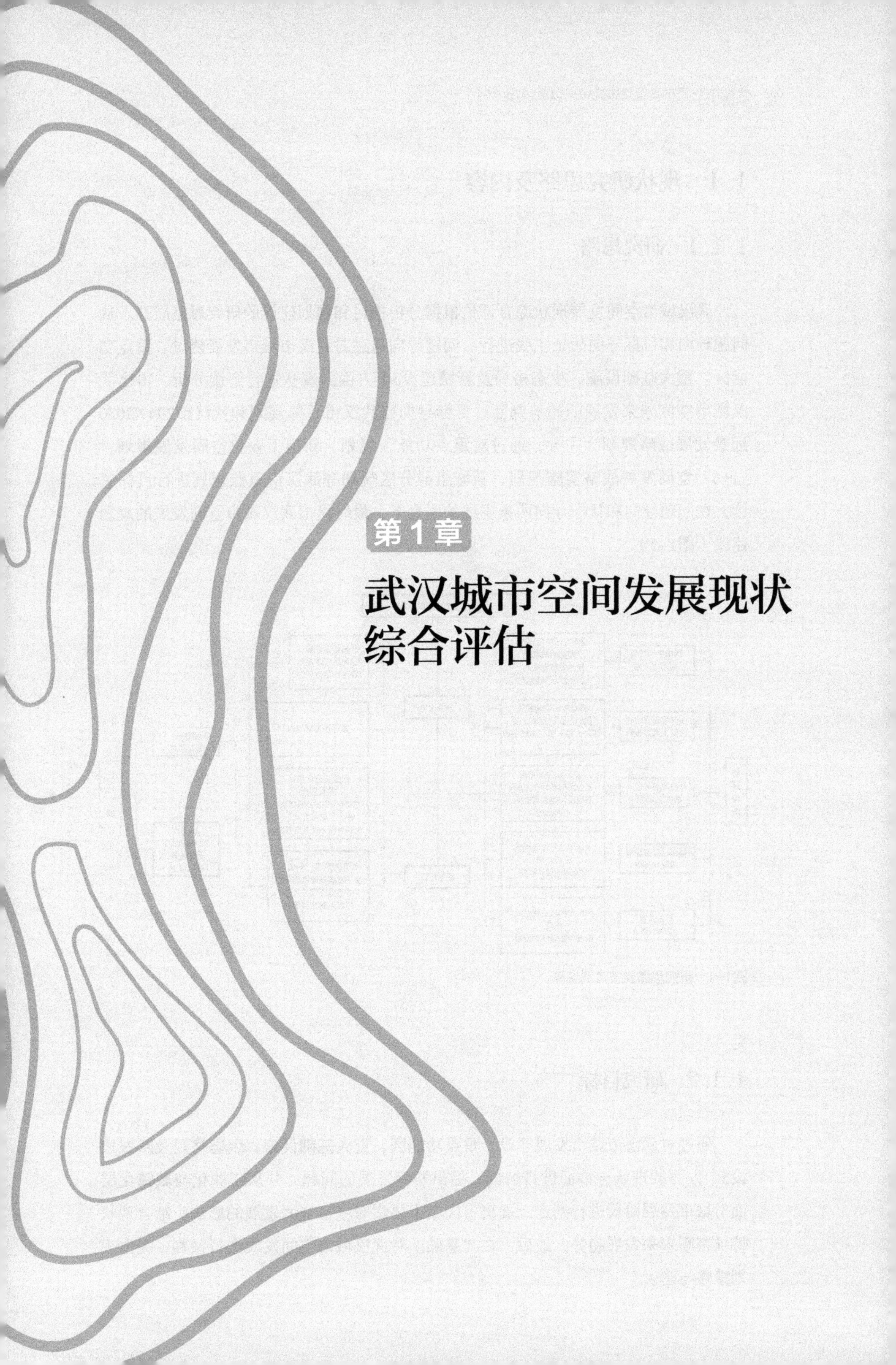

第1章 武汉城市空间发展现状综合评估

1.1 现状研究思路及内容

1.1.1 研究思路

武汉城市空间发展现状综合评估根据分析检讨和规划建议的研究思路展开。从问题导向和目标导向两条主线进行：问题导向通过对武汉市城市发展建设、重点功能区、重大基础设施、生态格局及新城建设5个方面的现状进行解读分析，得出武汉城市空间未来发展的趋势判断；目标导向以武汉市总体规划和武汉市2049/2050远景发展战略规划为主导，通过对重点功能区规划、新型工业化空间发展规划、“1+6”空间发展战略实施规划、新城组群分区规划等武汉市重点规划进行目标解读，在问题导向和目标导向两条主线的引导下，最终提出武汉城市空间发展的规划建议（图1–1）。

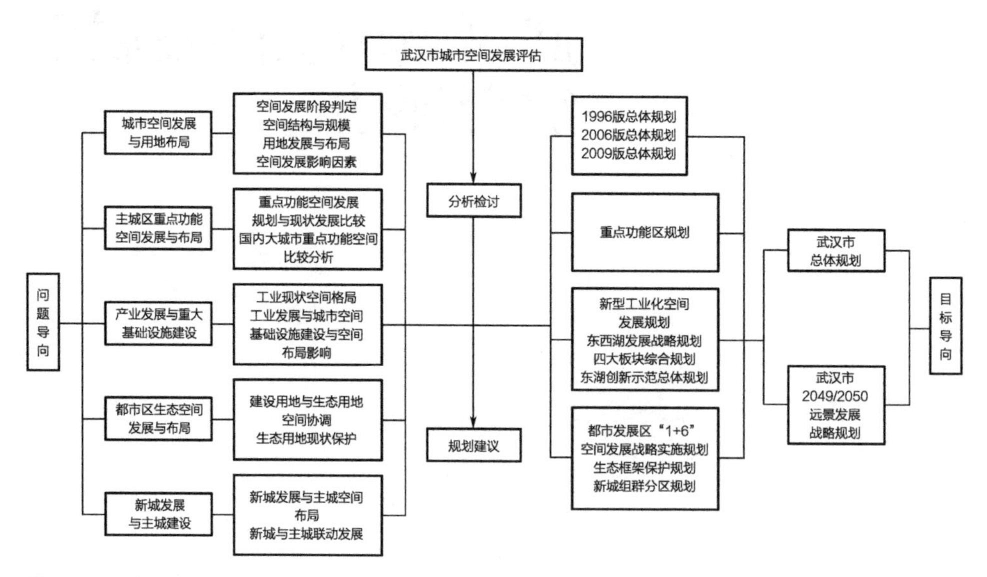

图1–1 研究思路及技术路线图

1.1.2 研究目标

通过对武汉市城市发展建设、重点功能区、重大基础设施、生态格局及新城建设5个方面的现状与特征进行解读，提出空间发展的问题，并从工业化与城镇化层面对城市发展阶段进行判定，提出不同城市要素对城市空间发展的影响，结合现状特征判断未来发展趋势，最后，在此基础上对武汉城市空间发展进行预判，提出规划策略与建议。

1.1.3　研究重点内容

一是对武汉市发展与建设进行评价，对国内外大中城市的发展规模进行横向比较。对武汉现阶段所处的工业化和城镇化阶段作出判断，并根据国外工业化与城镇化阶段及城市空间理论基础预测武汉未来空间格局。在此基础上，对武汉城市空间现状进行分析和判断，提出武汉城市空间优化的建议。最后对影响空间发展的重大因素进行分析并判断对未来空间格局起主导作用的因素。

二是主城区重点功能空间发展与布局，首先对武汉重点功能区的建设背景和规划进行概述；然后通过将重点功能区规划与武汉的发展现状和其他相关规划对比，进而通过定量分析将武汉重点功能区规划与国内其他大城市重点空间对比；最后导出了对城市重点功能空间发展与布局的现状评估和判断，并对现行规划提出一些检讨和建议。

三是武汉市工业发展与重大基础设施建设对城市空间发展的影响，通过分析工业空间的演变历程与空间发展现状布局，得出工业演进模式与城市空间拓展模式的关联耦合，指出工业布局对城市空间发展的重大影响并分析潜在问题；然后对武汉市典型的重大基础设施汉阳站和第二机场的建设进行分析，得出对城市空间格局的重大影响；最后得出城市空间发展的趋势预判。

四是都市区范围内建设用地与生态用地的互动关系。详细阐述了建设用地（新城、主城）与生态用地的协调关系，通过研究生态空间与建设用地的匹配程度，指出空间发展存在问题，对未来发展趋势进行总判定。

五是新城发展与主城建设。主要分析了主城与新城的互动关系，通过研究国内外新城的建设发展，结合武汉市新城规划实施情况，对现状问题进行总结，提出未来发展的协调关联趋势。

1.2　城市空间发展与用地布局

1.2.1　武汉城市空间发展阶段的判定

1. 国内大城市发展状况横向比较

国内大城市发展状况的横向比较，主要选取全国各省会城市，通过对比反映武汉市发展的指标，如市辖区人口、建成区面积、城镇化水平等，得出如下结论：武汉市常住人口排名第9位，建成区面积排名第7位，生产总值（全市）排名第7位，城镇化率排名第7位。综合4项指标来看，武汉的发展处于全国省会城市发展的中前列，仅次于北京、上海、广州、重庆、成都等城市（图1-2～图1-5）。

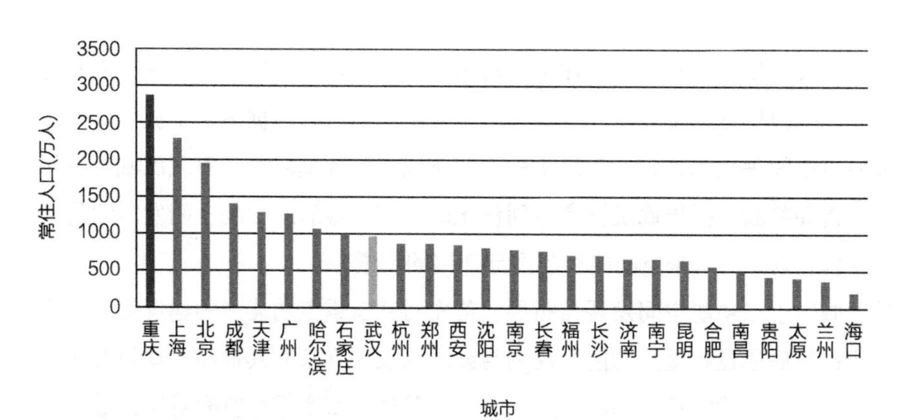

图1-2　武汉常住人口排名
资料来源：2013中国城市年鉴。

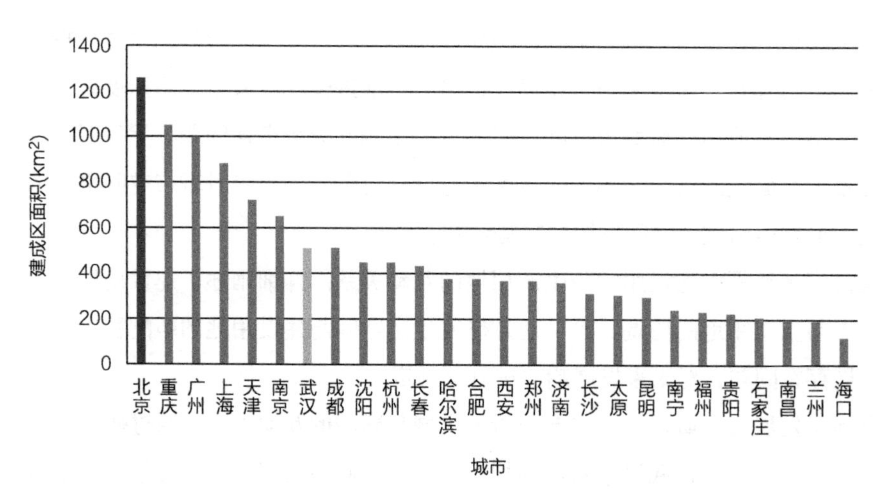

图1-3　武汉建成区面积排名
资料来源：2013中国城市年鉴。

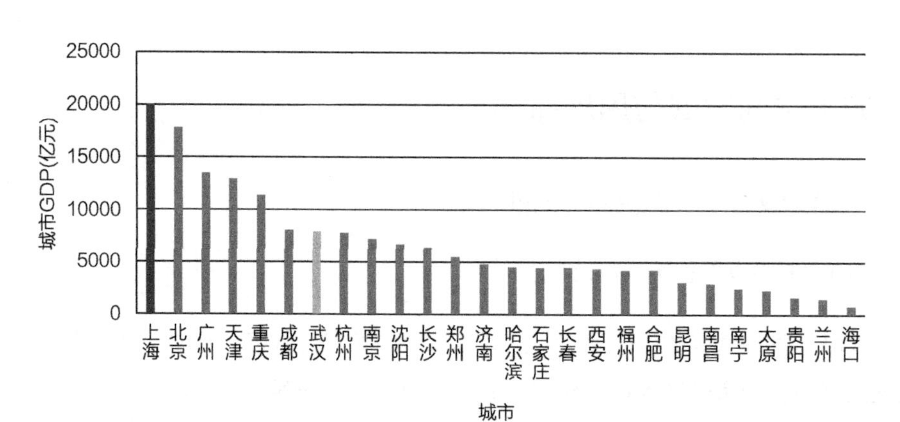

图1-4　武汉城市GDP排名
资料来源：2013中国城市年鉴。

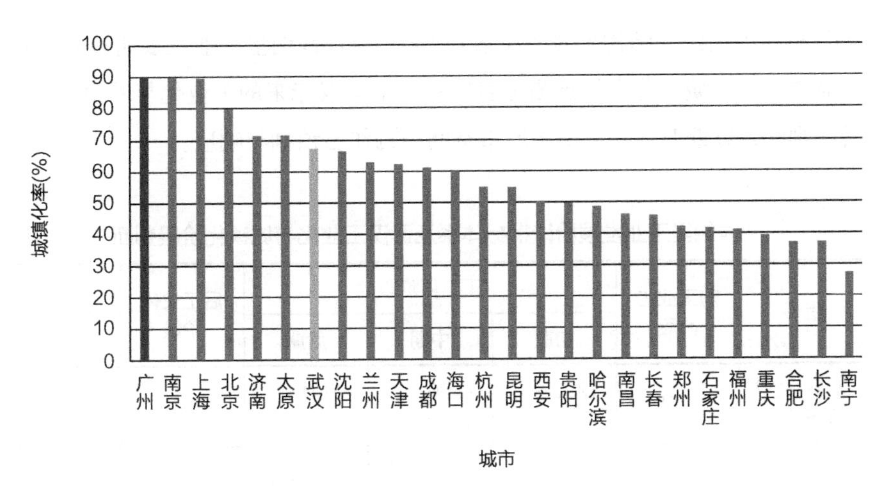

图1-5　武汉城镇化率排名
资料来源：2013中国城市年鉴。

2．武汉经济发展与空间发展阶段判定及预测

（1）城市经济发展与空间发展关系的理论基础

在城市发展的历程中，社会经济发展水平及产业结构的变化决定了城市发展的阶段性。社会经济的不断发展导致城市的空间结构和形态发生变化。根据社会经济发展的特点，大致可以划分为以下3个阶段：农业经济时代、工业经济时代、后工业经济时代。在不同的发展阶段，城市的空间组织形态具有各自的特征。

农业经济时代城市空间结构和形态具有很大的封闭性和稳定性，空间扩展和形态变化缓慢，稳定性强。在工业化初期，农业经济时代的结构被打破，高密度、集中式、单中心城市结构及"摊大饼"式的城市形态逐步形成。随着工业化的进一步发展，城市蔓延迅速，很多国家开始大规模地新城建设。在20世纪中叶，一些发达国家进入工业化后期，率先出现了城市郊区化趋势，由此导致了城市结构向多中心结构的发展和演化。

1960年以后，以美国为代表的西方国家相继进入后工业化社会。城市空间又出现了新的变化，即在城市边缘扩散中又有相对集聚，形成郊区次中心。大都市区的空间结构越来越走向多中心和群体化。

（2）现阶段经济发展——工业化中后期，城镇化加速阶段后期

钱纳里工业发展阶段指标体系及武汉工业化与城镇化阶段判断见表1-1。

从表1-1的分析可知，综合5项指标来看，武汉处于工业化中后期，城镇化阶段处于加速阶段后期。

（3）未来经济发展——武汉城镇化与工业化阶段的趋势判断

在对武汉现阶段的城镇化与工业化阶段进行判断的基础上，根据世界银行2012

年公布的中国经济结构预测（见表1–2）并结合钱纳里工业发展阶段指标以及联合国对中国未来城镇化率的预测（表1–3），对武汉未来的工业化与城镇化阶段作出分析和判断，以期对武汉未来的城市空间结构作出预判与响应。

钱纳里工业发展阶段指标体系及武汉工业化与城镇化阶段判断　　表1–1

指标	前工业化阶段	工业化阶段			后工业化阶段	武汉（2012年）
		初期	中期	后期		
人均GDP（美元）	＜1200	1200～2400	2400～4800	4800～9000	＞9000	12783
地区增加值构成	第一产业主导，第二产业＜20%	第一产业＞20%，第二产业＞20%	第一产业＜20%，第二产业＞第三产业	第一产业＜10%，第二产业＞20%	第二产业稳定下降，第三产业＞第二产业	3.76：48.35：47.89
工业增加值占GDP比重	—	20%～40%	40%～70%	下降	下降	48.35%
第三产业增加值占GDP比重	—	10%～30%	30%～60%	上升	上升	47.89%
工业内部结构	—	以原料工业为重心的重工业化阶段	以加工为重心的高加工度化阶段	技术集约化阶段		汽车零部件、装备制造、钢铁制造、电子信息、石化
城镇化阶段	初始阶段	初始阶段	加速阶段前期	加速阶段后期	稳定阶段	—
城镇化率	＜20%	由20%升至30%	由30%升至50%	由50%升至70%	＞70%	67.5%

中国经济结构预测　　表1–2

年份	工业占GDP比重	服务业占GDP比重
1995—2010	46.9%	43.0%
2011—2015	43.8%	47.6%
2016—2020	41.0%	51.6%
2021—2025	38.0%	56.1%
2026—2030	34.6%	61.1%

资料来源：世界银行2012。

联合国对中国总人口以及城镇化率的预测　表1-3

年份	总人口（亿人）	城市人口（亿人）	城镇化率
2010	13.4	6.6	49.3%
2020	13.9	8.5	61.2%
2030	13.9	9.6	69.1%
2050	13.0	10.0	76.9%

根据中国经济结构预测，从1995年开始，服务业比重持续上升，预计在2026—2030年期间，中国的服务业占GDP的比重将达到61.1%，且远远超出工业占GDP的比重，参照表1-2可以初步判断中国将在2026—2030年期间步入工业化后期。

根据联合国对中国城镇化率的预测可知，中国在2030年的城镇化率将达到69.1%，参照表1-2可判断在2030年中国将进入城镇化加速阶段后期，在2030—2050年期间，进入城镇化稳定阶段。

在中国城市发展的大背景之下，对武汉历年统计年鉴中的三产结构数据进行整理并结合其他城市的发展情况，以对其未来的工业化阶段和城市空间进行判断。

根据武汉历年三产结构变化图（见图1-6），结合近10年三产增长比例图（图1-7）可以看到，第三产业比例在1998年以后开始逐渐超越第二产业，经过近14年的发展至2012年第二、三产业的比例又重新接近，可以预测武汉的经济结构在未来很有可能进入一段第二、三产业相互交织的时期，该阶段由经济结构重组所带来的城市空间同样处于快速发展与转型期。而后第三产业比例逐渐上升，最终超过第二产业并占据主导地位，武汉将逐渐进入工业化后期乃至后工业化阶段（表1-4）。

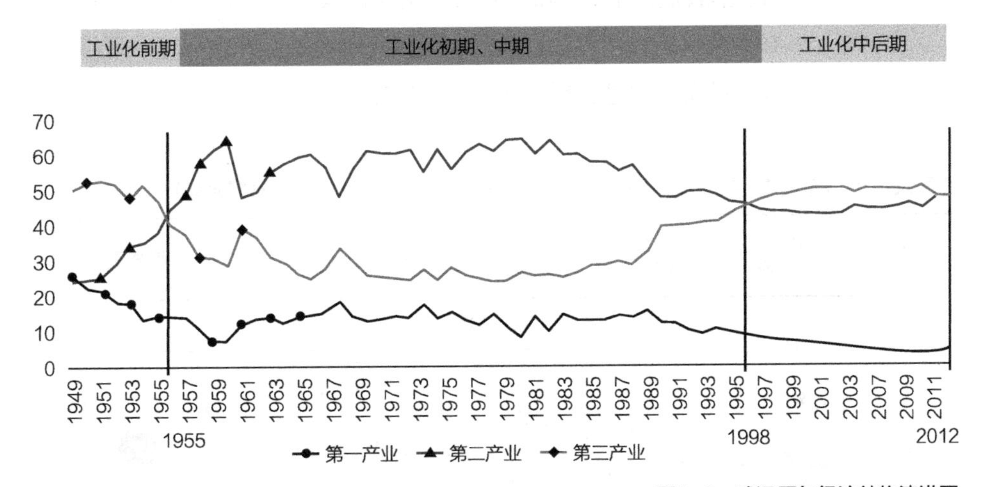

图1-6　武汉历年经济结构演进图
图片来源：武汉2050。

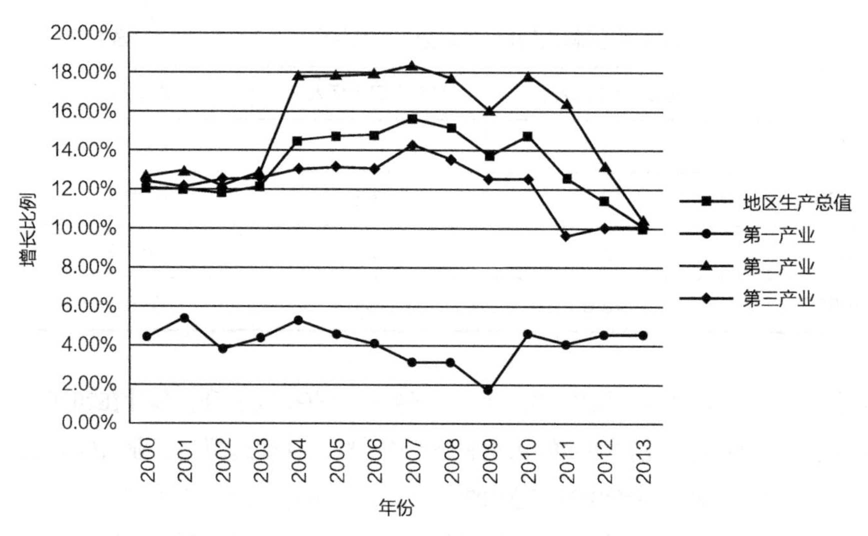

图1-7 武汉历年经济产业增长比例

武汉发展路径预测 **表1-4**

年份	经济结构	发展阶段
2013—2020	第二、三产业交织	由工业化中后期向工业化后期过渡的快速发展与转型期
2020—2030	第三产业比例上升超过第二产业	工业化后期
2030以后	第三产业主导	持续发展逐渐进入后工业化社会

（4）基于经济发展分析的空间发展阶段判定及预测

基于对国外发达城市空间结构演变和工业化进程与城镇化阶段的关系探究，在对武汉目前的工业化阶段作出判断和预测后，结合武汉历年总体规划，依据1993年、2004年、2010年武汉统计年鉴的数据得出城镇化阶段及工业化进程，最终得到武汉都市区空间发展的阶段演进及预测图表（表1-5）。

武汉都市区空间发展的阶段演进及预测（1993、2004、2010版总体规划） **表1-5**

年份	城镇化阶段	工业化阶段	都市区空间结构	空间发展特点	模式图
历年总体规划					
1993	城镇化率：55.96% 加速阶段中期	工业化中期	1. 单中心圈层式拓展； 2. 主城+7个单独新城	1. 主城独大，城市蔓延速度快； 2. 新城发展动力不足； 3. 生态隔离区消减	

续表

年份	城镇化阶段	工业化阶段	都市区空间结构	空间发展特点	模式图
历年总体规划					
2004	城镇化率：61.7% 加速阶段中后期	工业化中期	1. “以主城为核，多轴多心，轴向延伸，组团布局”；2. 主城+6个新城组群	1. 建设重心由主城向外围转移；2. 新城发展用地粗放不集约；3. 生态绿楔使得生态隔离区得到修复	
2009	城镇化率：65.0% 加速阶段后期	工业化中后期	1. “以主城为核，轴向拓展，组团推进，轴楔相间” 2. 主城+6个新城组群	1. 建设重心由主城向外围转移；2. 新城建设集约化程度低，规模效应不明显；3. 生态问题得到重视	
趋势预测					
2010—2030	城镇化率：50%~70% 加速阶段后期	工业化后期	主城+新城组群	新城功能不再单一，逐渐走向综合，用地集约化程度高	
2030—2050	城镇化率：>70% 稳定阶段	后工业化阶段	主城+新城组群	新城与主城呈现出网络化趋势，新城与新城、新城与主城的联动性高	

从表1–5的分析可知：现阶段的武汉城市空间出现了地域功能分化，商务区与近郊工业区已逐渐成熟，单中心的圈层式仍在继续，多中心结构开始出现。但各新城中心之间的联动性较差，周边新城的功能单一，用地集约性较差。预计到2030年，武汉将会逐渐步入工业化后期，多中心结构逐渐成熟，新城的功能逐渐完善，用地由粗放走向集约化；在2030年以后，武汉将逐步进入后工业化阶段，都市区空间将向多中心、复合式、网络化的结构发展，群体化趋势将会越来越明显。

1.2.2 土地空间开发特征

1．土地开发的历史演进

（1）建成区总量倍增，年均增速显著提高

通过对1993—2012年市辖区城市建成区面积的统计，得到图1-8。

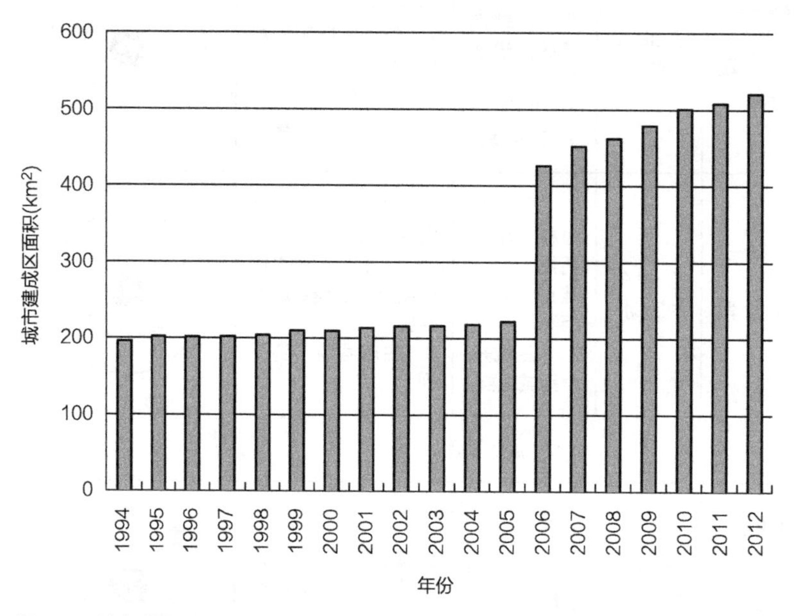

图1-8 城市建成区面积演进图

从图1-8可见：1994年至2005年建成区面积增长缓慢，从2005年开始建成区面积迅速大幅度增长。2012年武汉市辖区建成区面积为520km^2。2005—2012年年均增长量在37.5km^2左右，武汉城市建设用地增速处于近20年来的历史最高期。

图1-9为包括武汉在内的19个特大型城市人均建设用地排名，武汉2012年人均

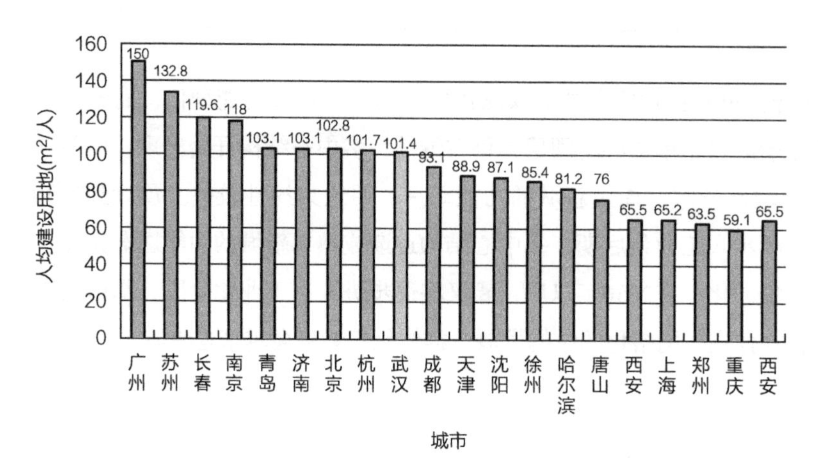

图1-9 人均建设用地排名（2012年）

建设用地为101.4m²/人。根据《城市用地分类与规划建设用地标准》GB 50137—2011，武汉的人均建设用地处于65～115m²/人的范围内，由此看来，武汉的用地集约性不高，应重视土地的集约利用。

（2）四大类城市建设用地结构总体趋向合理，绿地比例仍需提高

分别对1993年、2004年以及2011年的用地平衡表进行整理，得到图1-10、图1-11和表1-6。

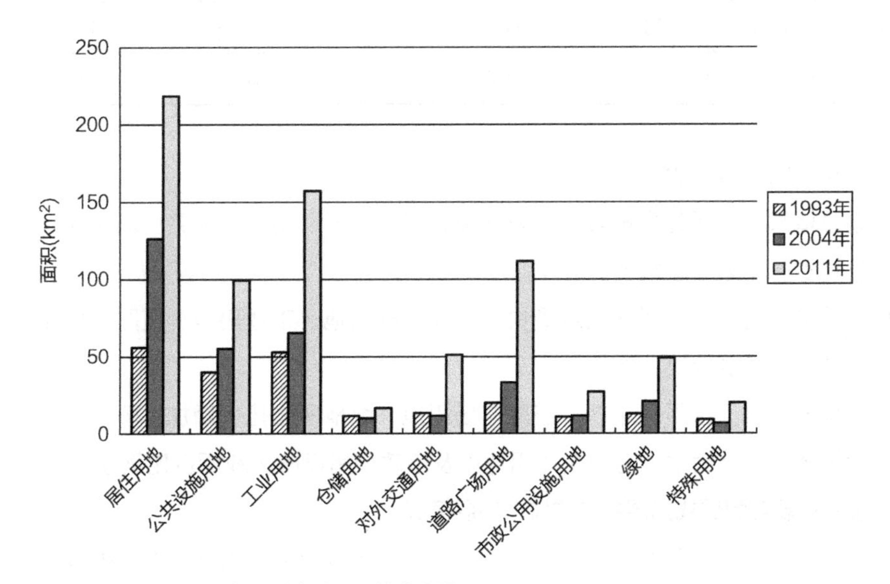

图1-10　武汉主城区各项城市建设用地演变图

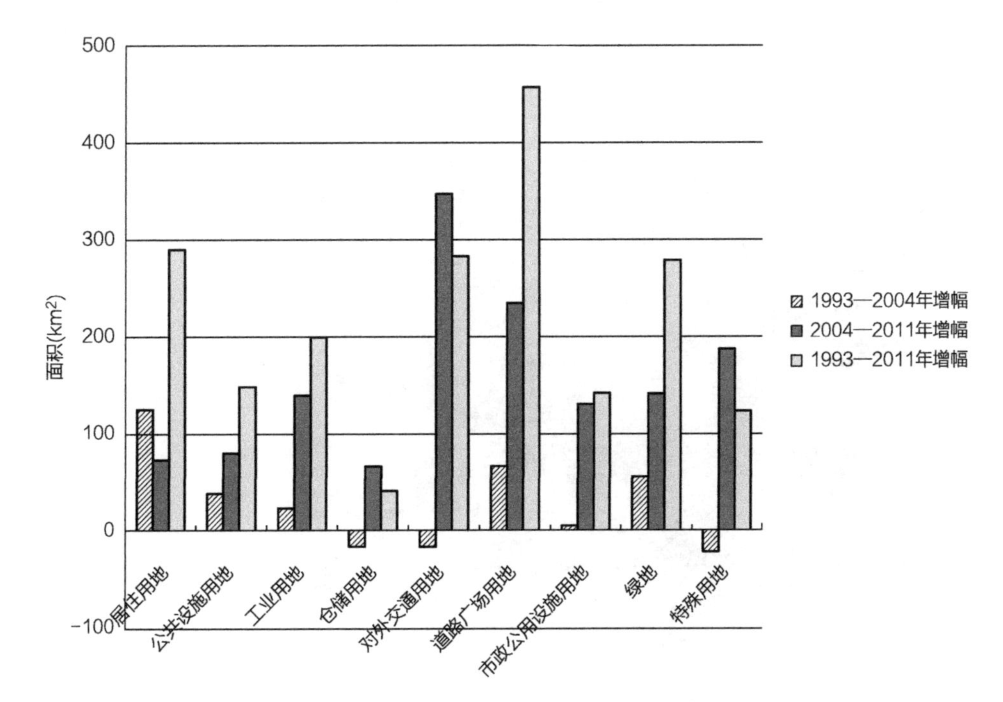

图1-11　各项城市建设用地阶段性增幅情况

四大类城市建设用地比例构成 表1-6

1993年		2004年		2011年		规划建设用地结构（%）
面积（km^2）	占总用地比例（%）	面积（km^2）	占总用地比例（%）	面积（km^2）	占总用地比例（%）	
59.11	24.69	125.94	36.98	218.45	29.08	20～32
52.67	23.18	65.43	19.21	157.21	20.93	15～25
20.15	8.86	33.40	9.80	111.82	14.89	8～15
13.09	5.75	7.01	6.04	49.59	6.60	8～15

由图1-10、图1-11和表1-6可见：

①用地总增量上，居住用地最多，公共设施用地、工业用地、道路广场用地以及绿地增量较多；仓储用地减少。

②用地总增长速度上，居住用地最快，公共设施用地、工业用地、道路广场用地以及绿地增长速度也较快。

③用地构成比例上，居住用地、道路广场用地、绿地所占比例增加；公共设施用地、工业用地、仓储用地、对外交通用地以及市政公用设施用地所占比例减少。

（3）轴向拓展与圈层式拓展并进的城市拓展模式

总体趋势：轴向拓展与圈层式拓展并进，主城区内以填充式发展为主；外围新城组群以片状发展为主，同时沿交通轴线发展（见图1-12）。

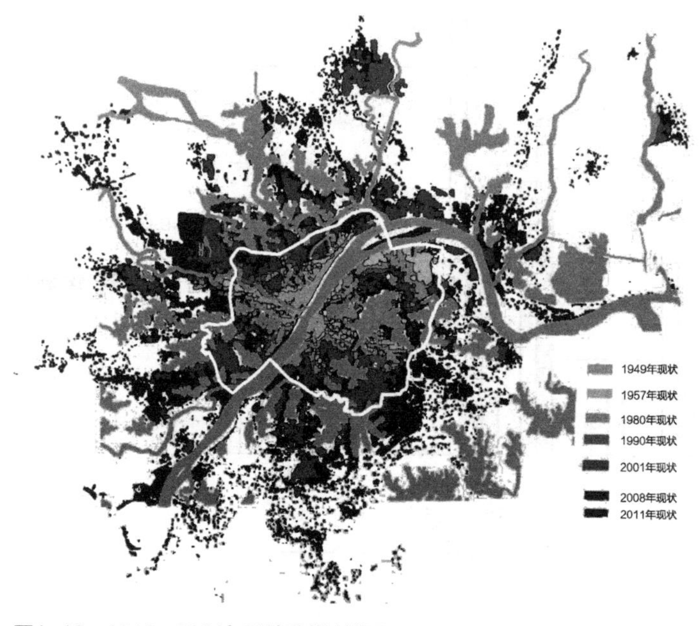

图1-12 1949—2011年用地现状演进图

①轴向发展：沿长江上下游向东北和向南发展；沿汉水向西延伸；沿武路路、珞瑜路方向向东扩展；沿318国道向西南沌口扩展。

②沿主城周边圈层式拓展：东向：东部组团（新洲阳逻+青山化工园区）、东南部组团（东湖高新技术开发区+洪山+江夏）；南向：南部组团（江夏+洪山）；西向：西部组团（吴家山+汉阳）、西南组团（武汉经济技术开发区+汉南+蔡甸）；北向：北部组团（黄陂盘龙城）。

（4）城市空间结构趋向紧凑：双核心—中央活动区核心、边缘组团—综合组团

城市规模的扩大、不同类型用地的增长或转化影响着城市结构的发展，现将武汉1996年、2006年以及2010年总体规划进行梳理，整理出其城市结构演变过程（表1-7）。

由城市结构演变过程可知，武汉由1996年采用的“多中心—组团式”的规划结构发展为一个中央活动区和3个城市副中心的空间结构，杨春湖、四新、鲁巷3个城市副中心分别分布在武昌和汉阳两镇。但随着城市建设用地的蔓延和扩张，3个城市副中心已无法满足城市未来的发展，加之汉口地区建设用地急剧增加，汉口地区缺乏城市副中心的失衡问题逐渐显现，未来副中心的发展重心将逐渐向汉口偏移。

城市结构演变过程　　表1-7

年份	主城区空间结构	结构图
1996	“多中心—组团式” 1. 武昌、汉口两个核心区； 2. 核心区周围10个综合组团； 3. 边缘10个综合组团； 4. 4个风景名胜区	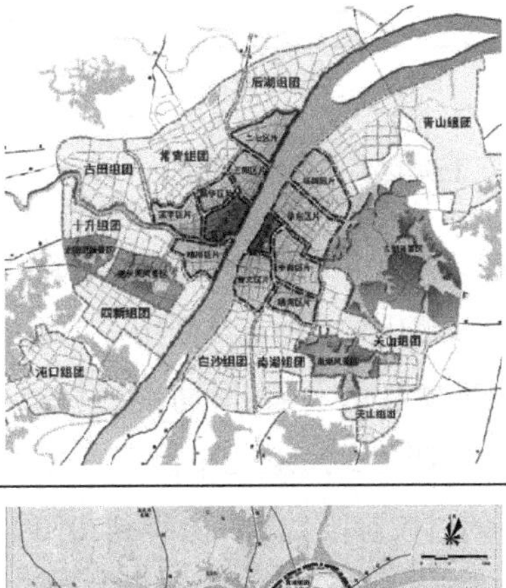
2006	1. 中央活动区； 2. 杨春湖、四新、鲁巷3个城市副中心； 3. 东湖风景名胜区； 4. 15个综合组团	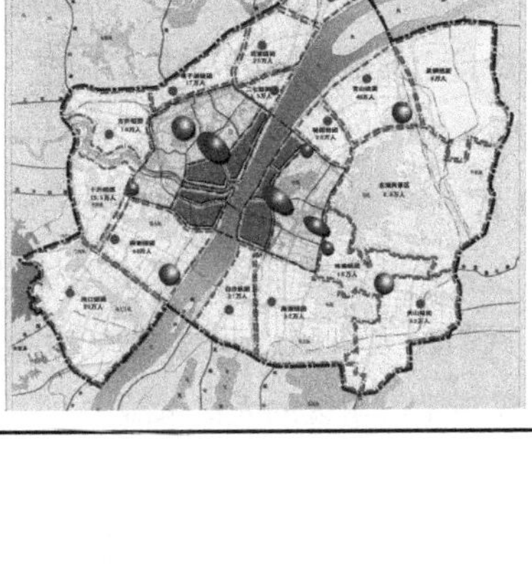

续表

年份	主城区空间结构	结构图
2010	1. 中央活动区； 2. 杨春湖、四新、鲁巷3个城市副中心； 3. 东湖风景名胜区； 4. 15个综合组团	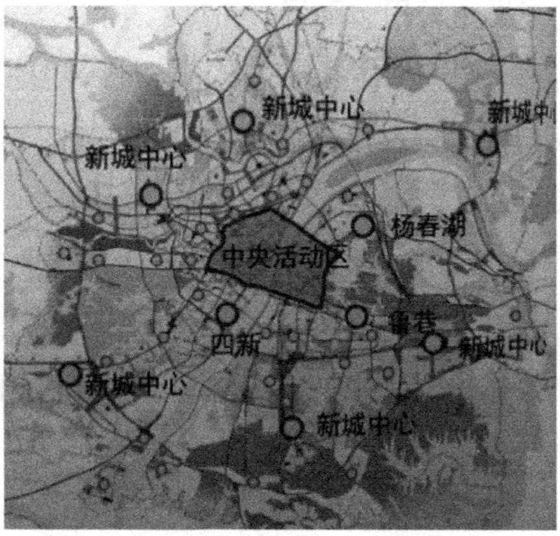
发展判断	1. 城市副中心数量不足； 2. 副中心发展重心偏移	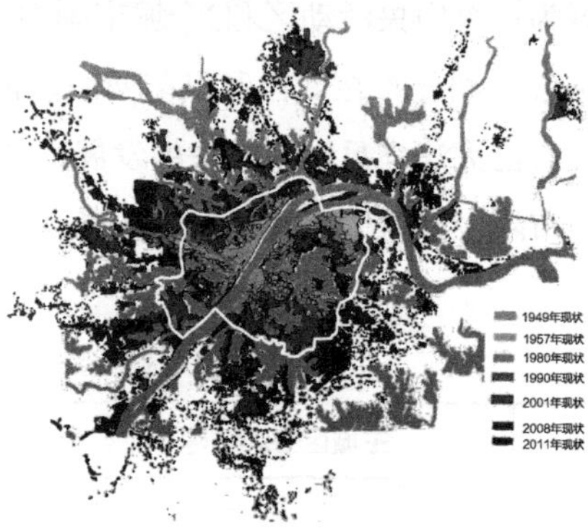

2. 主城区用地存量评估

（1）武汉市城市建设用地集约利用状况

1）城市化与土地集约利用——较低的城市化速度制约土地利用效率的提高

基于城市化发展S形曲线，城市化发展分为初期（<30%）、中期（30%～70%）、后期（>70%）3个阶段，2011年武汉市城镇化率为66.70%，正处于中期向后期的过渡阶段。从2001年到2010年武汉市城镇化率提高了4.90%，北京提高了9.15%，上海提高了13.56%，广州提高了25.89%（图1–13）。土地资源的人口承载情况是衡量土地节约集约利用水平的一个重要指标，武汉市相对缓慢的城市化发展已经成为影响其土地利用效率提高的一个重要制约因素。

2）人口密度与土地集约利用——区域发展失衡导致新城区土地利用效率过低

从人口密度来考察武汉市土地利用状况，武汉市中心城区7个区中硚口区、江汉区、武昌区人口密度超过25000人/km²，新城区人口密度在3000～5500人/km²之间，武汉市中心城区的人口承载力基本上已经得到充分挖掘，未来必须从新城区入

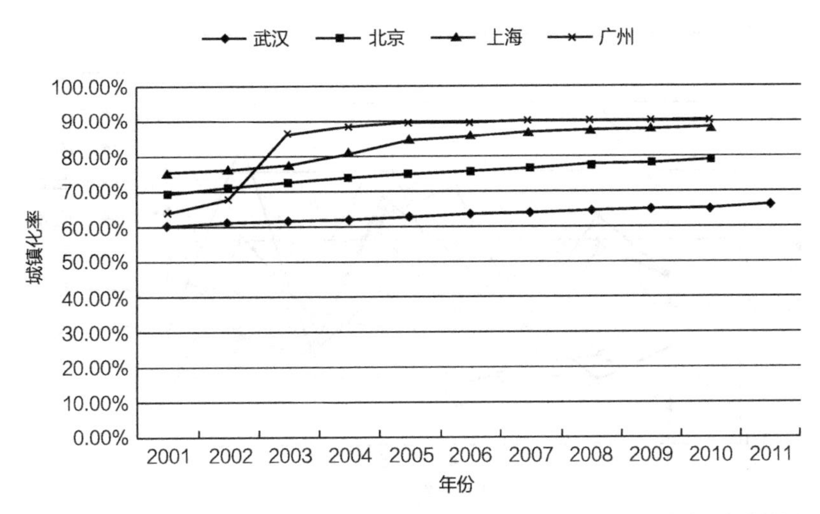

图1-13　武汉、北京、上海、广州城镇化率比较图

手，提高这些区的土地利用效率，改变区域发展不平衡的现状，这是武汉市城市化水平进一步提高的必然选择。

3）经济发展与土地集约利用——工业产业发展大提速助力土地利用效率提高

近年来，武汉市经济一直保持高速增长态势，武汉市2013年GDP达到9051.27亿元，同比增长13.1%。武汉市工业产业以“钢铁、汽车、电子信息”三大产业为主导，占规模工业总产值的48.03%，武汉市工业总产值的增长速度明显高于其他行业（图1-14）。

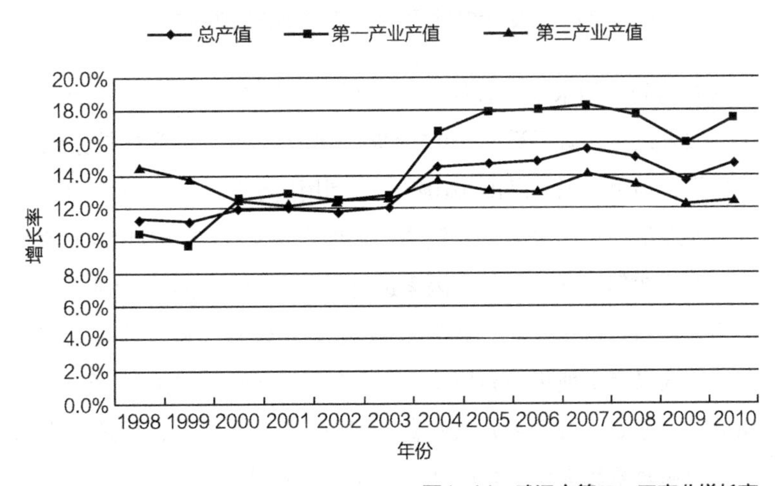

图1-14　武汉市第二、三产业增长率

4）土地集约利用水平综合评价——土地集约利用水平得到提高且提升潜力巨大

我国重点城市土地集约利用综合评价各个影响因素的功效系数如图1-15所示。从图1-16的城市土地节约集约利用综合评价结果可知：武汉市2010年土地利用属于

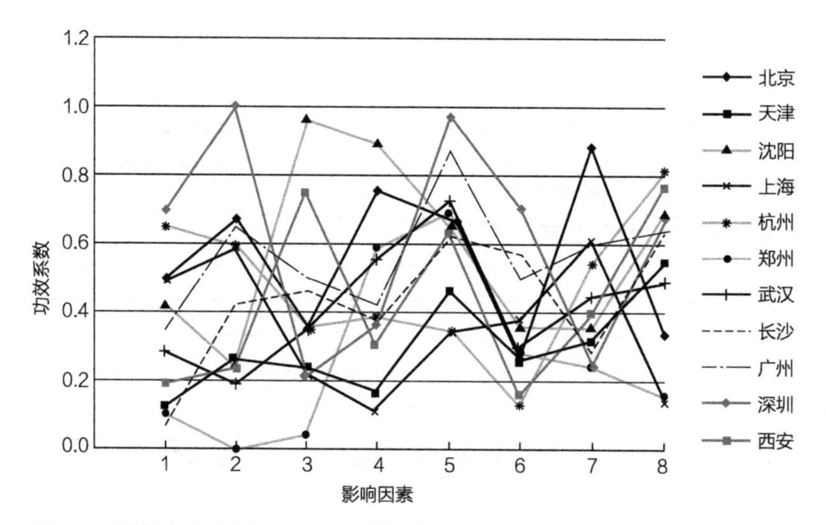

图1-15 我国重点城市土地集约利用综合评价各个影响因素的功效系数

1—土地产出水平；2—城市消费水平；3—土地投入水平；4—土地经济人口动态变化；5—用地弹性指数；6—土地利用结构；7—产业结构和市场化水平；8—基础设施和环境保护投入

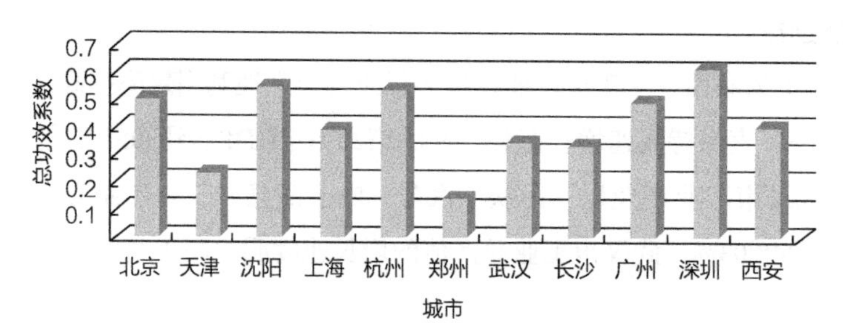

图1-16 我国重点城市土地节约集约利用综合评价的总功效系数

比较集约利用的水平。武汉市土地利用集约水平在选择评价的11个城市中排名第8位。如果以总功效系数大于0.5为集约利用，0.5~0.3为比较集约利用，小于0.3为未明显集约利用，则武汉市2010年土地利用属于比较集约利用的水平。

土地集约利用水平上升较快，土地产出水平与土地投入水平居于中列。对于影响城市土地集约利用的各个因素进行具体分析，武汉市土地产出水平、土地投入水平均处在所评价城市中的第7位，处于居中位置。从土地集约利用的动态变化趋势分析，武汉市土地集约利用水平上升较快，土地、人口、经济增长对于土地集约利用的功效系数排在第4位，仅低于沈阳、北京和郑州，用地弹性指数对于土地集约利用的功效系数排在第3位，仅低于深圳和广州。

（2）武汉市城市建设用地潜力分析

城市建设用地潜力来自3个方面：数量性潜力、结构性潜力、后备资源可开发潜力。根据增加土地经济供给的途径不同，建设用地潜力可分为新增建设用地潜力和存量建设用地再开发潜力。新增建设用地主要是农用地和未利用地转化为非农建设用地，存量建设用地主要是现有建设用地内部的结构调整潜力。

1）主城区内的可建设用地已趋于饱和

剩余可建设用地主要分布在现状城市建设用地的周围地区。主城区内的可建设用地已趋于饱和，剩余可建设用地主要分布在洪山区的严西湖、黄家湖周边，以及青山区的杨春湖地区和武汉经济技术开发区周边。其他的可建设用地均分布在主城区以外，呈相对分散状态。

2）工业用地存量潜力有限，居住用地存量潜力倚重旧城更新

根据目前武汉市建设用地构成情况可见建设用地存量潜力主要集中在工业用地和居住用地。故主要针对这两种用地进行现状与规划的对比，从而得出存量潜力分析。

截至2011年，武汉市工业用地总面积为157.21km^2，占全市建设总用地的20.93%；居住用地总面积为218.45km^2，占全市建设总用地的29.08%。根据相关资料，武汉旧城128.1km^{2}用地中[①]，约有30%的用地需要再开发，而其中很大一部分是老旧住宅。因此，武汉市居住用地存量的潜力重点在于旧城更新。

1.2.3　城市功能布局的演变与特征

1．各类用地布局的演变与特征

（1）居住用地

通过对武汉市1993年、2004年和2010年居住用地演变图（图1–17）进行分析可

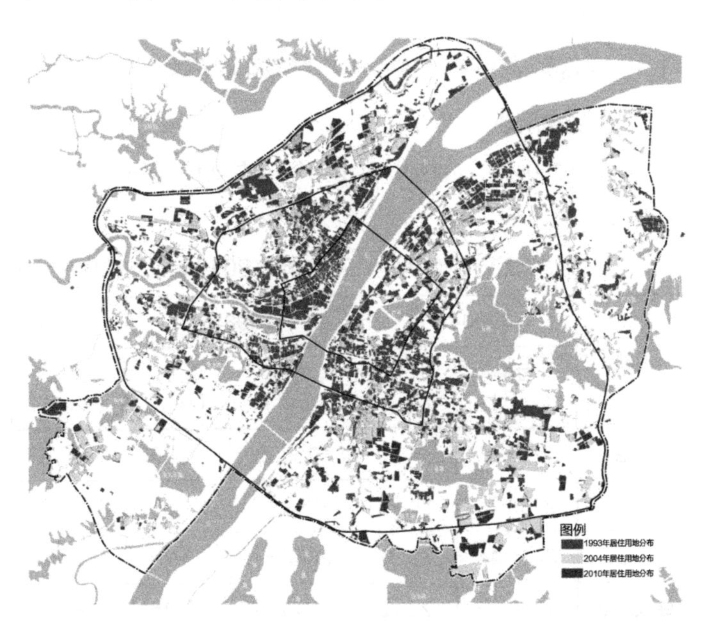

图1–17　武汉市1993年、2004年、2010年居住用地演变图

① 数据来源：武汉市旧城区存量建设用地开发规划控制策略研究。

以看到，在用地规模上，居住用地持续增长，空间上向主城区外溢；在空间拓展形式上呈现出“圈层式+轴线式”的空间形态；在空间拓展方式上表现为由顺江式发展逐渐演变为离岸式发展。

（2）商业金融用地

通过对武汉市1993年、2004年和2010年商业金融用地演变图（图1-18）进行分析可以看到，在用地规模上，商业金融用地持续增长，用地面积由早期的零碎用地发展为大面积的规整用地；在空间拓展形式上呈现出“沿轴线式发展+外围散点”的空间形态；从空间分布上来看，商业金融用地一直呈现出一种均匀式分散式的特征。

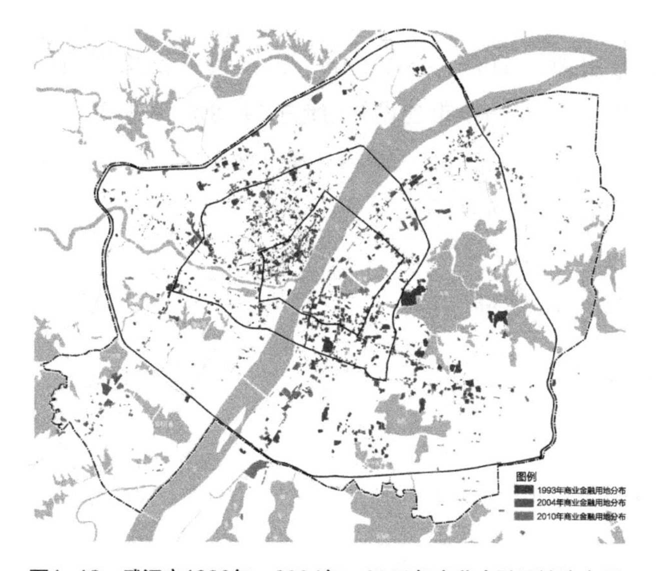

图1-18　武汉市1993年、2004年、2010年商业金融用地演变图

（3）生态用地

武汉市2004年、2008年和2010年生态结构比例关系见表1-8。

武汉市2004年、2008年、2010年生态结构比例关系　表1-8

地类	2004年		2008年		2010年		面积变化幅度（km^2）
	面积（km^2）	比例（%）	面积（km^2）	比例（%）	面积（km^2）	比例（%）	
林地	1265.51	14.82	1253.72	14.68	1280.60	15.00	15.09
水体	2133.22	24.98	2099.13	24.58	2116.13	24.78	-17.09
农田	3414.44	39.98	2842.84	33.29	2559.46	29.97	-854.98
建设用地	1726.39	20.22	2343.87	27.45	2583.37	30.25	856.98
总面积	8539.56	100.00	8539.56	100.00	8539.56	100.00	

资料来源：武汉2050。

从表1-8可知，2004年林地、水体、农田与建设用地（含村镇）四者的比例为15：25：40：20，到2010年四者的比例则演变为15：25：30：30，这意味着近10年来林地与水体的总体比例和相互关系保持一致，生态要素的变化主要发生在农田与建设用地的相互转移上。

（4）交通用地

道路作为城市发展的骨架伴随着城市发展的始终。从图1-19～图1-21可知，在路网层级上，快速路、主干路、次干路、支路层级由初具规模到逐步完善，城市三环线基本成型；从路网形态上来看，以顺应湖泊形态的变形式方格状为主，局部地区呈现出星形放射状。从交通规划的实现度来看（图1-22、图1-23），2010年的现状路网布局基本按

图1-19　1993年现状路网图

图1-20　2004年现状路网图

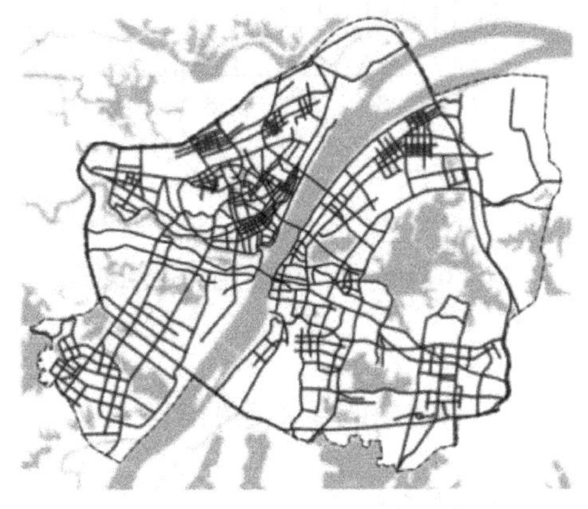

图1-21　2010年现状路网图

图1-22　2006年总体规划规划路网图

图1-23　2010年总体规划规划路网图

照2006年的总体规划规划布局，2010年的总体规划相较于2006年的总体规划主要加强了东湖和沙湖沿岸、汉江南岸以及主城区与沌口间的交通联系，可以说，交通布局的实现度很高。

2．用地关系

近15年来主城区居住用地占建设用地的比例增长幅度较大，而主城区工业用地占建设用地的比例大幅度降低（图1–24），其他用地占建设用地的比例略有下降或保持稳定，总体来说，用地置换主要发生在居住用地和工业用地之间。

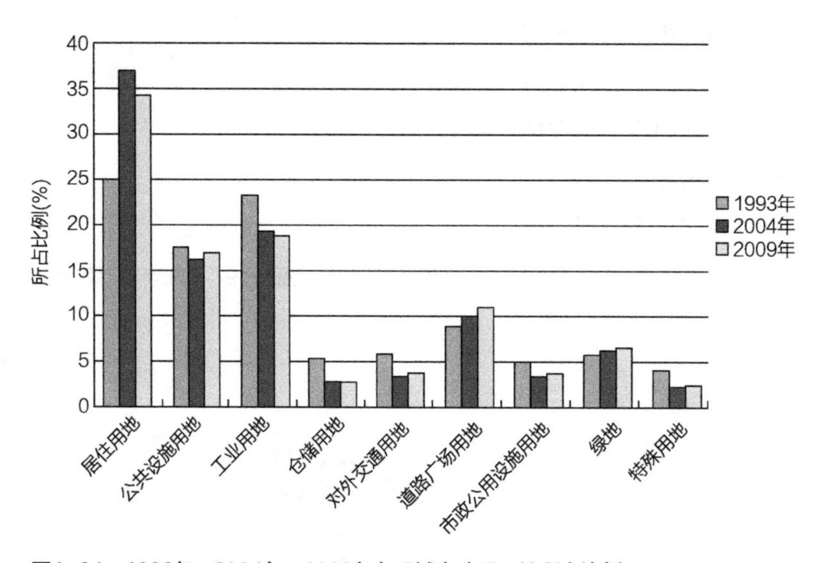

图1–24　1993年、2004年、2009年各项城市建设用地所占比例

3．各类用地发展趋势预判

上述内容对武汉主城区各类用地的演变历程和特征进行了分析总结，这对于预测各类用地未来的发展趋势有一定意义。

①居住用地规模呈增长趋势，增长幅度开始减小，主城区内以置换填充为主，并向新城组群拓展；

②商业金融用地规模呈增长趋势，增长幅度保持稳定，逐渐形成层级明确的结构，并由分散走向集聚；

③建设用地的开发是建立在占用农田的基础之上的，未来武汉的建设用地规模应该控制在25%以内，即2100km^2，建设用地上限不应突破25%，约2123km^2；

④主城区路网发展应加强东湖沿岸及其他湖泊沿岸交通联系，减少湖泊对于路网的割裂，缓解交通负担；加强主城区与主城边缘新开发用地的交通联系，引导城市建设用地发展。

1.2.4　武汉城市空间发展的影响因素

（1）自然地理因素

武汉地处江汉平原东部，以丘陵和平原相间的波状起伏地貌为主，土地适宜性广泛。但因湖泊众多导致城市空间扩展受限而呈现出分散零碎化。长期以来，形成了沿长江的顺岸式和沿“汉江—武珞路”的离岸式两种空间扩展模式。在未来，地理条件好、用地规整且广阔的区域将具有很大的开发和拓展潜力。

（2）区位因素

武汉地处中国中西部的结合部与长江流域的中游，在中部地区居于中心位置。并处于长江经济带和由京广铁路与京珠高速公路构成的“十字形”发展轴线交汇处，良好的经济和区位条件使武汉城市空间快速发展，城市结构不断优化，成为区域经济增长的引擎。

（3）交通因素

道路是城市空间发展的骨架，交通线两侧及周围的用地也因为交通的发展而得以开发和拓展，在长期发展中影响并促成了武汉土地开发“十字形”的整体空间形态。武汉建设用地的圈层式拓展与交通环线的发展是紧密相关的，武汉交通环线的连通和外扩式伴随着城市一同生长的。

（4）经济因素

经济发展水平的提高以及经济发展需求无时无刻不推动着土地的开发，从而导致城市土地开发量的增加和城市空间的外拓。伴随着经济发展而带来的产业结构的升级和调整也使得用地结构发生着重组和转换。后工业化阶段第三产业的迅猛发展则会促进城市中心区功能的强化。

（5）政策因素

城市发展政策始终伴随着城市的发展，例如东湖高新技术开发区、武汉经济技术开发区等的建立在促进经济发展的同时也为主城区的工业外迁提供了空间载体。“退二进三”政策的提出使工业用地纷纷迁出，并促进了第三产业的快速发展，由此导致了城市空间的变迁和重组。

通过分析，在武汉现阶段的发展中，影响武汉城市空间发展的主导因素是交通因素、经济因素与政策因素（表1-9、表1-10）。未来，交通因素、经济因素、政策因素将起到主导作用。武汉将步入工业化后期，并逐渐迈向后工业化阶段。因此经济因素在未来的影响力比较持久；随着武汉城镇化阶段的进一步发展，城市空间结构趋向于多中心、复合式、网络化，交通因素的影响力将大大提升；政策因素在城市发展过程中一直在影响着城市的空间发展，因此在未来政策因素的影响力仍然较强。

影响武汉城市空间发展的阶段性分析 表1-9

工业化阶段		城镇化阶段	主导因素
前工业化阶段		初始阶段	自然地理因素、政策因素
工业化阶段	前期	初始阶段	自然地理因素、区位因素、交通因素、经济因素、政策因素
	中期	加速阶段前期	
	后期	加速阶段后期	
后工业化阶段		稳定阶段	交通因素、经济因素、政策因素

影响武汉城市空间发展的主导因素分析 表1-10

影响因素	主导因素	原因分析	未来影响力
交通因素	提供骨架和轴线	武汉新城建设	强
	交通条件优越导致城市建设用地的扩展	武汉新城建设	强
经济因素	产业结构的升级和调整	处于工业化中后期，产业结构不断升级，第三产业的比重将会上升	强
	工业扩展	处于城镇化稳定发展阶段，郊区化开始出现，近郊工业区得到发展	较强
	第三产业的发展	处于工业化中后期，产业结构不断升级，第三产业的比重将会上升	强
政策因素	城市发展战略	退二进三政策	强
	重大建设项目的布局	四大板块的建设	强

1.2.5 评估与判断

1．分析检讨

（1）工业化加速时期，传统重工业主导城市功能格局

通过对武汉现阶段经济发展阶段的判断可知，武汉目前正处于工业化中后期，有向工业化后期转化的趋势，但城市经济结构仍然以第二产业为主，呈现出一种由传统工业化城市主导的发展格局。

（2）城市空间低质、低效、蔓延式扩张

城市的多中心结构开始出现，但周边新城的功能单一，新城与新城以及新城与主城之间的联动性较差。新城与主城的关系处于一种“附属”的状态或是主城的一部分，用地集约性较差。武汉的空间发展则呈现出一种低值低效的、由中心城区向外围粗放的蔓延式扩张。

2．规划建议

（1）引导产业结构转型升级，打造新经济时代武汉

调整城市产业结构，使武汉的空间结构由传统工业导向型逐渐转型升级为第三产业导向型。商业金融用地应“化零为整”，逐步构建层级明确的商业商务结构。居住用地在主城区人口密度过高的情况下仍将外溢，应注重内涵式发展以引导人口密度的有效转移。

（2）着力空间格局优化重组，实现高效集约化发展

防止城市低密度的蔓延式扩展，强调新城的集约发展与主城的内涵式发展并进。同时完善新城功能，使新城功能由单一走向综合；使新城与主城的关系由“附属”走向“自立”并最终走向“协作”。引导城市向多中心、复合式、网络化的模式发展，形成一个高值高效集约的区域网链。

1.3　主城区重点功能空间发展与布局

1.3.1　主城区重点功能空间发展概况

1．重点功能区的发展建设

2012年6月19日，武汉市为加快构建国家中心城市建设的实施平台，完善了重点功能区体系的空间布局。依据武汉建设国家中心城市的战略部署，按照“功能相关、空间相近、建设相联”的思路，集合若干个重点功能区打造具有整体效益的空间集聚区，在全市范围内构建“一核两翼、三心四区、五城共建”的重点功能区体系。并在此基础上，形成了以下重点功能区规划空间布局，如图1–25所示。

对主城区（三环线以内）的各个重点功能空间的发展与布局进行分析。由图1–26可以看出，主城区范围内的重点功能区主要包含了重点功能区体系中的“一核、两翼、三心”。在表1–11中重点列出了主城区范围内各个重点功能区的选址位置、主导功能、用地面积以及占主城区的比例。

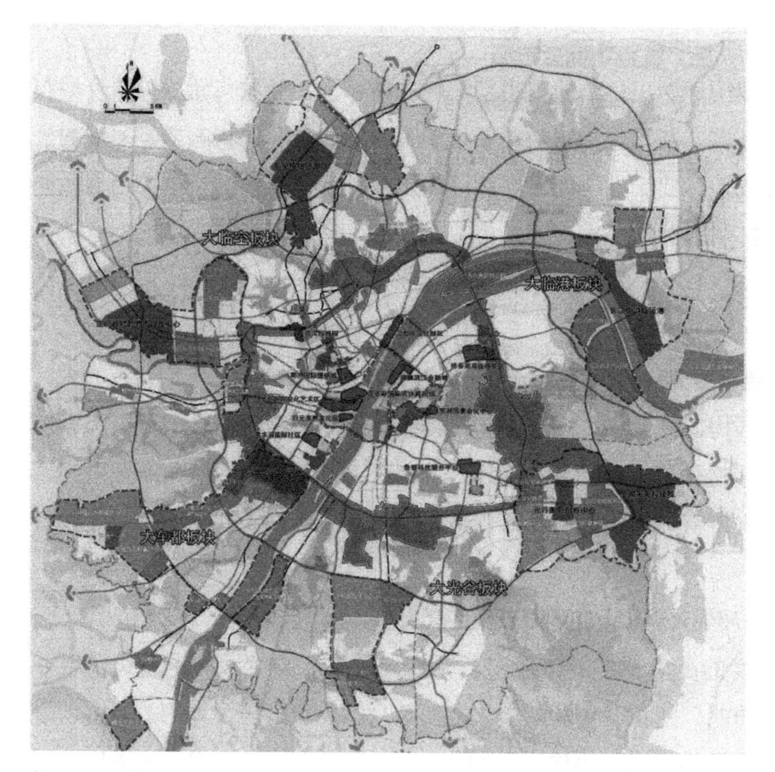

图1-25 武汉重点功能区规划结构图

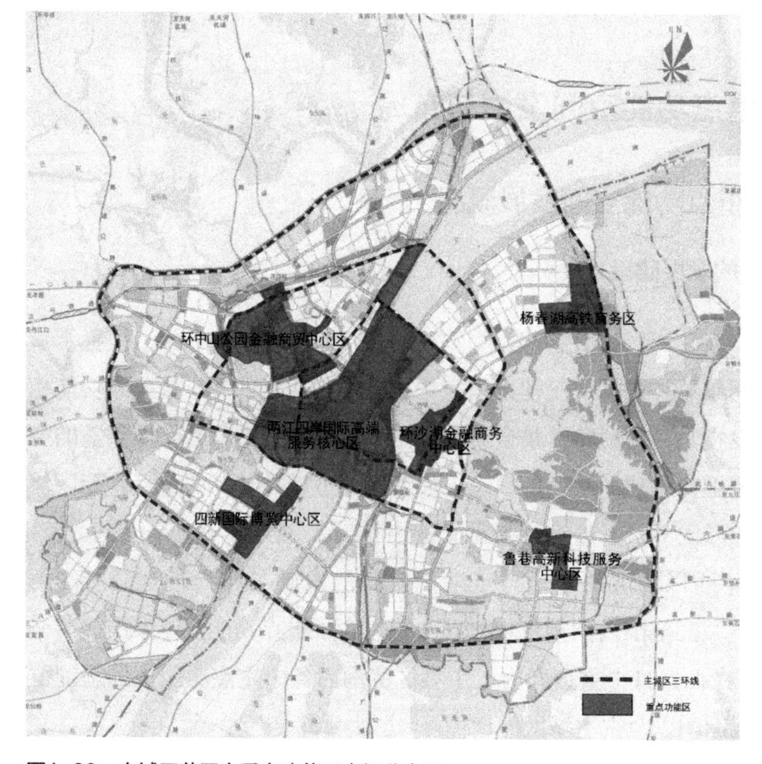

图1-26 主城区范围内重点功能区空间分布图

主城区范围内重点功能区分布情况　表1-11

重点功能区名称	选址位置	主导功能	用地面积（km²）	占主城区的比例（%）
两江四岸国际高端服务核心区	位于长江和汉江的交汇处，北至二七长江大桥，南至首义路的一段滨江水岸	金融商贸 人文旅游	51.99	8.48
环中山公园金融商贸中心区	以中山公园为中心，沿新华路和建设大道形成“十字”轴	人文旅游 医疗服务	17.48	2.85
环沙湖金融商务中心区	以沙湖公园为地块中心，沿中南路和中北路为城市发展轴	金融商务 高端会议	9.06	2.01
四新国际博览中心区	以四新城市副中心为区域中心，沿滨江大道和四新大道形成发展轴线	会展博览 国际交流	6.88	1.48
杨春湖高铁商务区	以杨春湖高铁枢纽为中心，沿团结大道和三环线为发展轴	商务办公	3.41	0.56
鲁巷高新科技服务中心区	以光谷广场为中心，沿珞瑜路、鲁磨路、民族大道等城市道路为发展轴辐射周边区域	科技服务 商业服务	3.61	0.59

2．主城区重点功能区规划分析

（1）主要职能单一，功能区之间关联度差，缺乏统筹

主城区范围内重点功能区的总面积为92.43km²，其中金融商务和人文旅游功能的用地规模所占比例较大。其中包涵金融、商业、人文旅游等功能的重点功能区中的旗舰项目占了所有旗舰项目的50%以上（见表1-12）。

主城区范围内重点功能区主要功能情况　表1-12

主要功能	重点功能区个数	用地总面积（km²）	占主城区范围内重点功能区的比例（%）
金融商务	7	16.6	17.96
人文旅游	7	15.5	16.77
会议博览	4	6.2	6.71
产业基地	2	9.7	10.49
医疗服务	1	1.0	1.08

在主城区范围内，以金融商务为主的重点功能区在主要功能和开发量上十分接近，缺乏层次体系和空间关联。同时结合图1-27中主城区范围内重点功能区结构可以看出，主要的商务中心都集中在城市中心，过于集中的发展模式会带来用地

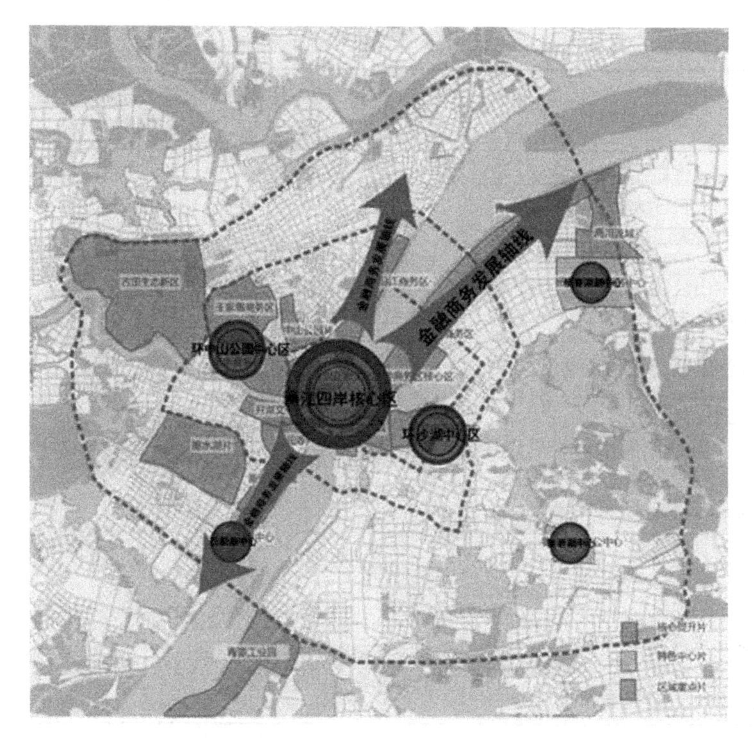

图1-27　主城区范围内重点功能区结构图

紧张、交通拥堵等问题。以医疗服务为例，2010年武汉主城区城市人口约为591万人，主城区的用地规模达到了450km^2，主城区54%的城镇建设用地上集中了83%的城镇人口，城镇人口仍不断地向主城区集聚，在人口密度极高的主城区范围内，只有一个以医疗服务为主要功能的重点功能区是不够的。

（2）空间结构过于向城市中心集中，形成沿江带状分布模式

对以武汉市区三环线为基础的圈层式发展模式进行分析，集合规划选取的市区近期联合启动的19个重点功能区开发研究它们之间的空间关联（见表1-13）。从表中的统计情况可以看出，近期开发的重点功能区基本分布在二环线以内和三环线到二环线之间，而三环线以外的重点功能区分布较少。

中心城区近期启动的重点功能区情况　　表1-13

片区类型	个数	片区名称
一环线以内	6	武昌滨江商务区、汉正街文化旅游商务核心区、华中金融中心、月湖文化艺术区、武昌古城、汉口沿江商务区
一环线与二环线之间	4	归元寺片、宝丰商务片、中山公园片、王家墩商务区
二环线与三环线之间	7	古田生态新区、墨水湖片、新港长江城、四新国博中心、青山滨江商务区、杨春湖交通服务中心、鲁巷科技办公中心
三环线以外	2	青菱工业园、青山两河流域

从武汉主城区划分的“1+6”七大主城区来看，江岸区2片、江汉区3片、硚口区3片、汉阳区3片、青山区2片、武昌区3片、洪山区2片。从各个主城区的数量分布上看比较平均，但在图1-27上，结合具体的位置分析可以看出，大多数重点功能区集中在长江两岸的江汉区、江岸区、武昌区和硚口区等中心地带。而洪山区和青山区的规划较少并且与中心城区的重点功能区距离较远、联系较少，中心城区的重点功能区对周边地区的带动作用也会被削弱。

与此同时，商贸服务型重点功能区过于向城市中心区集中，形成了沿长江两岸轴线式分布的商业发展模式。城市周边功能区较少，周边与城市中心区的重点功能区的交通联系较少，功能互动偏弱。在后续发展中缺少交流，势必会导致周边重点功能区发展缓慢。

以鲁巷科技办公中心为例，周边商贸服务业集聚，各大高校分布较多，同时也是主城区与大光谷板块工业区的重要联系枢纽。但与中心城区联系较少，周边也没有其他相关重点功能区与之衔接。在未来的发展过程中，对周边地区发展所起到的带动作用薄弱。

由此可以看出，主城区范围内重点功能区的主要功能过于集中、单一化，缺少层次梯度变化，各功能区之间的关联度较差。与此同时，主城区的重点功能区分布过于向城市中心区集聚，并且中心城区的重点功能区与城区边缘的重点功能区之间联系较少。

1.3.2　主城区重点功能区规划与现状发展的比较分析

1．城市中心区重点功能区与现状分析

城市重点功能区的规划必须建立在用地现状的基础之上，充分考虑城市主城区用地现状的发展情况。通过主城区内重点功能区规划与用地现状的叠加，对比分析其对武汉主城区现状发展的影响，并对其规划提出一些引导性建议。

以两江四岸国际高端服务核心区、环中山公园金融商贸中心区以及环沙湖金融商务中心区为例对城市中心区的重点功能区规划进行分析（图1-28～图1-33），规划中主要功能定位以商贸和金融为主，除去少量的人文旅游和医疗服务功能以外，大都是商业用地。但是从表1-14～表1-16可以看出，用地现状中该地块有大量的居住用地及部分公共绿地。建议在重点功能区的规划中要充分考虑对城市公共绿地的保护，以及与城市旧城区中居民建筑改造的衔接。

2．城市副中心重点功能区与现状分析

以杨春湖高铁商务区的规划为例进行分析，规划依托杨春湖武汉高铁站为枢

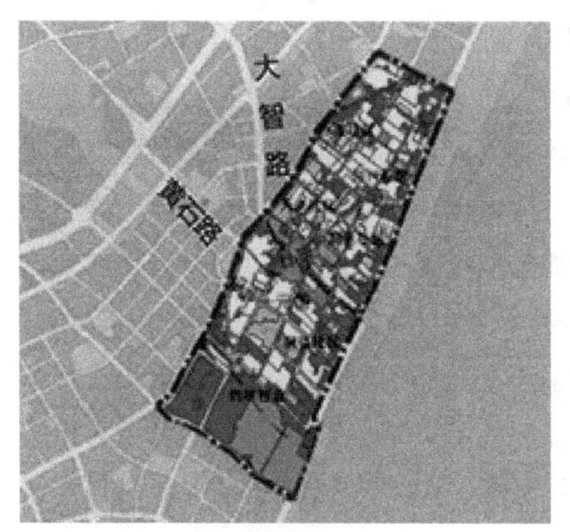

图1-28 汉口原租界文化区现状图

图1-29 汉口原租界文化区规划图

图1-30 汉正街国际商贸城现状图

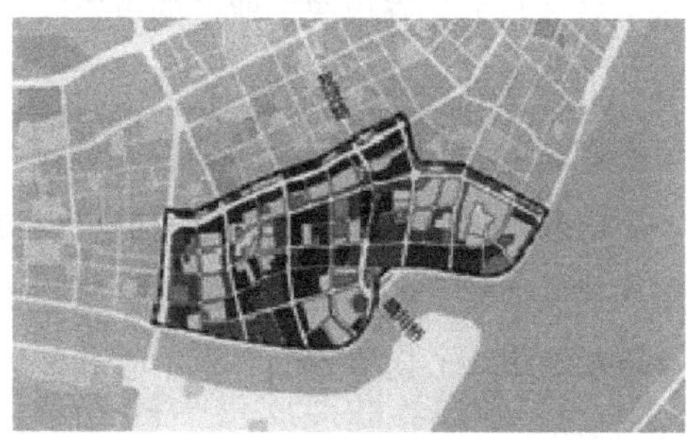

图1-31 汉正街国际商贸城规划图

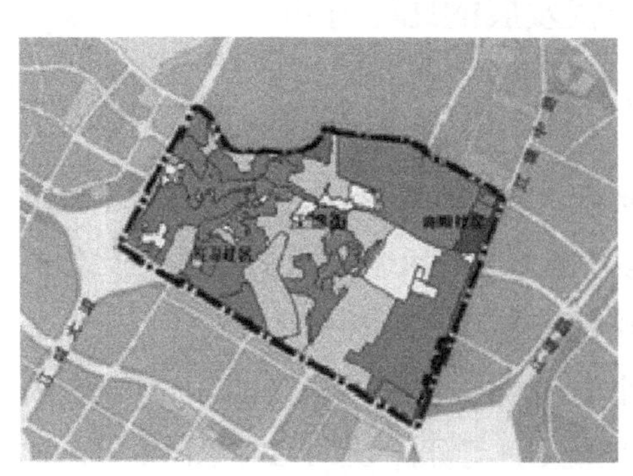

图1-32 墨水湖国际社区现状图

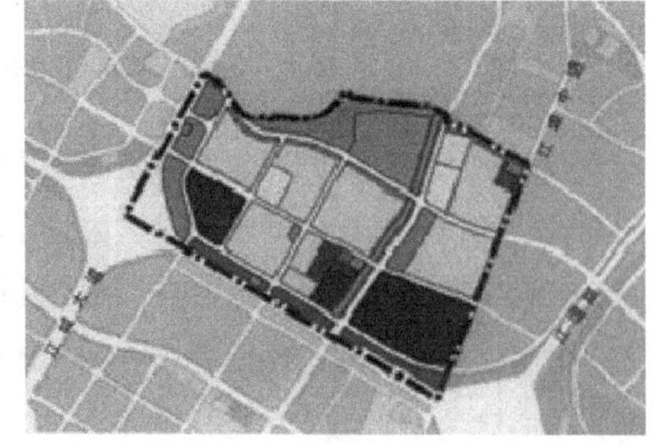

图1-33 墨水湖国际社区规划图

纽，打造辐射区域的高铁商务服务中心，加快建设高铁商务区和综合办公中心等项目。但通过图1-34和图1-35分析可以看出，在现状用地中该地块有大量的公共绿地和湖面水体。区域内现有的商业金融用地较少，在规划中与现状的衔接欠缺。在功能区的产业关联度上与城市中心区的衔接不够，若以后各自独立发展，则产业之间难以形成互动，会直接影响集聚效应的发挥。

汉口原租界文化区规划与用地现状情况　　表1-14

用地类别	现状用地面积（hm^2）	规划用地面积（hm^2）	总用地面积（hm^2）
居住用地	97.8	74.1	210.0
商业服务业设施用地	24.0	49.8	
公共管理与公共服务设施用地	3.9	10.9	
非建设用地	5.4	0.8	
水域	0.7	2.7	
绿地	1.4	14.9	
交通设施用地	76.8	56.8	

汉正街国际商贸城规划与用地现状情况　　表1-15

用地类别	现状用地面积（hm^2）	规划用地面积（hm^2）	总用地面积（hm^2）
居住用地	44.2	38.3	140.0
商业服务业设施用地	24.9	32.1	
工业用地	4.9	5.2	
文化设施用地	6.6	7.5	
教育科研用地	3.6	7.3	
水域	1.3	3.3	
绿地	0.3	3.0	
交通用地	54.2	43.4	

墨水湖国际社区规划与用地现状情况　　表1-16

用地类别	现状用地面积（hm^2）	规划用地面积（hm^2）	总用地面积（hm^2）
居住用地	67.2	69.1	340.0
商业服务业设施用地	0	59.7	
工业用地	0.5	2.3	
绿地	166.4	103.3	
水域	29.1	15.0	
公共服务设施用地	1.3	16.9	
交通用地	41.0	67.4	
未利用地	34.5	6.3	

图1-34　杨春湖高铁商务中心区现状图

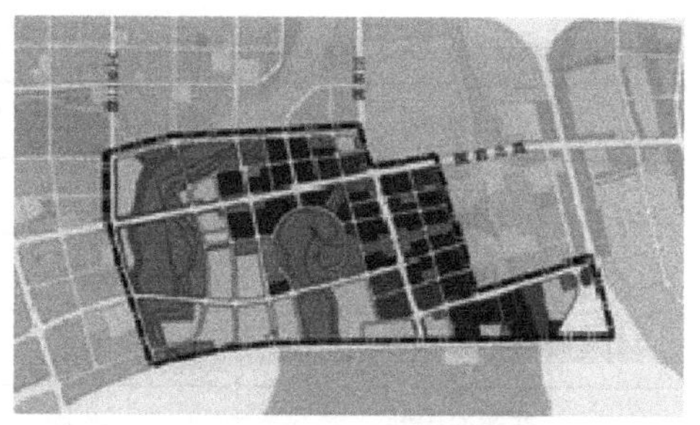
图1-35　杨春湖高铁商务中心区规划图

1.3.3 主城区重点功能区规划与其他规划的衔接分析

1. 远期发展目标分析

重点功能区的发展与城市其他规划的衔接度研究主要以《武汉市都市发展区用地布局规划》和《武汉近期建设规划（2011—2015年）及第一批重大建设项目》为参考进行分析。在以上提到的两个规划中，结合武汉城市总体规划都提出了相应的规划目标任务，可大致概括为以下7个方面：

①突出“多中心”布局，极化核心、完善配套。

②运用“TOD”模式，更新主城、拓展新城。

③采取“板块化”战略，加大创新、强化集聚。

④通过“绿色交通”建设，构建骨架、优化结构。

⑤构筑“两网交融”体系，带动环廊、扩展系统。

⑥实施“环境支撑”策略，共享设施、保障安全。

⑦建立“全向联动”机制，统筹空间、突出重点。

2. 主城区重点功能区总体用地布局

从整体上看，如图1-36所示，以公共设施用地中的商业金融用地为例，在《武汉市都市发展区用地布局规划》中就商业服务用地布局的现状问题进行了分析，得出的结论跟前文中提到的基本一致：主城商业服务过度集中在二环线以内，商业网络分布疏密不均；主城外围新开发地区的商业设施配套滞后；各远城街区的商业设施服务水平和规模较低；社区商业网络建设仍然不足；沿街发展态势明显，严重影响城市交通和环境。这一系列问题都不利于城市骨架及城市空间的良性拓展。

3. 重点功能区空间关联与交通体系

结合武汉市近期建设规划中的“交通畅达”行动计划，完善城乡客运体系，加

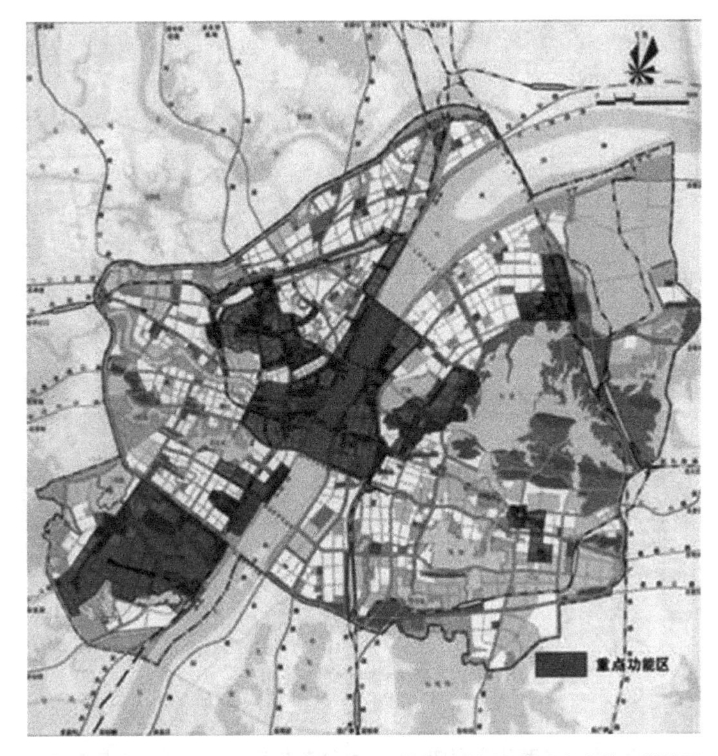

图1-36　主城区用地规划与重点功能区拼接图

快快速骨架路网及过江通道建设，促进三镇一体化发展等重大项目的建设，完善各重点功能区之间的空间联系。在已通车轨道交通1号线、2号线（金银潭—光谷）和4号线一期（武昌站—武汉站）的基础上，建成1号线汉口北延长线（堤角—汉口北）、1号线西延长线（东吴大道—径河北）、4号线二期（黄金口—武昌站）、3号线（三金潭—文岭）等轨道交通，2015年，形成主城区167km、远城区68km、总长约235km的轨道交通基本网络，引导支持重点地区及外围新城开发建设（图1-37）。完善的轨道交通可以加强城市核心区与3个城市副中心之间的联系，同时对辐射周边地区并带动周边地区的发展起到积极的作用。

1.3.4　评估与判断

1．分析检讨

（1）功能高度同构，规模缺少统筹，总体失控

主城区范围内重点功能区的功能过于单一，相似度高，类型重构现象严重；主要的城市重点功能区都以金融商务为主打功能，同时其他的城市职能规划涉及较少。重点功能区规模整体缺少统筹，涉及范围广，面积大，总体失控。

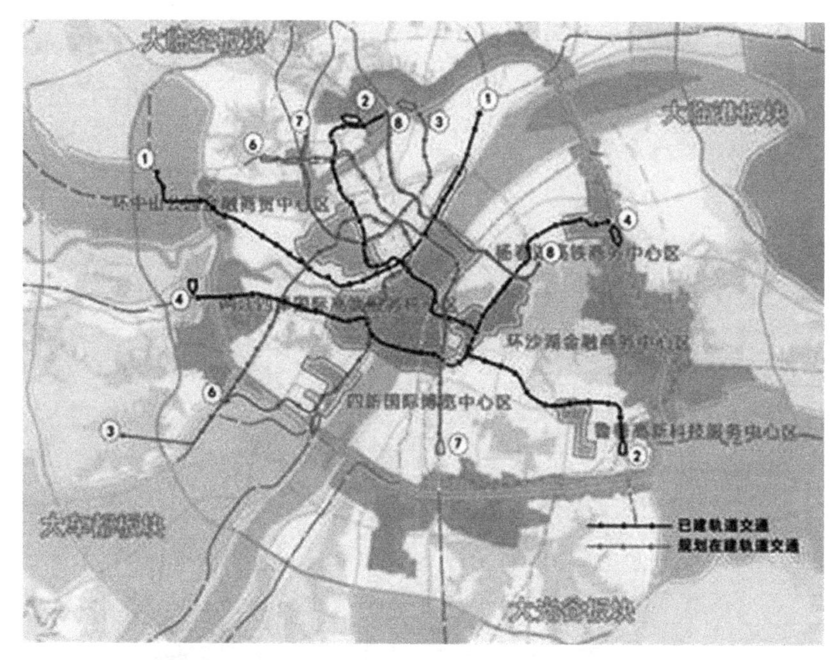

图1-37 主城区重点功能区与城市轨道交通叠加

（2）“一江两岸”的带状空间分布与现代化大都市集中与分散并存的格局相背离

主城区范围内重点功能区的空间分布过于向城市中心集中，形成“一江两岸”的商业商务空间带，与周边功能区联系较弱。沿江的带状空间分布与现代化大都市集中与分散并存的格局相背离，尤其以商业金融为例，大多数集中在城市中心区，形成沿长江两岸分布的发展模式，结构有待进一步优化；此外，带状集中分布的空间格局增加了交通压力，与服务区域的观点存在冲突。

2. 规划建议

（1）合理布局，重新甄别，重点功能区有取有舍

科学选择主城区重点功能区的主要功能，合理布局重点功能区的空间位置，加强重点功能区的交通连接支撑。以功能区的整合为主导，进而对整个武汉中心城区空间结构的重组服务。基于现状空间特点，统筹考虑资源、环境、交通等因素，构筑有弹性、开放式的空间结构。

（2）节点聚集，功能差异，划定合理规模

规划要合理布局重点功能区，加强功能区的转型，改变现有带状分布的空间格局，在主城区其他片区突出发展重点功能区，加强节点聚集功能，根据现状不同的发展基础实行差异化的功能定位，划定合理的规模。

1.4　产业发展与重大基础设施建设

1.4.1　武汉经济发展与产业阶段判定

1．武汉经济发展的现状特征

近年来，武汉市经济快速发展，第一、二、三产业发展迅猛。2010年，随着工业倍增计划的提出及“十二五”规划的进展实施，武汉市大力实施工业强市战略，持续推进工业发展“倍增计划”，全市规模以上工业总产值突破万亿元大关，工业投资保持高位增长，150km^{2}工业倍增发展区全面建成。5年来，武汉市经济发展与城市建设均取得了新成就（见表1–17）。

2008—2013年各类产业增长趋势　　表1–17

年份	地区生产总值（亿元）	第一产业增加值（亿元）	第二产业增加值(亿元)	第三产业增加值(亿元)	三产比例
2008	3960.08	144.70	1827.65	1987.73	3.7 : 46.1 : 50.2
2009	4560.62	149.06	2142.14	2269.42	3.2 : 47.0 : 49.8
2010	5515.76	170.40	2532.80	2532.82	3.1 : 45.9 : 51.0
2011	6756.20	198.70	3254.02	3303.48	2.9 : 48.2 : 48.9
2012	8003.90	301.21	3869.56	3833.05	3.8 : 48.3 : 47.9
2013	9051.27	335.40	4396.17	4319.70	3.7 : 48.8 : 47.9

数据来源：武汉市统计局《武汉市国民经济与社会发展统计公报》，2008—2013年。

从表1–17可以看出，2008—2013年，全年地区生产总值从3960.08亿元增长到9051.27亿元，年均增长率22.9%；其中第二产业年均增长率为24.5%，增长比以2010年为转折点，增长速度呈现上升、下降、再上升的趋势；第三产业年均增长率为21.4%，增长速度总体变化幅度较小，基本保持平稳状态。

总体来看，经济发展势头良好，但第二产业仍然占据主导地位，第三产业发展趋势不断增强，结合前文分析判断，经济发展正处在第二、三产业齐头并进的发展期。

2．产业发展阶段判定

经济的发展历程大致可以分为农业经济时代、工业经济时代和服务业经济时代3个时期（见表1–18）。结合前文分析，目前武汉市的产业发展在三阶段划分上处于工业经济时代。从世界主要国家和地区工业经济的演进过程来看，工业经济在经济发展过程中呈现出先上升、后下降的发展态势，并且在经济发展的不同阶段，随着国民经济总量和人均水平的不断增长，工业经济的内部结构也会呈现出不同的特点。

不同发展阶段的经济结构特征　　表1–18

时代	工业产值	工业产值增长速度	工业产值占GDP比重	外贸结构	资金结构	劳动力结构
农业经济	增长	慢	低于农业	农业为主	农业为主	农业为主
工业经济	增长	高于农业，高于服务业	高于农业，高于服务业	工业为主	工业为主	工业为主
服务业经济	增长	高于农业，低于服务业	高于农业，低于服务业	服务业为主	服务业为主	服务业为主

结合前文武汉市2000年以来的三产增长趋势图，可以得出武汉市的各产业增长速度与增长幅度的变化趋势：地区生产总值变化趋势与第二产业发展趋势趋同，第二产业的增长仍然高于其他产业，由此可见，现阶段武汉市仍然是以工业发展为主导推进城市建设与发展；第三产业变化总体上呈现平缓的趋势，2010年出现明显下降后发展开始逐步上升且趋于缓和；值得注意的是，第二、三产业增长幅度在2013年达到平衡，根据不同发展阶段的经济结构特征，武汉未来几年将会呈现第二、三产业齐头并进的态势，然后第三产业发展将逐步超过第二产业，占据主导地位。总体来看，武汉市处在工业发展的中期向后期转变的过渡期，依据国家发展和改革委员会针对我国经济发展阶段的综合指标体系，武汉市所处经济发展阶段为工业化中期阶段。

1.4.2　武汉工业空间发展与规划的分析

1. 工业格局发展的阶段特点

（1）工业空间的演变特征

图1–38为武汉市工业用地布局的历史演变图，在总体上呈现明显的阶段特征。

①1993—2004年工业发展较为缓慢，工业主要分布在主城区范围以及东北方向；

②2004年以后进入工业发展的强势阶段，该时期随着地区宏观政策和城市建设及城市规模的不断发展壮大，工业快速发展，主城区工业略有减少，外围区开始增加，主要表现在汉南、江夏地区的工业规模扩大；

③2010年以后工业不断壮大发展，受“退二进三”发展策略的影响，主城区工

业大量外迁，在主城区外围形成了圈层式发展的工业格局。

武汉市正处于工业化发展的中期向后期的过渡阶段，随着“十二五”规划及“工业倍增计划”的推进实施，武汉市工业空间以城市空间发展模式为主导，延续了城市外围扩散的圈层式扩张方式，以交通环线为扩张方向，第一圈层到第三圈层工业用地规模迅速减少，尤其以城市中心区内工业用地减少为主，第三圈层到外围圈层在工业化中期不断壮大发展，用地规模持续增长，三环线至外环线聚集了全市近70%的工业用地，逐步形成格局明显的四大工业集中区。形成了特殊的工业化发展阶段空间模式：主城区内部以武汉经济技术开发区和东湖高新技术开发区为两大增长极，外围远城区以工业发展组团为基本模式，主要表现为工业园区的增加和规模的扩大，在此基础上，外围区形成多个工业组团中心共同发展的基本态势。

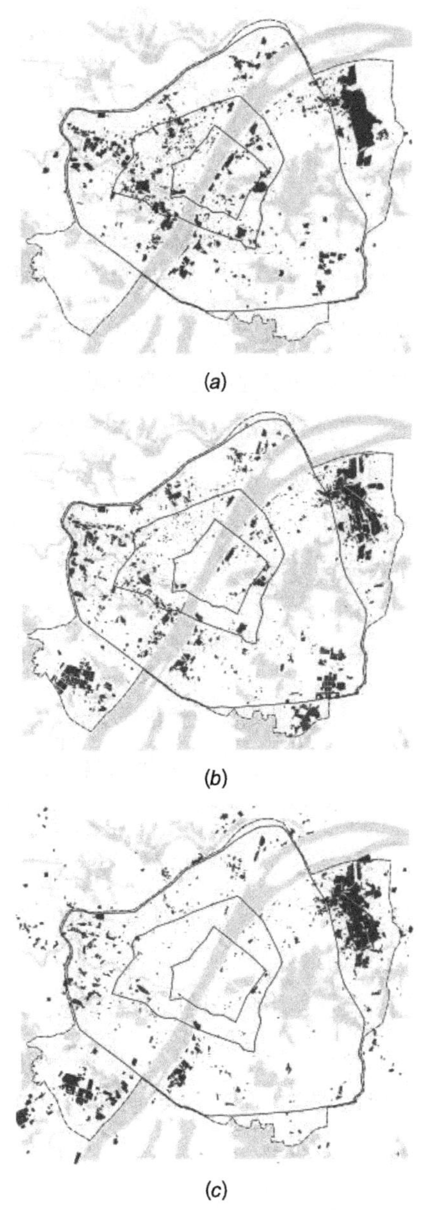

(*a*)

(*b*)

(*c*)

图1–38　武汉市工业用地布局的历史演变图

（*a*）1993年；（*b*）2004年；（*c*）2010年

（2）工业空间的演变模式

通过对武汉市工业布局的现状分析，结合工业空间演变历程，武汉市的工业空间结构可以概括为“市区型—市郊型—远郊型—多中心远郊型”的演变过程，利用这一结果，可以得出武汉市工业空间发展的基本拓展模式（图1–39）。

这种空间发展模式基本与工业发展的阶段性规律相一致，工业主导的早期在城市中心发展，充分利用主城的物资条件，同时对于城市的发展具有重大贡献，但由于发展规模受到限制，自由度较低。新增的工业开始逐步从城中向市郊和远郊区等城市边缘落户，一方面可以依托主城区的基础设施和生活设施，另一方面空间上又具备了一定的后备；然而，随着工业规模的持续扩大，需要选择更大的空间进行发展，对基础设施配套也提出了更高的要求，工业便在远郊区继续扩展，逐渐形成新的工业中心。但由于距离主城区较远，无法利用主城资源，但是由于前期投入较大，一

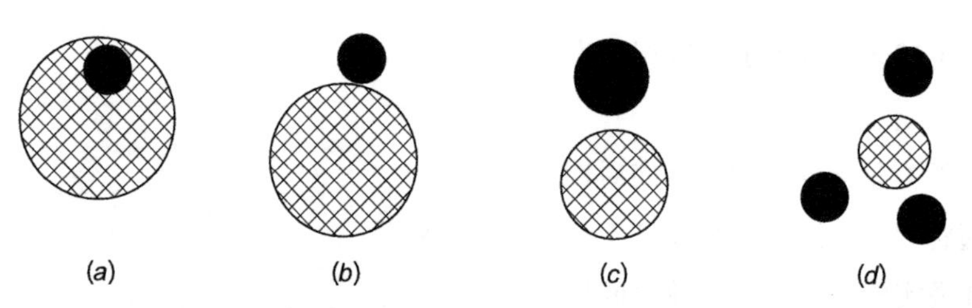

图1-39 武汉市工业空间演化模式图
（a）市区型（城中工业）；（b）市郊型（城市边缘）；（c）远郊型；（d）多中心远郊型

旦取得集聚效益便可以获得充分发展，进一步形成城市新的增长极，带动城市周边发展，在一定程度上疏散主城区人口，促进新的城市空间格局的形成。

结合武汉市现状发展的基本特点，可以判断，工业空间发展模式正处于远郊型发展的后期，以开发区为核心发展的多中心远郊型模式正在形成，大型工业项目开始向城市远郊区迁移，工业呈现组团式发展的特征，聚集效应正在形成，工业多中心组团式发展的格局凸显。

2．工业空间布局

（1）工业空间现状布局

根据上文判断，武汉市现在处于工业化发展的中后期阶段，仍然持续推进“工业强市”战略。随着“工业倍增”计划及“退二进三”战略的推进实施，武汉市在都市区内形成了以武汉经济技术开发区和东湖高新技术开发区两大开发区为增长极、远城区工业园区为重要支撑的空间格局，逐步形成了四大工业集中区，随着“工业倍增计划”深入推进，两大增长极工业发展势头良好，对产业集群化发展起到了支撑作用；新城区工业用地快速增加，是现状的3.8倍；形成了大光谷板块、大车都板块、大临空板块、大临港板块4个增长极，以及9个新型示范区和14个一般工业园区的空间布局，为远城区新城产业示范园区和中心城区示范园区提供工业经济发展支撑。

根据上述分析得出空间发展的现状布局与特征：

①空间发展采用“产业新城+工业园区”的“远郊型”布局模式，并且多中心工业格局正在形成；

②远城区新城依托交通走廊为发展轴线，建设示范园区，带动区级工业聚集区；

③3个副中心城区集中发展“新型工业化示范区”，作为先导发展和示范建设重点。

（2）四大工业板块发展（图1-40）

1）大光谷板块

大光谷板块位于武鄂黄经济带上及“咸赤嘉”城镇密集协调发展区上，具备

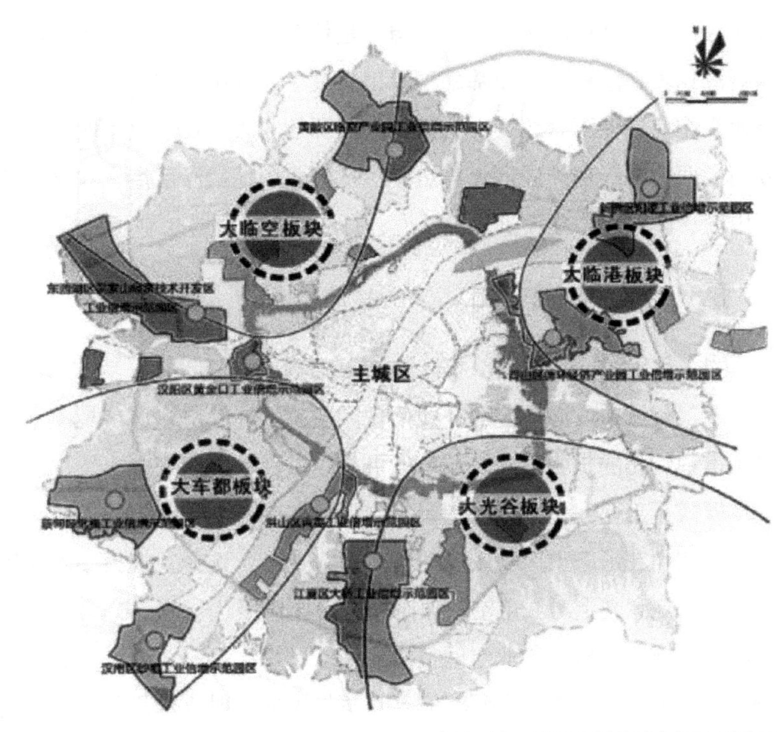

图1-40　武汉市四大工业板块示意图

铁、水、公、空全方位的立体交通优势，形成了以光电子信息、生物、环保、高端装备和新能源等为主的产业构架，并且呈现产业集聚发展的趋势，该区域生态资源良好，江河湖泊众多，生态景观资源丰富。依托东湖高新技术开发区和“中国光谷”，承担武汉市产业转移空间。

2）大车都板块

大车都板块位于长江经济带和京广经济带交汇的西南部，区域内京港澳、沪渝高速交汇，318国道横贯东西，物流条件优异；且涉及后官湖城市生态绿楔和沉湖湿地自然保护区，生态环境良好，拥有“两江四河二十八湖”，是武汉城市圈西向拓展的原动力。大车都板块主要依托武汉经济技术开发区，联合蔡甸区、汉南区，建设中国车都。

3）大临空板块

大临空板块立体交通发达，紧邻大临港板块和大车都板块、武汉天河国际机场、武汉北铁路编组站、武汉铁路集装箱中心站等重大基础设施，沪渝、京广等铁路干线连通四方，高等级公路与周边地区联系紧密，涉及两大蓄滞洪区和水源保护带。依托吴家山经济技术开发区、天河国际机场，联合黄陂区、东西湖区，建设临空经济发展区，大力发展新型工业。

4）大临港板块

大临港板块处于京广、京九经济轴以及长江经济带“两轴一带”的交汇处，拥有长江中游最优质的深水岸线资源，是长江中游航运中心、武汉新港的核心港口岸线资源；大临港板块产业基础雄厚，集聚了武汉钢铁（集团）公司、华能阳逻电厂等龙头企业和能源基地，大钢铁、大能源的“大工业”优势明显。该板块涉及多个湖泊及两个市级保护湿地，自然资源良好。依托武汉新港、武汉化学工业区，联合青山区、新洲区，建设重化工基地，打造武汉大临空工业板块。

3．工业空间布局对城市空间发展的影响

（1）引导城市形态优化，推动城市拓展模式

武汉市城市发展沿交通环线呈现圈层式发展趋势，城市规模不断扩大，为了推进城市集约化的扩张模式及城市的可持续发展，近年来提出了“退二进三”的土地置换模式，工业在主城区外围聚集，形成多中心的工业组团；城市空间形态的扩张与工业空间在形态上产生较高的契合度，在区位选择及规模集聚作用下，工业空间形态在一定意义上对城市空间形态产生引导作用。

根据前文分析，工业空间拓展经历了“市区型—市郊型—远郊型—多中心远郊型”的发展过程，工业空间在完善自身发展的同时，依靠基础设施建设带动相关产业发展，形成新的发展核心，从而引导城市空间扩展；武汉市城市建设用地在前一时期大幅度跳跃式发展，伴随着经济的快速发展，主城区与远郊区工业组团之间通勤压力增大，对于交通及商业服务等基础设施有了较大需求，该时期城市建设集中于主城区与开发区及远郊工业组团之间的填充式发展，居住、商业、交通等都取得了大规模发展，城市空间呈现多元化、多角度的扩张，形成了武汉三镇多个城市中心区、高新技术区、经济开发区及工业新城组团，在以工业为主导产业的发展带动下，城市空间将由“摊大饼”式的圈层式蔓延模式逐步向网络化城市空间结构演进。

（2）完善内部空间功能，促进城市内涵式发展

从城市功能用地来看，工业用地的迁移与扩张是城市内部空间用地的构成演化的重要原因，导致城市功能用地以圈层式向外围扩展，工业用地的演化与变迁是推动城市内部功能完善的主要作用力，这种推动力使得城市空间的重心与结构发生变换，空间要素产生集聚与扩散。

通过对武汉市1993—2010年城市功能用地的分析可以得出，工业用地的迁移与扩张优于其他用地。从城市空间功能分区看，城市内部的工业用地造成居住空间的破碎化，商业空间依附居住空间零散布局。随着工业空间的外迁，使得内部功能用地得以补充，工业空间在外围地区聚集发展，引导居住空间、商业空间在主城区与外围空间之间进行填充式发展，城市空间的扩张由粗放式扩张向集约内涵式发展转变。

（3）四大板块着力资源整合，实现空间一体发展

四大板块的构建对于城市建设与发展意义重大，一方面，四大板块集聚了武汉市重点发展企业及发展基地，有利于园区内各种资源要素的整合，促进产业集群化、模块化发展及园区的优化整合建设；此外，促进主城区外围空间的一体化发展，对促进地区协调有一定作用。另一方面，四大板块的构建能够对武汉较为粗放的圈层式扩张模式产生制约，促进城市空间更加合理化、集约化发展；但同时也必须处理好与主城的关系，才能实现区域范围内的协调与统筹。

1.4.3　评估与判断

1．分析检讨

武汉市工业空间格局对城市空间发展既有有利疏导，自身发展却也存在一定的问题，工业园区沿对外放射交通线呈楔状分布，与生态绿楔间隔呼应，共同构成远城区空间。

（1）现状布局结构松散，传统重化工主导产业功能

武汉市远郊区工业园区分布规模小且零散，用地集约化程度低；零散的空间布局造成都市区整体空间的分割，城市空间的弹性适应性降低；其次，各工业园区特色不鲜明，优势不突出，相似工业园区多，产业聚集化发展板块难以形成，园区集约化效应难以实现。

（2）工业倍增效应短暂，阻碍城市远期进程

工业倍增计划，短期内对各个片区的发展影响重大，能够推动地区GDP的增长，实现经济的快速发展，促进城市建设的进程，带来一定的正面效应；然而长远来看，工业园区的布局分散，产业发展的集聚化效应尚不明显；其次，园区发展受城市发展建设条件限制，在一定程度上造成周边用地功能布局的割裂，对城市空间整体发展产生阻碍，制约城市空间的一体化进程。

（3）四大板块围堵主城，制约空间有序增长

四大板块及工业组团式发展的推进，短期内可实现经济的快速发展，提升工业化发展的水平，促进城市建设的进程，带来一定的正面效应；然而长远来看，工业园区“环城”发展的格局给主城区空间的增长造成压力，阻碍城市空间的进一步发展；另一方面，四大板块单纯的工业功能不符合高新技术产业的城市，增加了二次开发的可能，造成城市建设的潜在浪费。

2．规划建议

工业倍增计划带来了城市高增长，但是短期内武汉发展仍然以工业为主导，工

业组团式发展的格局难以改变。未来外围区与主城区融合发展是必然趋势，工业组团也必须顺应新形势下的空间发展理念，促进与主城区的一体化发展。

（1）加强园区集约布局，促进产业模块化发展

武汉已经进入工业化发展的中后期阶段，随之将进入后工业化时代，加之信息时代以知识经济为主的产业结构升级，未来城市产业空间应该注重整合，加强园区的集约布局与紧凑发展，取代传统工业空间，更加向服务化、网络化发展，从而使城市功能的机械化分区开始突破，城市空间结构各要素的融合发展趋势明显，城市空间功能高度综合化发展。

（2）循序推进工业倍增计划，合理定位工业组团

工业倍增计划仍然是工业城市推进的主导模式，未来随着产业结构的转型升级，工业倍增计划不可盲目实施，未来在产业模块化发展的基础上，明确组团的主导产业，评估各个工业组团发展前景，以主导产业为支撑，循序推进工业倍增计划，实现新城工业组团的优化发展。

（3）突破四大板块束缚，构建产业网络格局

四大板块的发展模式是大工业城市的发展思维，不符合高新技术产业的城市。因此，在未来的发展中要合理定位各个工业组团，突破四大板块的束缚，促进新城工业组团空间功能的高级化和快速化发展，引导城市在地域空间上的拓展，以新城工业组团为核心形成城市外围的中心区域，促进城市空间多中心网络化发展。

1.4.4 武汉大型基础设施工程的影响

1. 基础设施对城市空间影响的国际经验借鉴

根据部分学者的相关研究，高铁枢纽对城市空间发展影响的差异分为3类，本书选取国内外高铁枢纽建设案例进行研究。本部分选取了6个案例，见表1–19。根据对城市空间发展影响的差异，影响显著的高铁枢纽为里昂拉帕迪站与里尔欧洲站，影响比较显著的高铁枢纽为新大阪站和新横滨站，影响不显著的高铁枢纽为南京站和北京南站。

6个高铁枢纽对所在城市空间发展的影响一览表　　表1–19

枢纽名称	高铁开通时间	对所在城市空间发展的影响	影响效应
新大阪站	1964年	围绕新大阪站形成新的城市增长极，牵引城市向北跨越沱川河发展	+

续表

枢纽名称	高铁开通时间	对所在城市空间发展的影响	影响效应
新横滨站	1964年	1964年至1989年期间，客流量较少，站点周边发展缓慢，对城市空间发展影响不显著；1989年以后，客流量大增，站点周边发展迅速，成为横滨市的副中心，促成了横滨市“中心+副中心”的空间结构	+
里昂拉帕迪站	1983年	推动了拉帕迪地区的二次开发，催生了新的城市空间增长极，推动了城市空间结构的重组	++
里尔欧洲站	1994年	形成“欧洲里尔”商务办公中心，使里尔由传统单中心空间结构转变为双中心空间结构	++
南京站	2005年	未对整体城市空间格局产生明显影响，但带来了城市空间结构的优化，并推动了城市再城市化的实现	—
北京南站	2008年	北京南站经济圈尚未形成，对城市空间发展影响不显著	—

注：++代表影响显著；+代表影响比较显著；—代表影响不显著。

根据所选取案例的分析解读，随着城市化进程的推进和城市空间的拓展，大城市面临着过度膨胀所引发的人口高度密集、地价飞涨和基础设施短缺等一系列问题，给城市中心带来了巨大的压力。由单中心逐步向多中心发展是大城市社会经济发展到一定水平的客观要求，高铁综合交通枢纽在其中扮演了十分重要的角色，是大城市实现从单中心向多中心转变的重要工具，一方面，高铁综合交通枢纽所在地区的建设规模得以扩大；另一方面，该地区与周边组团、中心城区的联系得以增强，导致空间结构发生改变。大城市的空间结构在高铁综合交通枢纽集聚性带动作用下，逐渐由“核心—边缘”的封闭式空间发展模式向“多核—扁平”的网络化发展模式演变。

结合城市空间结构发展的现状，多中心发展模式较为成熟，因此高铁站点对武汉城市空间的影响主要表现在城市空间的结构优化与调节。

2. 汉阳站选址对城市空间的影响

（1）吸引特定功能聚集，催生新的空间增长极

汉阳站的选址建设能够吸引特定的城市功能聚集，改变汉阳地区空间格局，促进汉阳地区公共中心的重构，在蔡甸地区催生新的公共副中心的形成。如已建武汉站，首先是城市空间重要的交通战略点，其次对杨春湖副中心的构建与发展意义重大，随着轨道交通的推进，在周边形成新的产业聚集，促进副中心的形成（图1–41）。

（2）城市西向门户中心，促进周边地区一体化发展

汉阳站选址位于城市远郊区，未来可发展成为与邻近城市之间的战略点，引导

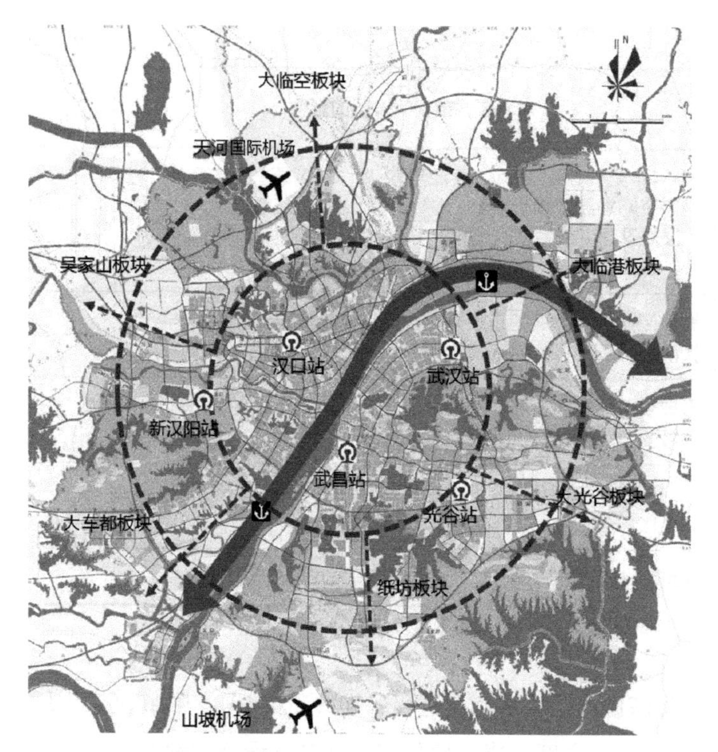

图1-41 武汉市对外交通站点分布

城市在该方向上的空间增长，最终在空间上实现区域的连绵与一体化发展。

（3）区域发展失衡，城乡矛盾凸显

带动远城区蔡甸发展与建设，但同时也会对后宫湖地区的建设产生压力，对生态环境产生破坏。汉阳站的选址与建设为蔡甸区及周边区域的发展注入了新的机遇，但是由于自身条件不同，在站点的辐射作用下，空间布局发展也会呈现不同趋势。发展基础较好的地区，依托便捷的交通联系受到铁路站点的正面影响，空间实现快速增长，发展趋势向站点方向靠近，拉大与其他城乡地区的差距，区域差异化格局明显，催生城乡矛盾。

3．第二机场建设对城市空间的影响

武汉第二机场的选址建设主要是对江夏山坡机场进行民用化改造，第二机场以货运为主，将成为今后的国际货运中心，主要承担高附加值的航空快递和航空货运业务，与天河国际机场形成一客一货的职能分工（图1-42）。

（1）中部物流新枢纽，助推光谷发展新格局

第二机场的建设，不仅会引致周边产业的趋同、发展、升级和调整，形成现代服务业集群，推动光谷的产业输出，带动光谷经济的高度提升；同时，第二机场的建设，将成为中部先进物流与高新制造业的枢纽区，让光谷更迅捷地与国际接轨。

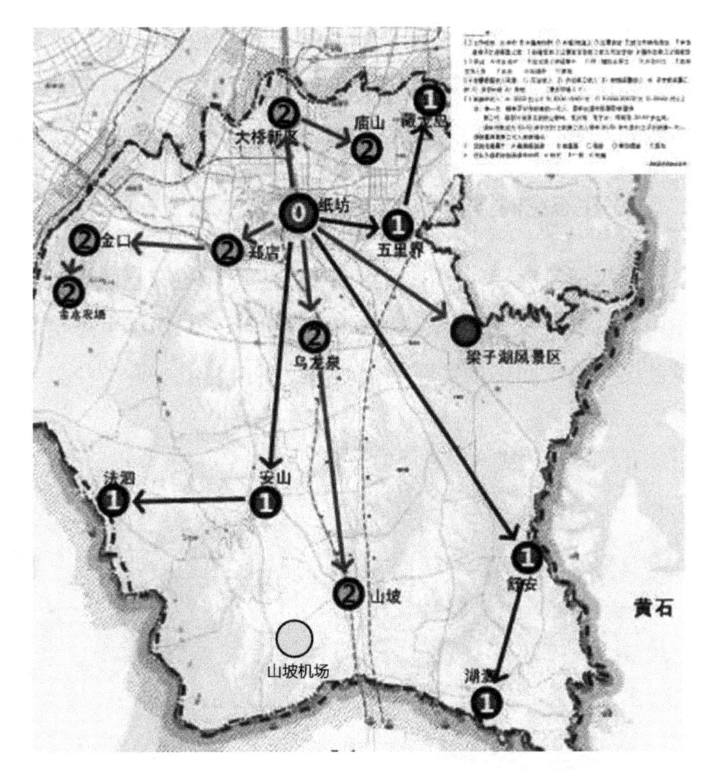

图1-42　武汉第二机场选址图

随着武汉第二机场的建立，将促进光谷国际化发展趋势。

（2）引导城市空间南向扩展，重构江夏区的空间格局

江夏区机场的选址建设，将在空间上重构江夏区空间格局，改变现有中心地位，在山坡地区形成物流等产业的集聚，催生新的副中心，导致城市南向拓展，带动江夏区及周边区域的发展与建设。

（3）构建城市发展战略空间，推进区域一体化进程

汉阳站选址于城市远郊区，向南连接咸宁，未来可发展成为城市之间的战略点，促进咸宁与武汉的空间一体化，实现在该方向上的空间增长，最终在空间上实现区域的连绵与一体化发展。

1.5　都市区生态空间发展与布局

1.5.1　建设用地与生态空间的协调关系

1．生态空间格局结构分析

武汉都市区范围内大规模农林田用地以及星罗棋布的湖泊水系奠定了城市生态

空间格局基础，2006年在总结了武汉现状与国际上经典的生态空间布局模式基础上，确定武汉生态框架以“环—楔—廊”网络化模式布局，构筑以主城为核，轴向拓展的城镇空间骨架；形成“两轴”、“两环”、“六楔”、“多廊”的生态空间结构。

2．生态空间格局发展演变趋势

武汉河流纵横、湖泊星罗棋布，生态环境敏感区域较多，对城市有很强的分割作用。总结武汉1996年、2002年、2006年、2010年生态空间格局变化发展趋势，可见武汉生态空间格局发展变化动态（图1-43）。

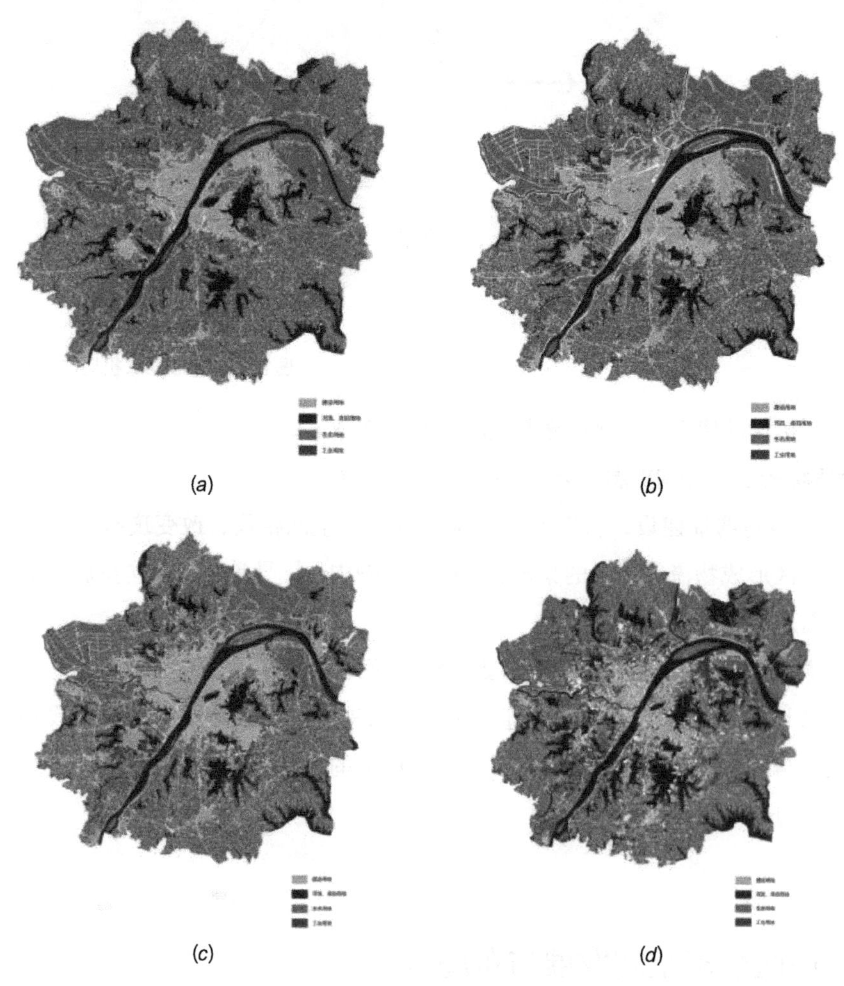

图1-43　1996—2010年建设用地与非建设用地关系
（*a*）1996年；（*b*）2002年；（*c*）2006年；（*d*）2010年

1996年，建设用地集中在主城区中，城市主要骨架依靠水系湖泊等自然要素构建，以长江为主要分割线，呈现较完整的绿环形态；到2002年，主城区建设用地面积加大，路网密度加大，逐步成为城市发展骨架，生态空间格局逐步呈现打破封闭环状格局趋势，形成沿主要交通发展方向的廊道雏形；2006年，随着城市建设加速，农林用地开始被新建用地占据，围湖现象明显，都市区内工业用地分布仍沿城市主要交通道路发展，楔状生态空间结构布局雏形形成；2010年，主城区蔓延式向四周扩张，都市区内工业用地沿主要交通道路聚集，廊道结构明显，廊道间的生态绿楔形态呈现。

1.5.2　生态用地保护现状与压力

都市区现状生态底质优良，自然生态资源丰富，并且具备水系发达、河流密布、湖泊众多的鲜明特点。特别是大面积的自然湖泊水面作为天然的城市生态空间，具有自然分隔城市建设区域的功能。都市区建设用地与生态用地相互镶嵌构成以主城区为核心，新城绿楔相互交错。

（1）生态绿楔功能完善滞后于规划需求，易被强行占用

武汉生态绿楔多为农林用地，在规划中设置森林公园、风景名胜区、教育基地、水源涵养地、蓄洪用地等属性，但在实施过程中难以快速具体落实和进一步维护。同时，随着主城区建设的推进，生态用地（生态绿楔、湖泊水系）被占用现象严重，维护生态用地完整性是面临的首要问题；其次，功能缺失是生态用地需尽快解决的重要问题，丰富其功能、完善基础设施建设也是维护生态用地完整性的有效途径（表1–20）。

绿楔功能规划　　表1–20

绿楔名称	功能
大东湖绿楔	国家级风景名胜区、国家森林公园
汤逊湖绿楔	国家级湿地自然保护区、城市郊野公园、水源涵养地
青菱湖绿楔	生态教育基地、湿地自然保护区
后官湖绿楔	城市后花园（休闲、疗养、游憩）
府河绿楔	重点蓄滞洪区、城市郊野公园、生态游乐区
武湖绿楔	重点蓄滞洪区、生态农业区

（2）生态绿楔占地范围大，阻隔与新城共同发展

生态空间占地集中且面积较大，生态绿楔之间缺乏空间联系，处于分离状态，虽然在一定程度上防止了主城区的摊大饼式蔓延，但同时也阻碍了主城与新城之间的联系，限制了新城的联系、融合与共同发展（图1–44）。

图1-44 都市区绿地布局图

（3）生态空间破碎化严重，生态用地边界被侵蚀

绿楔中的建设用地造成整体生态结构的破碎化，由于新城区域内绿楔、水体边界等生态优质地区逐渐被侵蚀，生态空间完整程度减弱，空间保护细则有待加强，土地利用并未按照规划要求实施，生态空间保护与土地利用过程产生了冲突。

1.5.3 生态用地保护措施的国内外经验借鉴

国外城市生态用地保护注重政策实施和准入制度的设定，主要通过研究伦敦、巴黎、莫斯科及东京等城市的生态用地保护措施，对武汉市生态空间格局进行指导（表1-21）。

国内外城市生态用地保护措施经验借鉴　表1-21

城市	生态空间格局	保护措施
伦敦	环城绿带	政府限制开发的管理，环城绿带内的任何开发都必须得到地方政府的批准，在环城绿带中建设须严格遵守准入制度
巴黎	环城绿带	严格保持绿带边界的稳定和绿带面积的动态平衡，绿带的边界得到相关法律的保护
莫斯科	森林公园保护带	在法律法规中明确规划和划定边界，从而为保护带建设和维护提供了立法保障
东京	东京绿地系统	制定了一系列法律法规确保规划实施，包括《都市公园法》《首都圈近郊绿地保全法》《都市绿地保全法》
广州增城	绿道	注重基础设施建设和土地综合整治，坚持保护原生态，不破坏地质地貌
北京	绿地系统	该规划将北京市域空间划分为禁建区、限建区和适建区3类，禁建区分为绝对禁建区和相对禁建区，限建区分为限建区和一般限建区，并对区域采取不同的管制政策
成都	绿地系统	按照非建设用地现状、生态环境状况对城市非建设用地进行分类保护，分为三级保护区
南京	生态廊道	对于多级生态控制线的制定以及管控区域的细分，规划中也考虑到与控制性详细规划的衔接，更有助于生态网络的实施

1.5.4　评估与判断

1．分析检讨

（1）三环绿带断续发展，六大绿楔碎片化

随着城市发展建设的推进，三环绿带受城市建设影响，呈断续发展；生态用地边界不明确，使得建设用地逐步侵蚀生态用地，块状建设用地逐步破碎化生态用地，六大绿楔碎片化。

（2）生态用地边界不明确，城市建设侵蚀生态用地边界

随着城市发展建设的推进，生态用地被侵占现象严重，城市建设用地逐步破坏生态用地，呈蔓延式发展。在未来发展中，要加强生态用地准入标准的确立，完备其使用功能，规范相应的法律法规来控制生态用地保护制度，明确生态用地边界。

2．规划建议

（1）完善环线绿带空间，重构“三环+绿楔”生态格局

未来规划要对武汉都市区范围内生态空间模式进行严格控制，在维持六大绿楔结构完善的基础上，加强城市环线绿地系统建设，确保三环绿带的连贯性；同时，

结合新城建设构建绿楔之间的生态联系，结合新城绿道及城市绿化构建“三环+绿楔”的生态格局。

（2）严格控制绿地边界，促进城市生态空间优化

控制生态用地边界，禁止城市建设用地侵占，建立绿楔之间的绿廊与绿道结构，完善生态绿地骨架，结合新城功能需求构建绿色生态廊道，建立实用型功能型生态结构。在完善绿色网架结构的同时，加速完善生态绿楔功能建设，保护生态公园、风景名胜区、自然保护区以及蓄洪片区等，促进城市生态空间的优化布局。

1.6 新城发展与主城建设

1.6.1 新城发展历程与趋势

新城初步形成期与主城联系不紧密，新城之间缺乏联系，整体空间结构呈散点状分布。在新城规划中，其模式显示新城与主城以及新城之间的联系明显增强（图1-45）。说明新城建设滞后规划需求，新城模式逐步从散点状分布向相互联系强烈的关系过渡。由此可见，新城的未来发展趋势将以交通连接为主要结构骨架，加强新城与主城、新城与新城之间的横纵向联系，在完善自身结构功能的基础上，逐

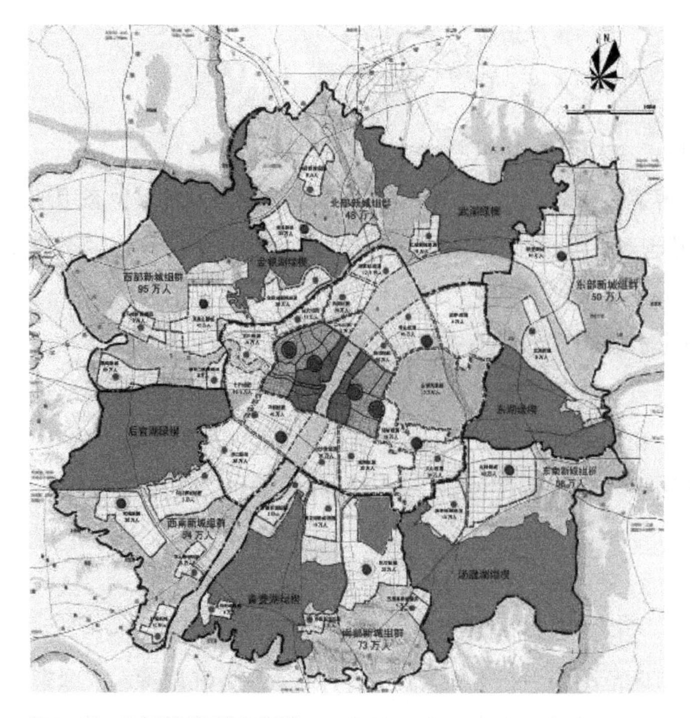

图1-45　6个新城组群分布图

步独立于主城，形成具有特色吸引力的独立新城。

1.6.2 典型新城与主城空间布局发展现状与问题

武汉新城规划深化落实城市总体规划确定的“以主城为核，多轴多心”的空间格局，构建西部、北部、东部、东南、南部、西南6个新城组群。下面将以西南新城组群和南部新城组群作为典型来分析新城与主城空间布局关系。

1. 典型新城空间结构分析

新城空间结构主要沿交通道路形成城市主要和次要发展轴线，结合城市绿楔、水环等生态要素，打造多点多组团，明确发展轴线的新城空间结构。并且依据未来的功能定位，设置空间管制方向（表1–22）。

新城空间结构 表1–22

组群名称	空间结构	结构图	空间管制
南部新城组群	绿心+水环 居住组团 山体廊道		南部新城组群由于分散式发展，要加强对基础设施的投入力度，加强各组团间的交通联系，采取截污措施，防止水体污染
西南新城组群	空间发展主轴 空间发展次轴 绿楔 城市组团		西南新城组群要充分保护株山湖、后官湖、小奓湖以及株山等山水自然资源；采取集中与分散相结合的方式，集中处理生活、生产污水，确保良好的生态环境。在纱帽南部地区尤其是通顺河沿线，由于地势较低，要划定安全区

2. 新城空间功能与规模

现状新城的功能较为单一，以承接主城分散的工业功能为主，人口规模相近，发展程度相当（表1–23），在未来的城市空间功能中，应当发展新城各自的独特功能，发展城市特色，建立彼此特色独立的新城。

新城空间功能与规模　　表1–23

组群名称	新城规模	新城组群中心布局	新城组成	功能定位
南部新城组群	南部新城组群城规划镇人口73万人。规划建设用地规模82km²	一个组群中心和2个组团服务中心	纸坊新城，黄家湖新城组团，青菱新城组团，郑店新城组团，金口新城组团和五里界新城组团	武汉地区的教育科研聚集区和现代物流基地
西南新城组群	西南新城组群规划城镇人口54万人。规划建设用地规模71km²	一主一副2个组群中心和4个组团服务中心	常福新城（含黄陵），薛峰新城组团，军山新城组团，纱帽新城	以武汉经济技术开发区为依托，以汽车及零部件、机电制造、包装印刷、物流工贸等产业为主导，职住功能综合平衡的城市组团集群

（1）南部新城组群

位处“两城一心”（光谷东南新城、车都西南新城和武昌老中心）关键位置，独具优良的山水资源，以生态涵养功能为主，发展科教、旅游产业。江夏处于“1+3”正中连接部，是咸宁、黄石、鄂州三市进入武汉的重要通道；在“1+6”武汉城市发展格局中，江夏是武汉南部新城组群所在地且与东湖高新技术开发区接壤。南部新城组群以教育科研产业为主导，毗邻东湖高新技术开发区及武汉新大学城（表1–24）。

南部新城组群人口和用地规模一览表　　表1–24

结构体系	名称	面积（km²）	人口（万人）	人均建设用地（m²/人）
南部新城组群	纸坊新城	40	35	114.3
	黄家湖新城组团	15	13	115.4
	青菱新城组团	8	7	114.3
	郑店新城组团	5	5	100.0
	金口新城组团	9	8	112.5
	五里界新城组团	5	5	100.0
	小计	82	73	112.3

（2）西南新城组群

依托武汉经济技术开发区，集中发展优势汽车和机电制造业。西南新城组群属于全市五大工业板块之一的汽车工业板块，通过吸引与武汉经济技术开发区汽车产业、高新技术的配套产业和主城区外迁机电制造业，兼顾发展IT设备、轻工食品、出口加工等企业，形成武汉市西南部汽车及零部件、机电产业聚集区，远期沿沪蓉高速公路和三一八国道向仙桃、潜江方向辐射（表1–25）。

西南新城组群人口和用地规模一览表　　表1–25

结构体系	名称	面积（km^2）	人口（万人）	人均建设用地（m^2/人）
西南新城组群	常福新城（含黄陵）	32	30	107
	薛峰新城组团	22	8	—
	军山新城组团	6	6	100
	纱帽新城	11	10	110
	小　计	71	54	—

整体来看，武汉新城组群城镇人口总量127万人，占都市区的17%（表1–26）。其规模远远不足以与中心城区相比，说明武汉新城组群发展滞后，其完善程度远不及规划制定，在比较中发展。上海主城与新城人口比为1：1，而武汉主城与新城人口比为4：1，显著表明武汉新城发展的整体滞后性。

武汉新城组群人口统计（武汉2050）　　表1–26

组群名称	2010年城镇人口（万人）
北部新城组群	9.04
东部新城组群	12.80
东南新城组群	18.94
南部新城组群	35.50
西南新城组群	38.16
西部新城组群	12.73

由此可见，南部新城组群和西南新城组群在6个新城组群中城市人口最为突出，其他新城组群在人口规模上差别较大，不同新城发展程度差别较大（表1–27），未来发展需要差异化对待。

新城中心等级体系一览表　　表1-27

新城层面	人口规模（万人）	职能
新城中心 （新城副中心）	50～100	新城公共活动和服务中心 主城公共中心的有益补充 周边城市的生产服务中心
组团中心	5～8	组团及乡村地区的公共服务中心
社区中心	0.03～0.8	基本的日常生活服务职能

1）用地面积规模分析

从规模上来看，武汉市主城区外围规划的新城组群建设集聚化程度低，至2010年已建成的集中建设区平均规模仅16万km^2，远低于规划建设标准（表1-28）。而国内外较成熟的新城集中建设规模普遍在30万km^2以上，如美国的圣查尔斯新城达31.97万km^2，而中国的香港沙田新城达69.4万km^2，法国的马尔拉瓦雷新城更达152万km^2。这说明武汉的新城建设仍然处于初级阶段，在整体新城状况的情况下，南部新城组群和西南新城组群建设规模略接近成熟新城边界。

近年来武汉新城建设用地增长情况一览表　　表1-28

原规划新城名称	1995年规模（km^2）	2000年规模（km^2）	2005年规模（km^2）	2010年规模（km^2）	年均增幅（%）	规划用地规模（km^2）	规划人口密度（人/km^2）
吴家山	7.3	12.2	21.9	26.9	17.90	45	8889
蔡甸	5.7	6.3	6.8	7.2	10.00	22	9090
纸坊	8.6	8.6	9.0	12.5	3.02	40	8750
阳逻	3.0	6.4	9.1	23.1	44.67	54	8333
常福	<1	0.9	7.5	12.6	75.33	32	9375
盘龙城	<1	<1	3.3	14.7	91.33	32	9375
北湖	<1	<1	<1	<1	—	30	1667
金口	<1	<1	<1	<1	—	9	8889

2）主导产业类型分析

新城组成与主导产业见表1-29。

从表1-29可以看出，新城产业种类单一，不能体现各自的功能特色，结合现状产业发展状况，特色产业虽已经列入规划，但是由于发展支持不足，使得特色产业难以发展。总体来说，当前新城的产业种类单一，规模不足，有待基础设施完善以使产业进一步提升。

新城组成与主导产业　　表1-29

组群名称	新城组成	主导产业
东部新城组群	阳逻新城，北湖新城	新港临港产业、重装制造、化工业
东南新城组群	豹澥新城和流芳新城组团	光电子信息产业、生物工程与新医药产业、节能环保产业、高端装备制造
南部新城组群	纸坊新城，黄家湖新城组团，青菱新城组团，郑店新城组团，金口新城组团和五里界新城组团	先进装备制造业、物流、旅游业
西南新城组群	常福新城（含黄陵），薛峰新城组团，军山新城组团，纱帽新城	通信电子产业、机械汽配产业、环保新能源产业
西部新城组群	蔡甸新城，黄金口新城组团，吴家山新城，金银湖新城组团，走马岭新城组团	食品加工、现代物流业、机电产业、轻纺制造业
北部新城组群	盘龙新城（含留店），横店新城组团，武湖新城组团	航空物流、轻型制造、高新技术、大型主题游乐等临空产业

3．新城发展态势

新城建设用地逐渐增加，人口规模逐步增大，新城组团初步按照城市内部主要交通道路沿线轴状生长，新城主要依靠自身产业发展，所以在未来发展中，靠近特色产业地段优先发展，同时靠近生态优质地段也将优先发展。新城与主城结构之间短时间内不会发生变化，仍会维持依附主城的形式，随着新城发展完善，将逐步形成自身较为独立的特色新城（图1-46）。

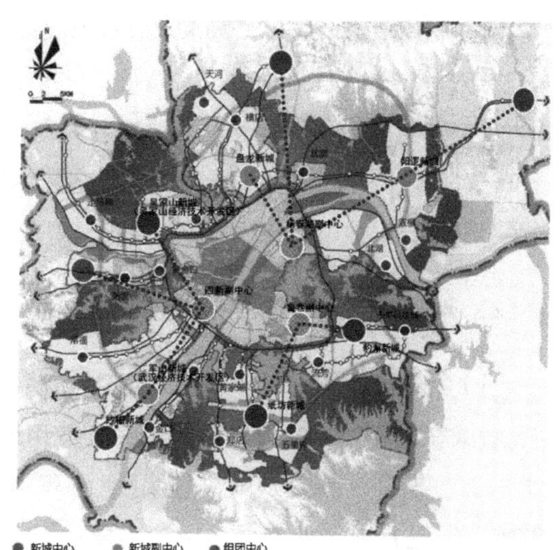

图1-46　新城中心体系图

1.6.3 典型新城与主城联动发展分析

1．主城对典型新城的空间需求分析

（1）人口扩散

新城形成的最初目的是为了转移人口扩散需求，大量的城市人口拥挤在城市主城区范围内，造成城市拥堵，就业问题严重，所以向城市外围疏散人口成为新城建设初期的主要目标，并且通过功能的转移、设施的完善进一步促进人口向新城疏散的速度。

（2）功能转移

现阶段，全面提出城市“退二进三”的功能要求，推动主城工业外迁，但城市发展、城市就业问题仍需要工业的支持与解决。未来在新城发展中，各新城分别依托其各具特色的产业工业园区，发展相关优势产业，并配套相应的生活生产服务设施，使各新城发展成综合新城组群，同时起到疏散主城区第二产业的作用。

南部新城组群包括江夏新型工业化示范园以及洪山新型工业化示范园。江夏新型工业化示范园布局为“一主三副”，重点发展机械装备制造、光电子信息及能源汽车产业。洪山新型工业化示范园重点发展生物医药和机械装备产业。西南新城组群包括蔡甸新型工业化示范园和汉南新型工业化示范园，重点发展汽车、电子信息产业和现代装备制造业，工业化示范园区范围分别达56km^{2}和40km^2。

（3）生态环境拓展

主城区建设用地迅速扩展破坏了城市生态环境，城市郊区的生态环境显得尤为突出，同时，新城项目建设选址时多偏向于生态环境优良用地，居民对于生态环境的需求和城市大环境对于外围生态环境的需求使得新城的建设大批量涌现。

南部新城组群的生态格局突出，拥有良好的自然山水条件，其依托于江夏区得天独厚的自然山水优势，顺应自然形成“绿心+水环”的格局和分散组团式布局，成为主城区重要的生态涵养区。西南新城组群则依托沪蓉汉洪高速和318国道形成一主一次两发展轴，轴间以绿地相隔。在新城建设中须充分保护株山湖、后官湖、小奓湖以及株山等山水自然资源，确保良好的生态环境。

2．典型新城对主城的空间需要分析

（1）新城产业发展不足，需主城区功能疏散和政策支持

新城在都市区的24个工业园区，工业用地建成规模低于2km^{2}的占一半以上。“十一五”期间，新城已批工业用地面积达63.35km^2，已批未供用地占比达到43.7%，但是目前产业发展单一，主导功能不明显，主城区应针对不同新城的特色，将功能进行疏散，提升新城的公共服务属性以及提供就业环境的产业发展。

（2）新城交通设施建设滞后，需主城区交通优化延伸

城市快速路等大运量快速通道建设滞后，新城目前出入主城区时距在1h以上，从高速公路的建设情况来看，主城至新城更多依赖于汉施公路、盘龙大道、G107、十永公路、G318、高新大道等一级公路（主干路）联系。主城区内衔接通道等级和容量偏低，难以实现内外交通衔接（图1–47、图1–48）。轨道交通方面，现状只有东西湖新城有轨道交通1号线，其他新城均缺乏以轨道交通、BRT为代表的大运量公共交通走廊引导新城发展。此外，新城路网总体不成体系，路网密度和面积等建设指标偏低。

图1–47　都市区道路系统现状图　　图1–48　近期重大交通设施建设图

对于新城组群，应完善新城组群交通系统，包括武监高速、318国道、沪渝高速、汉葵高速、汉天高速等5条干线公路及京港澳高速、107国道、纸湖公路、武金堤公路等4条干线公路，完善南部新城组群大运量公共客运通道。

（3）工业用地效益差别大，却面临同样的“倍增”计划

6个新城组群中工业用地效益差别大（表1–30），东湖高新技术开发区（86亿元/km^2）、经济开发区（66亿元/km^2）效益较高，其余地区效益普遍偏低，不足30亿元/km^2；但是发展政策相同，导致部分新城发展面临较大压力，应针对不同的新城发展基础，实施不同的发展政策。

6个新城组群中工业用地地均效益比较　　表1–30

名称	工业用地地均效益（亿元/km^2）
东西湖区	21
汉南区	16
蔡甸区	30

续表

名称	工业用地地均效益（亿元/km^2）
江夏区	26
黄陂区	23
新洲区	29
东湖高新技术开发区	86
经济开发区	66

1.6.4 新城发展的经验借鉴

1．国内外新城发展空间结构特征

（1）国内外新城发展空间特征与演变

从多国城市发展历程来看，新城建设是为了应对大城市恶性膨胀所采取的规划措施。新城的发展先后经历了4个发展阶段，即第一代卧城—第二代半独立卫星城—第三代独立卫星城—第四代多中心开放式卫星城，后两个阶段一般可以称为“新城”，更强调其独立性，是一个区域范围的中心城镇，为其本身及周围的地区服务，并且与中心城区的功能相辅相成，成为区域城镇体系的一部分（表1–31）。

新城发展阶段与特征分析　　表1–31

发展阶段		城镇化特征	人口模型（万人）	主要特征	作用与问题
第一代	卧城	人口郊区化	6~9	附属于中心城区的居住区，功能单一，只有居住区职能和最基本的生活服务设施，没有工业和其他功能	规模不大，对中心城区依赖性强，工作地与生活地分离增加城市的通勤压力
第二代	半独立卫星城	产业郊区化	6~10	除居住功能外，配置一定规模的工业。可满足部分居民就地工作，其他居民还要到中心城区工作	产业较单一、规模偏小等，无法从根本上解决大城市过度紧张带来的问题
第三代	独立卫星城	郊区城市化	25~40	产业、居住等各种功能较完整，自立性强，可以依靠自身的力量发展，它与母城的关系主要体现在产品和服务的相互交换上，其功能也不再局限于为母城服务，而是成长为区域经济增长的中心	能较好地起到“反磁力”的作用，疏解中心城区人口，防止城市无序蔓延

续表

发展阶段		城镇化特征	人口模型（万人）	主要特征	作用与问题
第四代	多中心开放式卫星城	区域城市化	>40	用高速交通线把若干卫星城和主城联系起来，主城的功能扩散到卫星城中，形成网络化、多中心敞开式城市结构	引导城市开放式结构的形成，应对区域一体化的趋势

在研究国内外新城发展空间结构特征变化的过程中发现，新城的形成通常是由于主城区空间的扩张，为了控制大都市人口过密并且转移部分产业外移形成新城，在主城区外围建立散点式新城组团，一般首先发展居住以及提供就业机会较多的工业，随后随着新城功能完善，结构逐渐稳定，形成多功能产业的独立城；最后在新城逐步发展成熟、基础设施完善等情况下逐步形成自身小型城市，基本上脱离对主城的依附成为独立体系（表1–32）。

国内外新城建设规模比较　　表1–32

国家/地区	新城	中心城市	与中心城市距离（km）	人口规模（万人）（年份）	用地规模（km^2）	人口密度（人/km^2）
英国	伦敦	利物浦	22	10（2000）	29.35	3407
美国	圣查尔斯	华盛顿	32	7.5（规划）	31.97	2346
法国	玛·拉·瓦雷	巴黎	10	24.65（1999）	152	1621
日本	千叶	东京	40	34（规划）	29.13	11672
中国	松江	上海	30	30（近期规划） 50（远期规划）	36（近期规划） 60（远期规划）	8333
中国	新城组群	武汉	<10	15（现状平均）	16（现状平均）	9000

（2）国外新城发展空间结构特征及演变过程（表1–33）

国外新城发展阶段特征　　表1–33

项目	第一阶段	第二阶段	第三阶段	第四阶段
经济发展特征	小型的、单一功能的经济聚集	迅速恢复战后区域经济发展	维持经济持续增长	经济增长达到中等发达水平
发展政策	由一些资本家和社会改革家推动，无过多的政府参与	控制大都市人口过度密集，实行大规模产业基地的重点开发	区域多核心发展战略	抑制大都市圈的过度集中

续表

项目	第一阶段	第二阶段	第三阶段	第四阶段
都市空间结构				
新城建设目的	提高工厂的生产率，降低生产成本；将工人与大城市隔离，强化政治上和经济上对工人的整体性控制	战后重建，提供住宅与就业机会；抑制大城市蔓延式发展，疏散人口和产业；促进区域经济发展	构建中心城区的反磁力系统；通过广域开发方式，实现都市区功能和产业的整合与转移	重视新城在区域发展战略中的作用；重视城市内部的再生与整合
存在的问题	人口结构单一、功能单一、规模较小，难以实现对经济的聚集效应	人口结构单一，缺乏城市生活活力；功能单一，发展动力不足，对主城的依赖	缺乏生机，“反磁吸引力”不足，未成为都市圈整体发展政策的一部分，发展弹性有限	—
代表新城	伯恩城镇、阳光港镇	英国伦敦新城	密尔顿·凯恩斯	2000年环伦敦城镇群规划
发展趋势	封闭、独立自主发展	限制大城市发展	构建反磁力中心	促进区域平衡发展

（3）新城组群经验借鉴

国内外大都市新城建设的成功经验表明：“圈层式”拓展模式发展到后期将带来由于“摊大饼”引致的一系列大城市病，而“轴向拓展”“组团推进”是控制特大城市无序蔓延、引导城市有序拓展的合理模式。产业是新城发展的原动力；以工业化带动城镇化，有序推进以公共交通和公共服务设施为导向的新城建设，是疏解主城人口、实现跨越式发展的有效途径（表1–34）。

新城空间发展经验借鉴　　表1–34

城市	结构模式	布局特点
莫斯科	“环楔结合+多中心”	城市由市中心向外分出8条放射形道路，沿每条道路方向设置一个功能区和城市副中心，形成多中心八大片的空间结构
巴黎	“带状拓展+环形绿带”	以距离市中心10km和30km为半径将巴黎地区分为3个环状区域，并划定城市增长边界
伦敦	“圈层式拓展+环形绿带”	在距离伦敦市半径约48km范围内，由内到外划分内圈、近郊圈、绿带圈与外圈4个圈层。以绿带圈为隔离，外圈建设独立新城
大芝加哥都市区	TOD、SOD双联动	构建多种交通模式的走廊引导城镇轴向发展
香港	新市镇与郊野公园建设	通过新市镇建设，吸纳中心城区人口，调整城市空间结构，推动经济发展

2．国外新城类型与发展模式

在综合分析国外新城发展历程及各国发展阶段的历史特征的基础上，根据新城的核心驱动力和功能的不同，可将新城分为生态保育型、产业催生型、政策扶持型、边缘型、TOD模式型、行政中心型、区域经济增长型和区域空间重构型8种类型（表1–35）。

国外新城类型　表1–35

类型	核心驱动力	关键成功因素	典型代表案例
生态保育型	保护自然禀赋丰富的自然环境；对大城市起到生态涵养作用	便捷的交通联系；控制城市规模	迈尔克西居住区，格罗皮乌斯，2000年环柏林地区为保护郊区风光带设立的对接发展区
产业催生型	政府政策扶持，振兴贫困地区的经济；重塑区域门户职能	政府主导开发，投入大量资金；政府强制或引导产业聚集	日本筑波科学城
政策扶持型	政府政策扶持，振兴贫困地区的经济；重塑区域门户职能	政策倾斜；加强跨区域交通联系	2000年环伦敦城镇群开展西部振兴政策
边缘型	汽车普及和便捷的交通路网；城市郊区化	位于大城市边缘；建设快速的交通路网；产业郊区化，解决了职住平衡问题	美国哥伦比亚新城
TOD模式型（多为卧城）	大城市中心城区人口高度恶性膨胀；政府政策引导	兴建连接大城市的轨道交通系统；轨道沿线有大量的建设用地可供房地产开发	日本多摩斯城
行政中心型	政府决策，发展新的行政中心	政府主导开发，投入大量资金	印度堪培拉新城
区域经济增长型	空港成为区域战略空间资源；利于区域高级产业的发展	区域协调，政策决策	英国希思罗空港新城，日本成田空港新城
区域空间重构型	承担区域次核心，实现多中心结构；实现区域协同发展	区域政策制定，区域协同发展意向达成一致	法兰西岛地区发展指导纲要，日本第五次首都圈规划

新城模式的选择及新城功能的发展，受城镇化和老城经济实力、规模、增长速度和潜力等因素的综合影响。一般来讲，老城的规模越大、经济实力越强，新城远离老城发展的可能性越大；而老城的距离越远，因无法依托其基础设施，新城功能越综合，新城的规模也就应当越大，只有具有足够的规模才能满足社会和市政基础

设施的基本需求，并形成必要的内部分工。反之，老城规模越小，新城与老城距离越近，新城功能越单纯，新城规模也越小。

3．武汉新城发展模式选择及路径

武汉新城现阶段处于第二代半独立卫星城，产业郊区化现象明显，产业较单一、规模偏小等，无法从根本上解决大城市扩张带来的问题。

在6个新城组群中，南部新城组群比较特别，属于生态保育型。组群内部及周边江河纵横，湖泊众多。而西南新城组群属于典型的产业催生型新城。初具规模的汽车产业和毗邻武汉经济技术开发区为西南新城组群的快速发展提供了良好的基础（表1–36）。

6个新城组群所属类型及关键因素分析　　表1–36

组群名称	类型	关键因素
东部新城组群	产业催生型	优良的港口条件、良好的重工业基础
东南新城组群	产业催生型	依托东湖高新技术开发区
南部新城组群	生态保育型	丰富的山水资源、便捷的交通联系
西南新城组群	产业催生型	现状汽车产业初具规模，依托武汉经济技术开发区，区域交通便捷
西部新城组群	产业催生型	良好的食品工业基础、较好的交通区位条件
北部新城组群	区域经济增长型	依托天河临空港，邻近主城

1.6.5　评估与判断

1．分析检讨

（1）主城聚集发展，新城产业功能主导，独立性缺乏

武汉总体发展目前仍然处于集聚效应大于扩散效应的阶段，主城聚集发展。从规模来看，主城建成区已超过规划预测。新城由于功能单一，交通等基础设施落后，独立性缺乏；其次，新城建设启动迟缓，且建设集聚化程度低。上一轮总体规划规划7个重点镇2000年总人口为70万～80万人，总用地为80～90km^2。而实际发展状况为：2000年五普城镇总人口为37.3万人，仅为规划人口的一半；现状总用地仅为30.07km^2，尚未达到规划用地的一半。武汉市新城组群仍然处于刚起步阶段，新城建设任重道远（表1–37、表1–38）。

近年来武汉部分新城建设用地增长情况一览表　　表1-37

原规划新城名称	1995年规模（km²）	2000年规模（km²）	2005年规模（km²）	2010年规模（km²）	年均增幅（%）	规划用地规模（km²）	规划人口密度（人/km²）
纸坊（南部新城组群代表）	8.6	8.6	9.0	12.5	3.02	40	8750
常福（西南新城组群代表）	<1	0.9	7.5	12.6	75.33	32	9375

武汉新城规划现状建设用地情况一览表　　表1-38

新城名称	发展设想	现实情况
阳逻	集装箱转运枢纽、现代化港口城镇	集装箱港口建设缓慢
北湖	以大型化工项目和港口建设为先导，形成化工型港口城镇	无大型化工企业落户，港口未建设
纸坊	区政府所在地，发展机电、轻工和高技术产业	自然增长
金口	以港口建设为先导，建设地区性水陆联运枢纽	金口港尚未建设
常福	发展与汽车相配套的机电工业	刚启动
蔡甸	区政府所在地，发展电子、轻工、服装加工等	自然增长
宋家岗	发展高新技术工业、轻工业和商贸旅游业	刚启动

（2）外围缺少主体副中心，新城聚集程度低，多组团发展模式核心不突出

武汉市主城发展迅速，而新城处于初步发展阶段，具备了新城的雏形，但各新城布局较为分散，聚集程度低，功能不完善，建设相对于规划滞后，同时其产业发展单一，基础设施不完善，交通可达性差，导致多组团发展模式的核心不突出，主城外围尚未形成主体副中心。

2．规划建议

（1）明确外围新城核心，加强周边极核建设

武汉周边新城处于初步发展阶段，具备了新城的雏形，未来规划要加强新城建设，以产业为主导，促进新城的快速发展与转型升级，加强周边基础设施建设，构建综合性外围新城，强化外围核心。

（2）完善基础设施建设，推进新城功能多样化

按照新城的形成和增长趋势，道路是城市发展的关键拉动力，同时只有紧密联系新城与主城的关系，才能进一步运用主城拉动新城发展。未来要加强道路等基础设施建设，增强城市对内对外连通，加强新城内部的运营程度，进一步加强主城与新城之间的连通，使得新城快速发展；同时，要加快新城产业的转型升级，适当转移主城功能，推进新城功能的多样化。

第2章 国内外典型大城市空间结构的案例研究

2.1 案例选择及研究框架

2.1.1 研究背景

1．建构可持续发展的空间结构是国内外典型大城市的共性目标趋势

应对气候变化和能源危机，可持续发展及提高全球竞争力是大城市发展的共性目标，国际典型大城市均在探索适应性的都市区空间结构模式。

2．在全球化的深入与信息化的推动下，大城市都市区面临空间要素集散、功能模块重组与地域结构重构

经济、市场、贸易等全球化的突显以及信息技术的繁荣与发展，带动全球城市空间格局的改变，城市尤其是大城市之间的经济联系增强，相互依赖程度日益提高。各国大城市之间、大城市内部的分工、贸易、投资及要素的流动加剧，带来大城市都市区的社会结构、空间结构、资源要素的激烈震荡，将不可避免地带来城市功能、产业模块的大规模重组。

3．武汉建设国家中心城市的目标与行动需要世界城市及国家中心城市的经验借鉴与支撑

面对全球一体化的世界经济环境，处于工业化与服务现代化交叉叠合阶段的武汉既需要转型时期的经典路径借鉴，也需要有国际视野的创新突破行动。

2.1.2 研究目标及意义

1．总结国内外典型大城市都市区发展及其空间重构的特征及经验

经济全球化促使国际上典型大中城市新型组织结构诞生与新模式空间重组。相对武汉市的国内外典型发展先行城市群，面对相同的国际化与信息化形式以及不同的发展瓶颈制约，在发展理念、发展目标、功能重组、空间结构调整及行动计划上都有什么共性特征与趋势，值得进行比较研究与总结分析。

2．检讨典型案例经验对武汉都市区空间发展的借鉴意义

从武汉目前发展阶段特征、面临的困境及面对不可预见的未来、空间发展模式的彷徨与发展方向定位的困惑，针对性地选取地域类型、发展阶段特征、发展方向接近的国内外典型大城市，通过对国内外典型大城市空间发展特征、趋势及其规划应对的梳理与总结，提出其对武汉城市空间发展方向与价值的导向，对武汉都市区空间规划策略的借鉴意义。

2.1.3　研究案例城市选择

1．案例城市

一是国内，发展先行的北京、上海、深圳、广州等典型大都市以及与武汉环境格局及区位条件类似的山水复合型大城市南京。

二是国外，面对高密度人居环境的人口增长压力，在轨道交通引领下，都市区空间高强度紧凑集约的东京、首尔；面对危机、适时转型的金融商务及生产者服务业高度发达的巴黎、伦敦、纽约；后福特时期，当金融风暴席卷全球时，制造业与生产者服务业并驾齐驱、不断融合创新，20年来一直保持年均13%～28%的经济增速的芝加哥。

2．城市圈层划分原则

核心区为离城市中心10km半径范围区域；近郊圈为10～30km范围；远郊圈为30～50km范围。为统一人口统计的口径，国内采用现状行政区划的人口（2013年年鉴：2012年底数据），国外大城市的数据为2004年以来能搜集到的翔实数据。行政边界与同心圆交界的地块根据平均密度假设进行比例折算（表2–1）。

案例城市核心区、近郊圈、远郊圈基本情况一览表　　表2–1

城市	CBD	核心区（0～10km）	近郊圈（10～30km）	远郊圈（30～50km）	都市区圈层关系示意图
基本定义	中央商务区，是商务活动中心和城市高档功能区域	内城，是紧靠市中心的建成区	市辖范围	大都市圈内圈，不属于城市当局管辖，但同城市经济高度联系，是主要的通勤区域	

续表

城市	CBD	核心区（0~10km）	近郊圈（10~30km）	远郊圈（30~50km）	都市区圈层关系示意图
伦敦（1991年数据）	伦敦中心（中心统计区）：西区和伦敦金融城	伦敦城区内其他14个区	大伦敦剩余的19个外围区	大都市圈外围（Outer Metro Area），包括11个郡或与之相邻部分	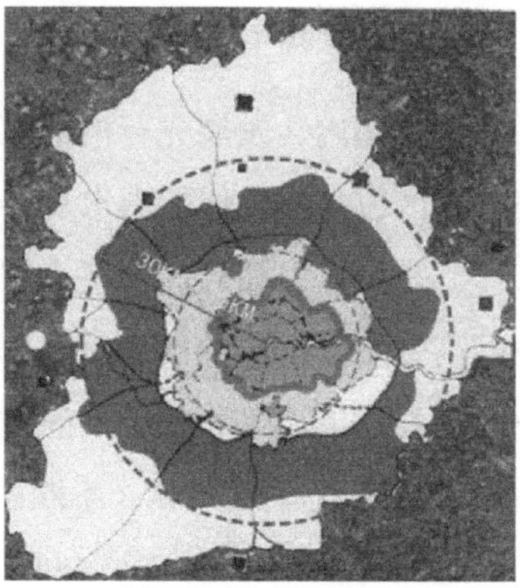
纽约（1994年数据）	曼哈顿59街以下地区	曼哈顿上城和布朗区	布鲁克林、皇后区、Staten岛（纽约城域）	大纽约都市圈（CMSA）的内圈，包括同纽约市相邻的纽约州的4个县，新泽西州的8个县	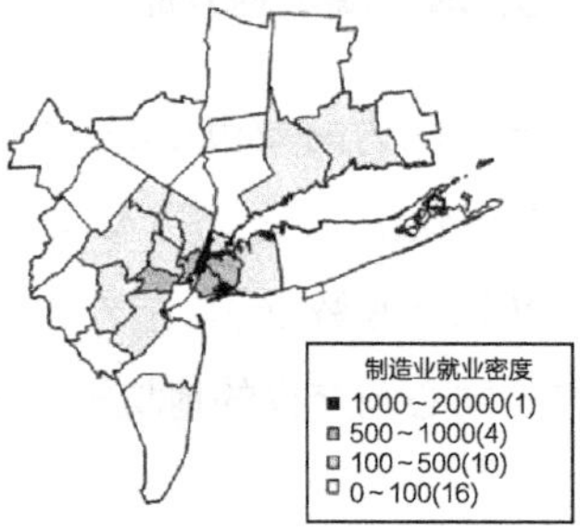
巴黎（1992年数据）	巴黎市中心1~10个区	巴黎市域（法国第75行政区）的其他部分	大巴黎小环，包括相邻市区的92、93、94三个省	大巴黎大环，包括外围的77、78、91、95四个省	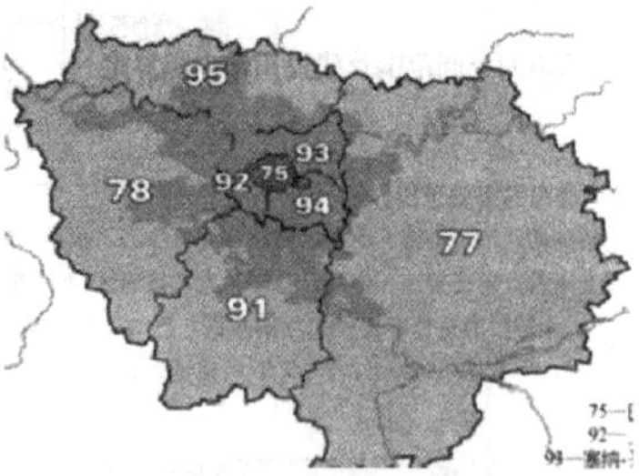
东京（1990年数据）	东京都3个商务中心区	东京都辖区剩余的20个区	东京都多摩地区	首都圈内圈3个县	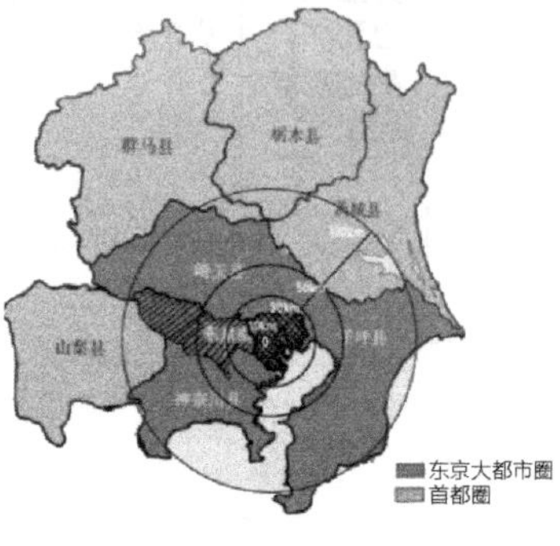

续表

城市	CBD	核心区（0～10km）	近郊圈（10～30km）	远郊圈（30～50km）	都市区圈层关系示意图
首尔		首尔特别市	仁川直辖市全域	京畿道省级行政区31个市县	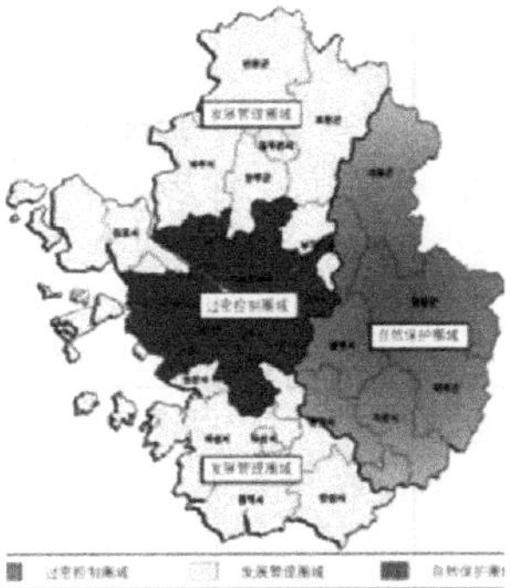
北京	东城区、西城区	海淀区、朝阳区、石景山区、丰台区	昌平区、顺义区、通州区、大兴区、房山区	平谷区、密云区、怀柔区、延庆区、门头沟区	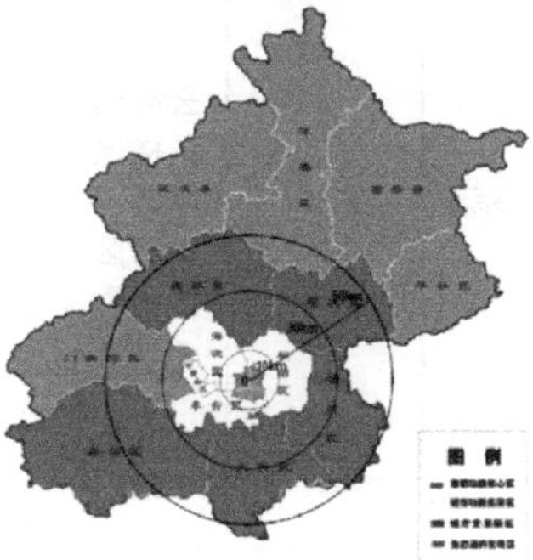
上海		黄浦区、徐汇区、长宁区、静安区、普陀区、闸北区、虹口区、杨浦区	闵行区、宝山区、嘉定区、浦东新区	金山区、松江区、青浦区、奉贤区、崇明区	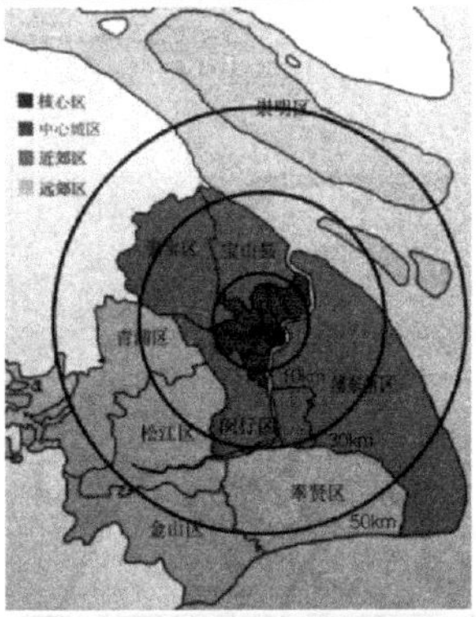
广州		越秀区、荔湾区、海珠区、天河区、白云区	黄浦区、番禺区、花都区	南沙区、增城区、从化区	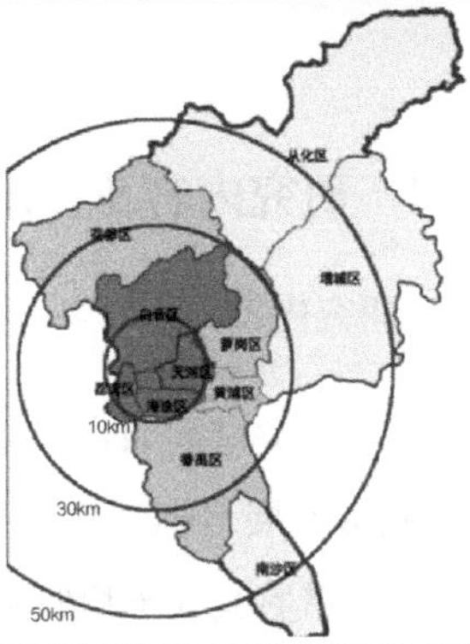

续表

城市	CBD	核心区（0~10km）	近郊圈（10~30km）	远郊圈（30~50km）	都市区圈层关系示意图
深圳		福田区、罗湖区、南山区	盐田区、宝安区、龙岗区、龙华新城	光明新区、坪山新城、大棚新城	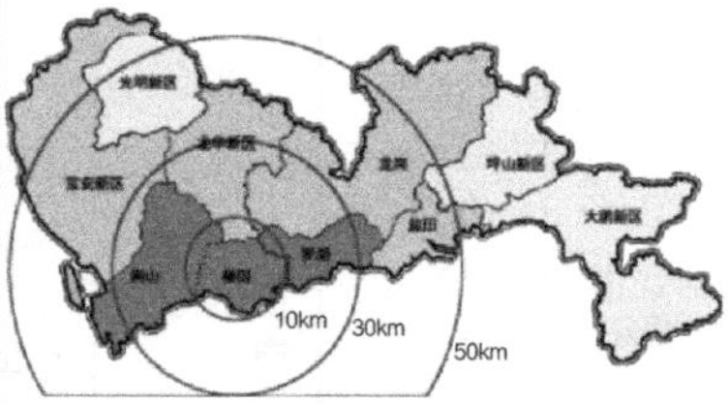
南京		玄武区、鼓楼区、建邺区、秦淮区、雨花区	栖霞区、江宁区、浦口区	六合区、溧水区、高淳区	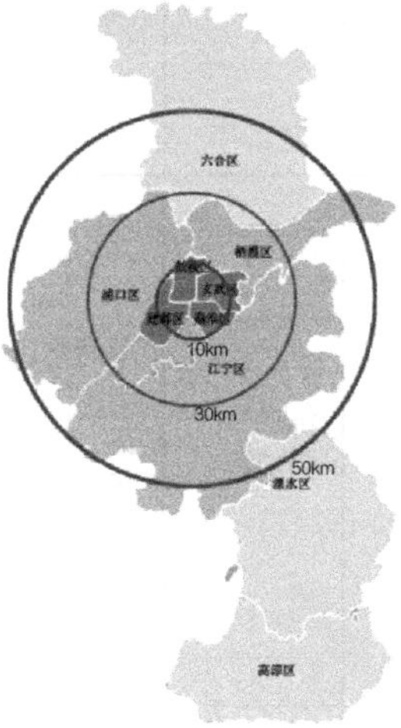
武汉		江岸区、江汉区、硚口区、汉阳区、武昌区、洪山区	江夏区、汉南区、黄陂区、新洲区、蔡甸区		

2.1.4 研究内容及技术路线

1. 研究内容

拟解决的关键问题：工业化中后期向服务化转型的发展阶段，国际上典型大都市区的城市发展目标、功能分布规律、空间结构特征、空间重组策略的思路是什么？重点是借鉴其处于相似阶段及面临相似挑战的时期，其空间发展的突破口。

（1）关键问题

通过对国内外11个大城市都市区城市发展目标、城市功能组织、城市形态结构和空间发展策略四个维度的梳理总结其共性趋势与空间发展演变规律，并对其差异进行分析总结。通过比较分析与归纳判断，总结其对武汉都市区空间发展的借鉴意义。

然而面对全球一体化的世界经济环境，处于工业化与服务现代化交叉叠合阶段的武汉既需要转型时期的经典路径借鉴，也需要有国际视野的创新突破行动。因此，如1965年SDAURP具有突破性意义的大巴黎规划（8个新城组成的双平行轴线的区域城市）及1944年阿伯克隆比在“大伦敦规划”中的同心圆环形绿带+区域性新城规划及其相关的一系列规划均具有突破性意义的转型时期空间借鉴价值。

（2）案例城市发展阶段划分

根据国际大城市产业结构及其转型的阶段划分（表2-2），武汉处于工业化中后期，中国发展先行的北京、上海、广州等城市处于工业化后期。而作为世界一级城市的欧美城市及东亚几个典型大城市已经在1960—1990年先后完成了工业化后期到后工业化时期的转变，包括产业服务化、高端化及创新发展转型几个阶段，从这个角度分析，以北京、上海、广州等巨型城市为代表的中国一线城市的发展阶段滞后于欧美城市及东亚城市约20～30年，而武汉又滞后于国内一线城市约10年。

国际大城市以产业结构及其转型为标准的阶段划分　　表2-2

代表城市	经济服务化		创新发展转型（现代社会时期）
	服务化转型（工业化后期）	服务高端化转型（后工业化时期）	
欧洲城市	伦敦（19世纪中期—20世纪60年代） 巴黎（20世纪中期—20世纪70年代）	伦敦（1970—1990年） 巴黎（20世纪后期—21世纪初期）	伦敦（20世纪90年代中后期至今）
北美城市	纽约（19世纪后期—20世纪70年代）	纽约（20世纪80年代—20世纪末）	纽约（21世纪初至今）
东亚城市	东京（1920—1960年） 中国台湾（20世纪50年代—20世纪80年代中期）	东京（1960—2000年） 新加坡（20世纪80、90年代）	东京（21世纪初至今） 新加坡（21世纪初至今）
	中国苏州、杭州、广州、深圳（20世纪90年代至今）		

根据国际大城市GDP总量及人均GDP水平划分，国内一线大城市在2005—2010

年间，人均GDP先后突破1万美元，GDP总量突破1000亿美元；武汉市在2011年突破人均GDP 1万美元，GDP总量1000万美元的关卡，与国内发达大城市的差距在5年左右；纽约、东京、伦敦、巴黎在1985—1995年间突破人均GDP1万美元的关卡，首尔则是在1995年实现的突破，因此，从GDP总量和人均GDP来看，武汉同世界级城市的差距在20～30年。

因此，20～40年前的世界城市及5～10年前的国内发达城市，其当时的城市发展目标理念、功能重组、空间结构调整及发展策略均对武汉具有重要的启示意义；另外，在信息化及全球化浪潮的推动下，主动融入全球竞争及经济合作的武汉，需要借鉴国内外典型大城市在新的国际劳动分工模式下的创新理念与智慧思维。

2．研究技术路线

国内外典型特大城市空间结构案例研究技术路线见图2-1。

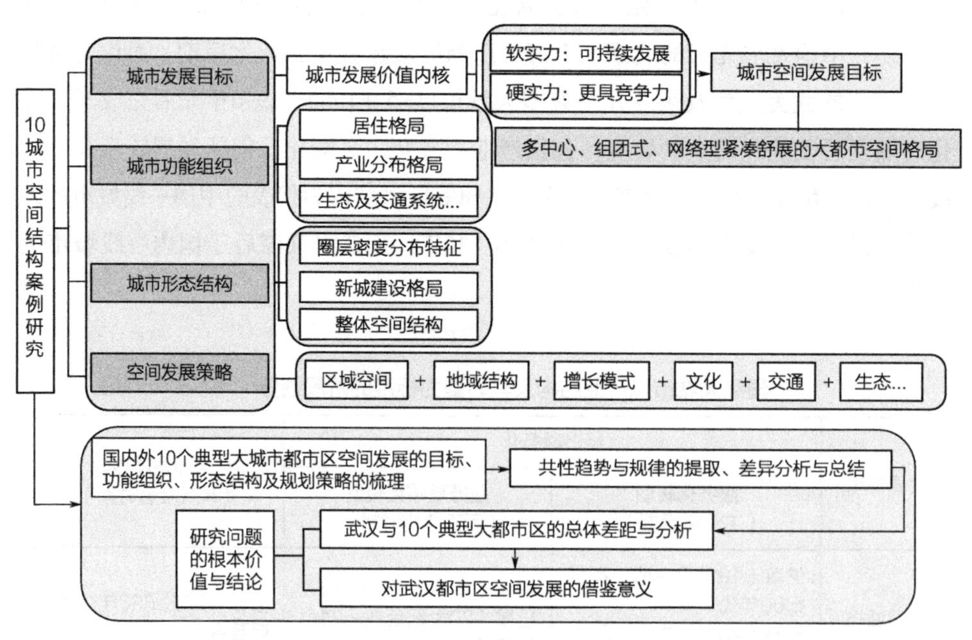

图2-1　国内外典型特大城市空间结构案例研究技术路线

2.2　共性目标特征

11个典型大城市发展理念及目标见表2-3。

11个典型大城市发展理念及目标一览表 **表2-3**

城市	理念	目标	备注规划
巴黎	可持续、开放融合、绿色环保	区域融合、绿色环保、可持续发展的世界城市	《2007版大巴黎规划》
东京	核心、经济、活力、绿色、健康、安全	核心、经济、活力的东京；绿色、健康、安全的东京	《第五次首都圈规划》
伦敦	多元文化、生态美好、安全便捷、可持续生长	多元繁荣、生态美好、安全便捷的全球城市。适应经济和人口增长挑战的城市；一座拥有国际竞争力的城市；一座拥有多元、繁荣、安全、便捷的邻里空间的城市；一座赏心悦目的城市；一座在改善环境领域的世界城市典范之城；一座所有人都可以安全便捷地通勤利用各类设施的城市	《大伦敦2030空间发展战略规划》（2011）
纽约	绿色、美好、强壮、弹性	绿色美好、强壮弹性的全球城市。更绿色、更美好的纽约（棕地利用、住房供应、水质及供水系统、空气质量、节能减排、绿化覆盖等）；更加强壮、更具弹性的纽约（2013年），涵盖海岸保护、建筑、经济复苏、社区重建和弹性规划、环境保护和补救	纽约2012《更绿更美好的纽约——纽约2030》、《纽约城市规划：更加强壮、更具弹性的纽约》（2013年）
首尔	经济核心、生态文化、共和富饶	1. 引导东北亚经济的世界城市； 2. 首尔特色的文化城市； 3. 自然复苏的生态城市； 4. 共和富饶的福利城市	2006《第三次韩国首都圈规划》
芝加哥	可持续发展、全球竞争力	世界领头的金融中心之一，美国交通中心和制造业中心——多轴多心的绿色大都会	《芝加哥大都市区区域规划2040》
上海	智慧活力、绿色安全、多元包容	1. 核心：以创新城市为导向的世界城市； 2. 四个中心：国际金融中心、国际航运中心、国际贸易中心、国际文化大都市； 3. 智慧活力的世界都会、绿色安全的宜居家园、多元包容的文化名城	《上海2040》
北京	三个“北京”： 人文北京——以人为本、文化繁荣、开放包容 科技北京——自主创新、现代高端、品牌带动 绿色北京——低碳环保、生态安全、持续发展	1. 核心：建设世界城市； 2. 国家首都、国际城市、文化名城、宜居城市 （1）高标准（城市能级全球化）； （2）大融合（空间布局区域化）； （3）可持续（发展思路连贯化）； （4）守生态（绿色和谐之城）； （5）保文化（文化创意之都）	《北京市总体规划2004》及《北京2049空间发展战略研究》
深圳	繁荣、活力；平等、和谐；自然、宜居	1. 高竞争力的中心城市； 2. 高弹性的有机组群城市； 3. 高质量的生态城市； 4. 高品位的人居城市	《深圳市总体规划2010—2020》

续表

城市	理念	目标	备注规划
广州	国家历史文化名城、全国首善之区	国家中心城市、综合性门户城市、南方经济中心、文化名城	《广州市城市功能布局规划》
南京	活力、文化、宜居、和谐、生态	五个中心：长江国际航运中心、长三角先进制造业中心、全省现代服务中心、全国重要科教中心和东部城市绿化中心	《南京市总体规划2010—2020》

2.2.1 区域协同：外协内调，提升城市能级

在世界城市体系中，城市能级作用逐渐凸显，全球网络联系日趋紧密。全球城市、洲际中心城市、国家中心城市，区域中心城市……国内外大城市在新的国际劳动分工及信息化、全球化的浪潮下，争相融入区域，在更大范围内发挥更高能级的引领带动作用。

1. 外协：提高城市的区域能级

处于世界城市网络中核心节点的纽约、伦敦、东京、巴黎等全球城市，均拥有庞大的腹地，通过城市群和都市圈参与全球竞争，从而确保了这些城市的国际话语权。

从各全球城市的战略规划来看，东京明确提出都市圈巨型城市群概念（东京首都圈），并将其作为战略规划的标题，明确了都市圈、城市群对东京产业能级提升和培育战略性新兴产业的重要作用，提出打造约4000万人口集聚的世界最大的首都经济圈（图2-2），建设与日本经济实力相当的世界主导城市，引领日本整体经济社会发展（核心放射形轨道交通系统走向放射加圈层的网状轨道交通网络）。

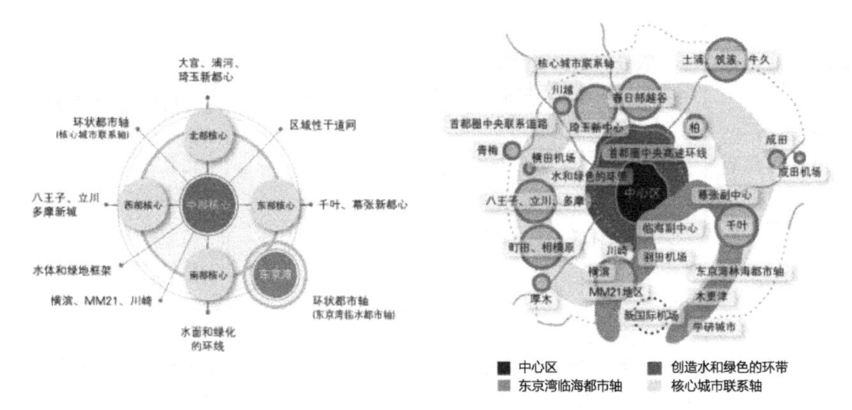

图2-2 第五次首都圈规划的东京大都市圈结构图
资料来源：东京都政府，第五次首都圈规划，1999

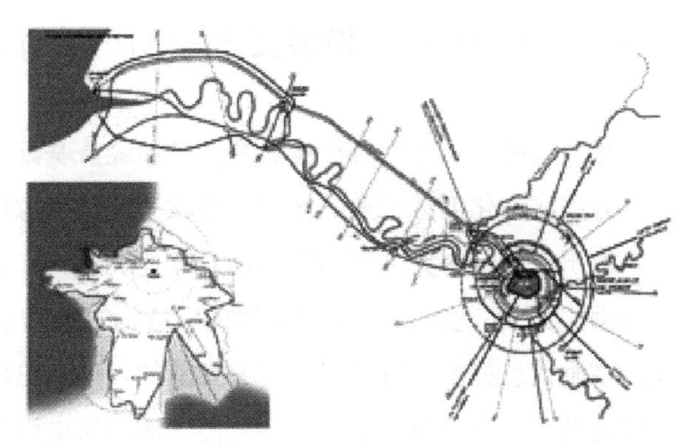

图2-3　Grumbach事务所方案——塞纳河大巴黎

巴黎提出了大巴黎概念，甚至在2008年法国政府召开的巴黎城市发展蓝图构想的规划征集方案中，安托尼·格兰巴克（Antoine Grumbach）提出了由巴黎—鲁昂—勒阿弗尔组成的“塞纳河大巴黎”构思（图2-3）。通过新建快速轨道交通，联系巴黎与法国西部重要港口城市Le Havre，将Le Havre纳入巴黎一小时通勤圈，从而加强巴黎与出海口的联系。罗兰·卡斯特洛则提出了通过重组交通网络，促进巴黎向行政区域以外扩展，利用区域优势，提升大巴黎的整体竞争力。

2．内调：产业升级与模块重组，提高综合实力

综合近期、远期及远景不同发展阶段，预判各阶段主导功能特征及相应目标策略，渐进式提升城市的综合竞争力。1998年3月31日，日本进行了第五次综合开发计划，提出了所谓“展都”和首都功能迁移的设想。该设想与上述“多心多核”的城市圈结构设想相近，即将城市中心诸功能分散到包括神奈川、千叶、琦玉和茨城等7个县在内的更大的城市圈范围中，半径超过100km；整个大都市区分为现状建成区、近郊整备地带（含近郊绿地保全区域）和都市开发区域三大部分。这种功能转移将能有效地改造目前“单轴/单极”式发展的城市空间结构，从而有助于形成一个具有更多层次和多种发展目标的城镇体系和交通网络。

即：主城—副城—新城的联系紧密化、层次级别多元化、功能模块灵活化，达到“全域共和共荣发展”（韩国首尔都市区空间发展目标）。

2.2.2　智慧多元：利用信息技术打造智慧网络城市

注重硬网络和软网络的综合打造。硬网络，即传统的陆海空“三位一体”的区域交通网络及轨道交通与公共交通、市政工程设施以及抗灾防洪等硬件空间网络；软网络，即利用网络信息技术，如互联网、手机网络、物联网等，打造高效的城市神经元及网络。

2.2.3 文化转向：发展文化创意产业，营造特色鲜明的魅力之城

经验表明，文化创意产业能帮助增强经济基础，有利于经济顺利转型。全球城市十分关注文化创意产业的发展。伦敦（文化创意产业之都）作为国际文化创意都市，提出建设一个英国和国际的创意产业和新的知识型经济中心（泰晤士运河沿线的西南扇面），为此伦敦支持新兴的、有活力的增长和创新部门，如环保和创意产业，鼓励信息技术、研究以及商务智能的发展。巴黎的塞纳河沿岸32座著名桥梁连接串起的一线是巴黎城市发展伟大而华丽的历史诗篇。莫斯科大都市区的莫斯科河沿线打造了这个城市最富有戏剧性的和序列性的“珍珠项链”。香港要为文化创意产业提供一个有利的环境，以培养具有创意的人才特别是青年人才，引起了社会对这些行业的重视，制造就业以及支援区内与国际的文化网络。里约热内卢大力发展时尚设计产业和视听产业，打造创意产业之都里约。为此，里约利用各种资源和禀赋，通过发展培育计划、焕发城市活力、创立时尚设计和视听参考中心、集聚重要供应商和企业、资助并发展“创意产业孵化园”、资助各项活动、进行研究和调研等措施，大力发展文化创意产业。纽约曼哈顿中城、上城通过保护老衣厂区、钢铁深加工区等老工业区，将该片区改造升级为集聚特色、高附加值的都市型工业。北京结合首钢集团搬迁，以文化创意产业为基础打造门头沟新城，将该地区从首钢重工区改造升级为文化创意产业新区。

2.2.4 生态弹性：应对未来的不可知性，转向反脆弱型绿色城市

发展低碳经济，寻找突破口，从根本上进行节能减排，已经成为经济发展模式转变亟需解决的问题。首尔规划具有重大的借鉴意义。首先，加大科研投入力度。首尔计划到2020年投资100亿美元，为每一项绿色技术设立一个研发机构，并提供系统的资金支持。其次，加大绿色产业投资力度。首尔计划到2020年包括私人投资在内，累计投入200亿美元用于绿色产业投资。最后，促进主要产业的绿色化。首尔将重点发展新能源和可再生能源应用、绿色城市、资源再利用、气候变化适应和整合系统等绿色产业，同时将时尚设计、国际会展、金融、旅游等产业绿色化，建设绿色、环保和气候友好型城市。

故武汉城市空间发展宜进行有弹性的空间环境打造，提升内核空间品质以吸引人才及国内外知名企业、有想象力的创新性产业升级（破坏式创新），传统产业、民俗文化产品的保护与升级改造（意大利皮质产品的小批量柔性定制化生产模式，纽约曼哈顿制衣厂的设计、时尚、展览转型）。结合尺度较为宜人的汉水两岸，基于已有的文化会展及景观环境，打造带状的城市历史文化活体博物馆；或结合老汉

阳的历史特色及文化积淀，打造扇面状的文化会展及文化创意产业园区。

2.2.5　瓶颈突破：走向可持续发展

重点是聚焦关键要素（水、人才、住房、土地等）。纽约的棕地较多，因此盘活、再开发利用棕地资源成为解决百万新进居民住房问题的重大举措，也是重构纽约产业结构及发展战略性新兴产业、环保节能产业的重大机遇。伦敦是座人多地少、住房紧张的城市，因此实现居住地、工作单位、学校、商店和公共交通之间的易达性，建设可持续与紧凑型城市是伦敦的发展目标。新加坡也是人多地少，人口密度较大，受土地约束十分明显，为此，政府将解决住房问题作为一项基本国策，构建集住房供给、住房金融和住房政策为一体的住房保障体系，以解决新加坡居民的住房问题。悉尼针对中心区能级不足，提出在市中心黄金地段给商业活动和高素质职位保留优质的空间，并对社交、文化及娱乐设施提供支持，以培育、吸引及留住全球人才，提高城市竞争力。东京针对地震灾害频发的特征，锁定健康安全的城市发展目标并出台一系列法令性专项规划。北京则是一个水资源紧缺的大城市，其水资源的供给能力突破将是未来大城市发展的一大关键问题。

2.3　都市区空间功能布局与重组

2.3.1　各大都市区圈层功能分布格局

国内外12个典型大都市区地域空间人口圈层密度分布格局见表2-4。

国内外12个典型大都市区地域空间人口圈层密度分布格局　　表2-4

城市	核心区（r=10km）人口密度（人/km^2）	近郊圈（r=10～30km）人口密度（人/km^2）	远郊圈（r=30～50km）人口密度（人/km^2）	都市区人口密度（人/km^2）
巴黎	21425	8935	224	982
伦敦	9681	3734		4950
东京	13607	2635	2361	2611
首尔	17479	2734	1185	2154
纽约	17961	7494	400	716
芝加哥	4907	886	214	625

续表

城市	核心区（r=10km）人口密度（人/km^2）	近郊圈（r=10～30km）人口密度（人/km^2）	远郊圈（r=30～50km）人口密度（人/km^2）	都市区人口密度（人/km^2）
国外城市平均	14177	4403	731	2006
上海	30909	3818	883	3023
北京	35487	6514	1556	4500
深圳	13276	1822	1239	1907
广州	15219	1795	389	1432
南京	23534	2206	498	1966
武汉	14351	1343	260	1170
国内城市平均	23685	3231	913	2566

1. 国内城市处于大集聚小分散阶段

国内城市圈层格局呈现两种类型：一类是以北京、广州、南京为典型的“强核心、弱中层、虚郊区”的高梯度格局，其未来的都市区发展方向更类似于首尔；另一类是以上海和深圳为典型的走向“高密度均衡化蔓延的”缓梯度集约生长格局，其未来的发展格局和方向更类似于东京。

2. 国外城市处于集聚稳定与持续分散阶段

国内外大城市3个圈层的紧凑度相比：核心区国内50%；近郊圈与远郊圈国外明显高于国内；都市区国内国外水平较为接近。

霍尔的城市演变模型将城市演变分为6个阶段：第一阶段是流失中的集中，体现为郊区人口减少，向中心区集中，中心区人口低速增长，同时中心区人口向大城市迁移；第二阶段是绝对集中，体现为郊区人口减少，向中心区集中，中心区人口高速增长，都市区总人口上升：第三阶段是相对集中，体现为郊区人口增长，但大城市中心区的人口增长更快；第四阶段是相对分散，体现为郊区人口高速增长，中心区人口仍有增长，但增长率低于郊区，出现人口从中心区外迁；第五阶段是绝对分散，中心区人口负增长，人口从中心区向郊区迁移明显；第六阶段是流失中的分散，体现为中心区人口负增长速度更快，人口除迁移到近郊区外，更迁移到非都市区，都市区总人口下降。

数据表明，国内大都市区作为典型的亚洲高密度人居环境，处于相对集中与相对分散叠加进行过程中；国外的郊区蔓延程度、速度和范围远远在国内城市之前，尤其以纽约、芝加哥和巴黎为甚。

3．初步判断与分析

根据空间圈层密度分布梯度预判分成3个梯队，联系3个梯队的内在规律，初步判断分成3种类型的相关因子为：地形地貌、发展动力主体、区位条件（表2–5）。

12个典型大都市区圈层分布的空间类型分类预判　　表2–5

类型	城市
自下而上力量主导下滨海型大都市区： 强核多心松散匀质蔓延型	纽约、芝加哥、深圳
自上而下大项目带动的内陆偏向型大都市区： 大密大疏多核梯度型	巴黎、北京、南京、武汉、广州
双向驱动下的海口型大都市区： 高强度区域大集聚型	东京、首尔、伦敦、上海

2.3.2　居住：核心区持续加密，郊区圈层状轴向加速外移

1．空间形态结构：以轴线廊道型为主，飞地跳跃式、圈层式为辅的空间模式

居住用地面积呈现城区最低、近郊区最高、远郊区居中。增长速度上，中心城区持续增长，15～30km圈层范围内迅速集聚。空间增长受轨道交通带动趋势明显，沿轨道交通线呈轴线廊道生长，飞地跳跃与圈式拓展结合的星座型生长格局。

2．用地面积分布：城区最低、近郊区最高、远郊区居中

综合比较国内外大城市居住用地面积分布的差异，分布面最广的是近郊区，其次是远郊区，最后是旧城更新、退二进三、产业高级化、智能化的中心城区。

3．迅速增长区域：中心区持续增长，15～30km圈层迅速集聚

在产业郊区化的带动下和房地产自身的逐利驱使下，快速增长的区域主要集中在15～30km圈层内的近、远郊地段，并有逐渐外移的趋势。

2.3.3 工业：柔化重组

1. 核心区清退与转型并举

核心区的工业大部分进行退二进三、转型升级；保留具有文化创意产业发展潜力的部分产业类型及其生产基地，进行都市型工业转型与特色化改造升级。面对日益多元的文化品位与个性化需求，提升服装设计、钢铁工艺、文化报纸传媒、影像制作等高附加值都市型工业的品质与分量。

2. 小型工业近郊集聚

食品生产、纺织业、服装生产等低污染及无污染的小型工业采取近郊集聚，成本低，转移的机动性与灵活性较好。

3. 重型工业远郊转移、顺江沿海轴链式发展普遍

重视城市环境营造和产业融合、联动、复合、集成发展。产业发展呈现低碳化、绿色化、"环境友好型"趋势。中心城区逐渐实现"退二进三"，为集聚发展的城市中心区预谋拓展腾换空间；对部分与中心城区市场直接对接的特色工业进行保留、保护和升级，成为都市型工业或文化创意产业，提高产品的附加值。机动、灵活的低污染小型企业近郊组团式集聚，污染型重工业从中心城区及近郊区撤出，移至远郊区或都市区所在的城市区域离心腹地。如北京20世纪50年代北中轴线预留用地今为亚运、奥运所用；首钢集团搬迁之后的门头沟新城可以作全面的筹划，作为新市区保留用地。这些都是具有远见的弹性规划控制与布局调整。

武汉市经济增长依然是资本驱动增长模式和粗放型增长模式，投资与出口驱动以及投资效益递减成为主要特征。过度重工业化倾向明显。重工业占工业总产值的比重从2003年的64.3%提高到2013年的77%，资源密集、能源密集、资本密集、污染密集的行业（如钢铁、水泥、电解铝、煤炭、石化等）发展过快，导致能源和污染排放大幅上升，经济增长模式是一种资源高消耗、污染高排放的"黑色"发展模式。优势企业望而却步，优秀人才惯性流失，就业与失业压力比较沉重。

2.3.4 服务业：专业化的多核化地域分工

1. 国内外空间形态共同特征：多元融合与错位发展并行

以金融业为代表的高端生产性服务业：多中心高度集聚；信息传输、计算机服务和软件业：近郊区分散式小集中；交通运输、仓储和邮政业：郊区模块化组团分散；公共管理服务业：均衡式节点集聚；餐饮住宿业：核心区高度集聚，外围大分

散的小集中。

2．国内外空间形态差异化特征：文化创意产业（都市型工业）的贯彻深度与重型污染产业惯性依赖程度

中心城区“事业”、“产业”、“生产性服务业”、“生活服务业”日趋融合。（欧美和中国大都市区在都市核心区“退二进三”的差异）国外通过转型升级，强化文化创意产业及都市型工业对核心区功能的提升。曼哈顿通过打造世界级的生态智慧型空间环境，吸引金融保险、商务办公及全世界最多的500强企业入驻；大巴黎规划提出建设艺术城市、时尚之都，通过文化、艺术、时尚等产业发展带动旅游、交通、商贸等产业发展，并形成巴黎时尚之都的特色。通过产业创新保持国际城市或国家中心城市的引领、导向和控制地位。国内大都市区近郊区甚至中心城区还留有污染性重型工业，转型决心与经济发展的矛盾。

2.3.5　新城：多元多级梯度差异型培育

伦敦西南部沿泰晤士河的扇面规划建设了巨型文化创意产业新城；北京西面首钢集团搬迁后的门头沟新城规划为文化创意产业新城，北侧有奥体新城；深圳东北部25km外的坪山规划建设了大运新城；东京有距离都心70km的筑波科学新城，深圳有距离都心12km的龙华新城作为生产者服务业集聚的现代商贸新城（表2–6）。

国内外新城规划规模及距中心城市距离　　表2–6

城市	序号	新城	规划规模（km^2）	距中心城市距离（km）
巴黎	1	赛吉尔	200	53
	2	马尔拉瓦雷	240	48
	3	默伦赛纳尔	240	62
	4	埃夫利	90	52
	5	圣康旦–伊菲里尼	150	50
	平均		184.00	53.00
伦敦	1	斯蒂夫尼杰	23	50
	2	克劳利	18	47
	3	哈罗	24	40
	4	赫默尔普斯特德	26	47

续表

城市	序号	新城	规划规模（km^2）	距中心城市距离（km）
伦敦	5	哈特菲尔德	8.8	32
	6	韦林田园城	16	35
	7	贝雪尔登	18	48
	8	勃莱克内尔	17.1	45
	平均		18.86	43.00
东京	1	琦玉副都心	400	38
	2	利川副都心	200	50
	3	横滨-川崎副都心	800	30
	4	千叶副都心	260	58
	5	筑波副都心	600	75
	6	宇都宫副都心	600	120
	7	前桥副都心	480	110
	副都心平均		477.14	68.71
	1	甲府新城	280	100
	2	厚木新城	160	58
	3	木更津新城	200	52
	4	成田新城	400	75
	5	水木新城	400	110
	新城平均		288.00	79.00
首尔	1	安阳	—	25
	2	城南	—	28
	3	水源	—	44
	4	南州	—	40
	5	利州	—	70
	6	东豆川	—	58
	7	坡州	—	48
	8	平泽	—	76
	新城平均		—	48.63
	1	清罗	—	32

续表

城市	序号	新城	规划规模（km^2）	距中心城市距离（km）
首尔	2	永川	—	43
	3	龙游舞衣	—	68
	专业职能节点平均		—	47.67
北京	1	通州新城	90	21
	2	亦庄新城	70	14
	3	大兴新城	60	21
	4	房山新城	60	29
	5	门头沟新城	25	25
	6	昌平新城	60	35
	7	顺义新城	90	31
	平均		65.00	25.14
上海	1	嘉定新城	200	26
	2	青浦新城	119	35
	3	松江新城	160	30
	4	闵行新城	167	18
	5	南桥新城	84	33
	6	金山新城	75	40
	7	临港新城	453	35
	8	宝山新城	81	20
	9	城桥新城	28	40
	平均		151.89	30.78
武汉	1	豹澥新城	40	24
	2	纸坊新城	35	24
	3	纱帽新城	10	33
	4	常福新城	30	27
	5	蔡甸新城	20	23
	6	吴家山新城	40	16
	7	盘龙新城	30	17
	8	阳逻新城	45	30

续表

城市	序号	新城	规划规模（km^2）	距中心城市距离（km）
武汉	9	北湖新城	5	24
	平均		28.33	24.22
南京	1	龙潭新城	88	26
	2	桥林新城	110	22
	3	板桥新城	54	15
	4	滨江新城	38	26
	5	汤山新城	57	20
	6	禄口新城	70	26
	7	龙袍新城	74	20
	8	湖熟新城	26	24
	平均		64.63	22.38
广州	1	山水新城	170	20
	2	南沙新区	600	50
	3	花都副中心	170	30
	4	南部新城	220	23
	5	从化副中心	60	58
	6	增城副中心	90	55
	平均		218.33	39.33
	1	1号新城	60	40
	2	2号新城	70	35
	3	3号新城	60	30
	4	4号新城	20	38
	5	5号新城	13	55
	6	6号新城	18	58
	平均		40.17	42.67
深圳	1	光明新城	28	30
	2	大运新城	14	20
	3	坪山新城	35	25
	4	龙华新城	23	12
	平均		25.00	21.75

10个大都市区的新城功能类型多元、新城规模差异较大，近郊、远郊及区域型新城均有，构成错位发展的、功能模式与特色多元化的大都市区空间功能组合。

然而，武汉的新城或者新城组群均类型单一、规模接近、距离均衡。

2.4 都市区空间结构与形态

2.4.1 整体空间结构：圈层式拓展到轴向拓展，组团推进，区域融合

10个大都市区地域空间规划结构梳理见表2-7。

告别功能严格分区下的惯性逻辑，超越自立型新城的结构理性，走向高效协作、网络融合的结构弹性，构建多中心、组团式、网络型紧凑舒展的新型城市化的理想城市空间结构。

2.4.2 新城[①]发展：附属型—半独立式—自立型—网络融合型

从附属型新城到产业新城（半独立卫星城）再到自立型新城，最后到网络开敞式功能融合型新城，成为大都市区空间有机的重要功能组成（图2-4）。规模由3～5km^{2}发展到10～30km^2，再到当前的50～150km^{2}不等。与中心城市的距离越来越远，但是联系越来越紧密，成为都市区功能模块中不可分割的一部分。

1．观念转变：注重新城在区域整体发展中的作用

随着区域观念的兴起、区域规划的实施，保障区域规划实施的制度和技术得以发展，认识新城发展的视角也不断得到扩大，并在新城规划和发展当中得以体现（图2-5）。如法国，首先在国家规划层面划分8个大都市区，将巴黎的问题在国家层面统筹考虑；然后再在大巴黎层面上，确定新城的数量和定位；对于每个新城的定位，都要考虑到其发展的质量、内涵和在区域中的作用。英国第三代新城的发展也更多地强调其作为增长极带动本地区发展的作用。

① 所谓的“新城”、“新市镇”或“新镇”，通常是指在一定时期内为了解决中心城住宅短缺、过度拥挤和产业发展空间不足等问题，而在中心城外围建设的新城市（镇）。新城是相对于历史城市而言的，它们受到较大关注有两大原因，一是它们被看作是较短时期内人为干预（政府）的产物，而不是长期自然演变而成；二是在城市化进程中的大都市普遍遇到类似问题，需要通过发展新城来解决。

10个大都市区地域空间规划结构梳理

表2-7

城市	都市区空间结构	区域空间发展结构	新城发展格局
上海《上海2040》	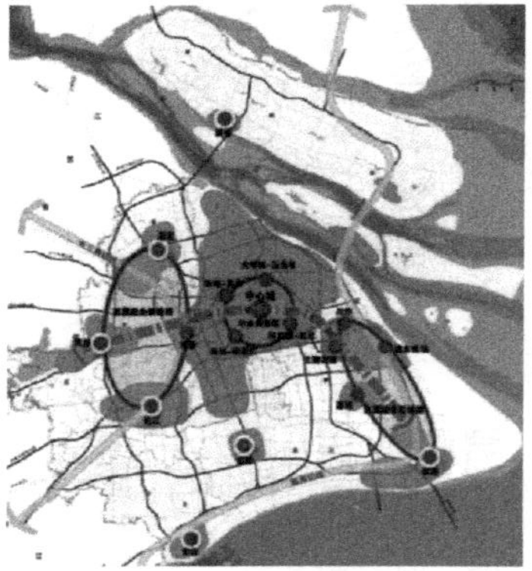	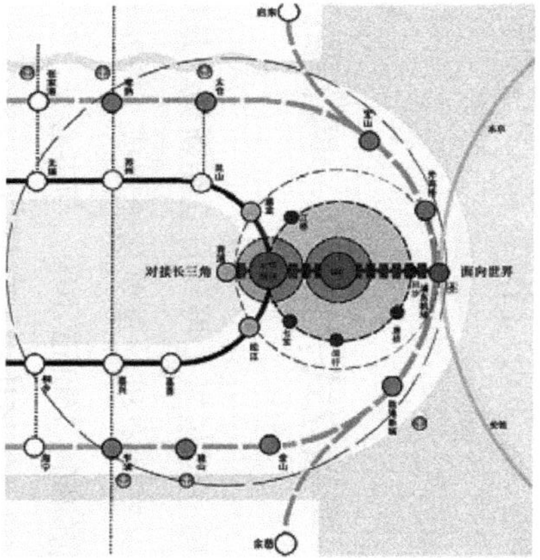 双扇面辐射的大上海都市圈	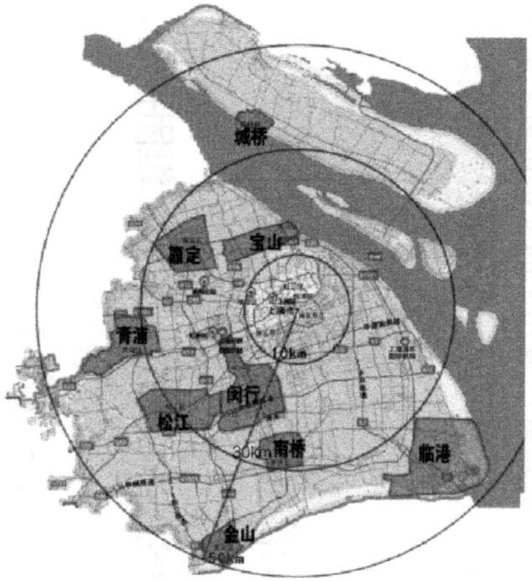
具体结构	“顶层引领、轴向带动、分区导向”为特征——从“1966”到一轴两链多中心格局		
抽象模式	多轴多心、紧密型、网络开敞化的全球城市空间格局		

续表

城市	都市区空间结构	区域空间发展结构	新城发展格局
北京《北京市总体规划2004》及《北京2049空间发展战略研究》	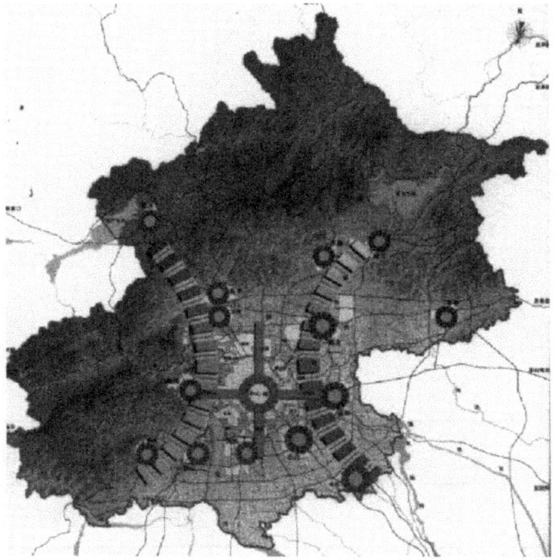	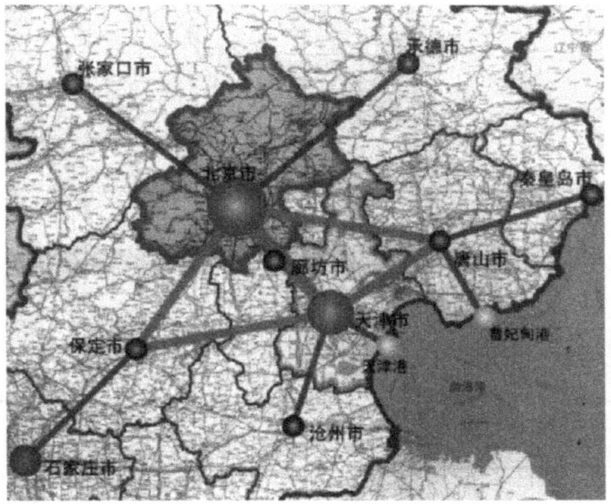	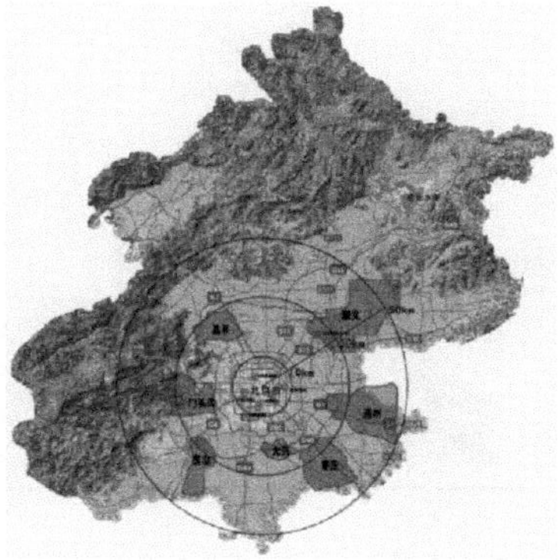 1个主城7个新城
具体结构	两轴两带多中心——“中心城、新城、镇”的市域城镇体系格局 两主轴、两副轴、一环带与绿色网络+葡萄串型（公交走廊+城市组团+生态绿地）的新城组织模式——多核网络的城市结构		
抽象模式	从多核轴向葡萄串型走向多核网络化均衡格局		

续表

城市	都市区空间结构	区域空间发展结构	新城发展格局
深圳	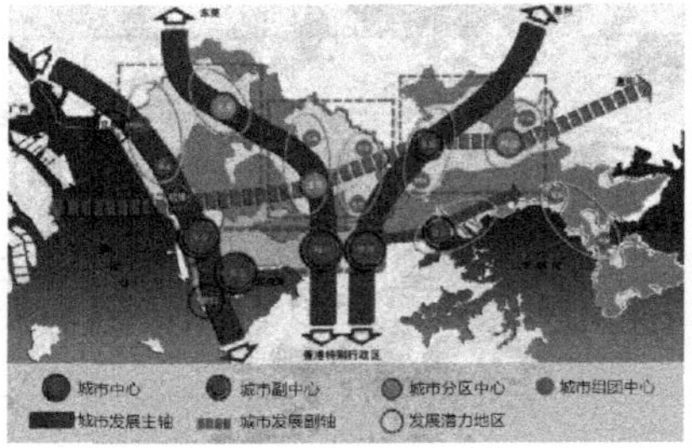	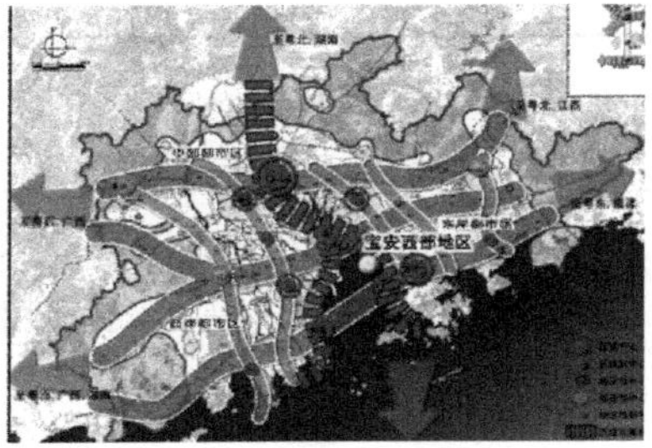	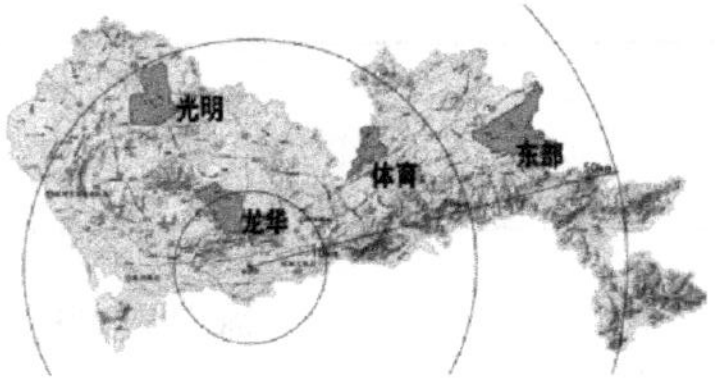 2主、5副、8镇+4新城 《深圳市总体规划2010—2020》
具体结构	“三轴两带多中心”		
抽象模式	轴带组团结构		
广州	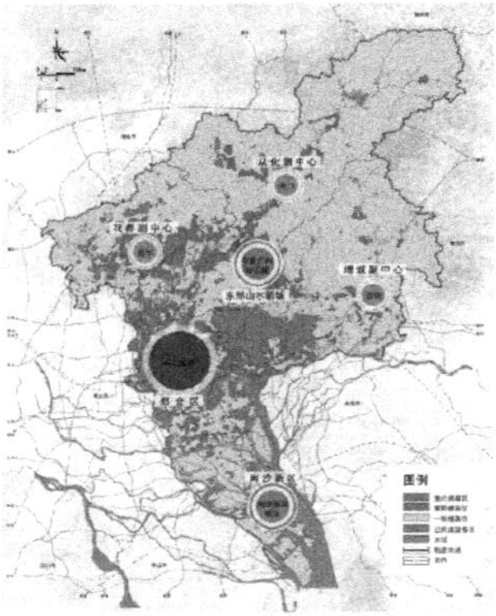 “一主两副三中心”	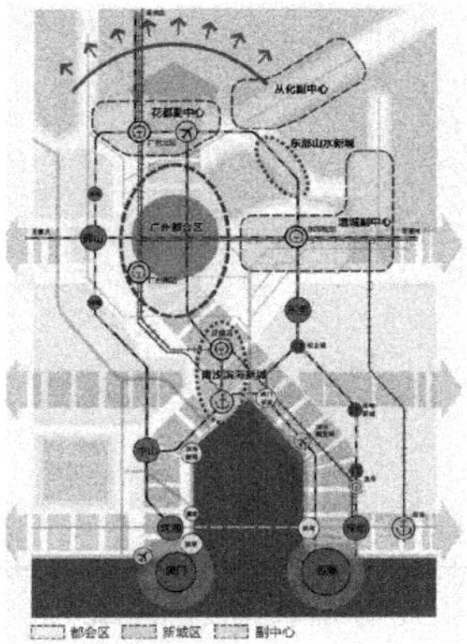	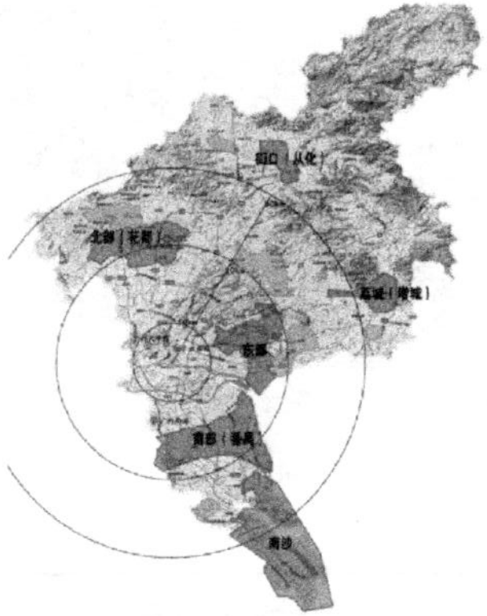 《广州市城市功能布局规划》

续表

城市	都市区空间结构	区域空间发展结构	新城发展格局
具体结构	“1个都会，2个新城区，3个副中心，9个新城”		
抽象模式	多中心、组团式、网络型紧凑舒展大都市区		
南京	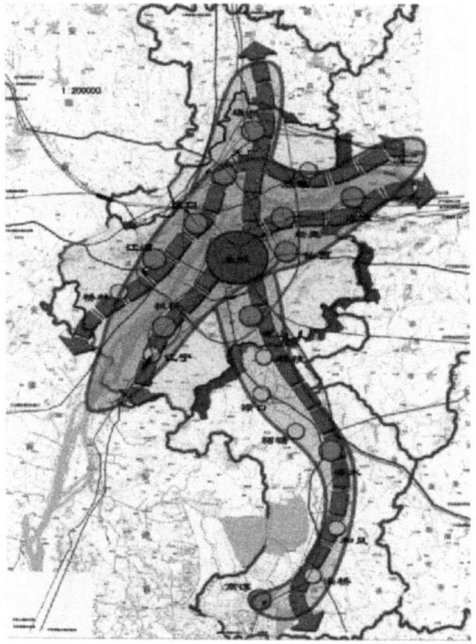	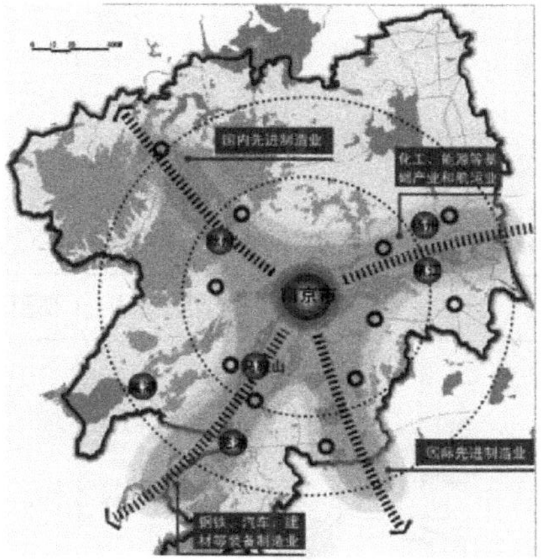 南京市都市圈一核四轴的发展格局	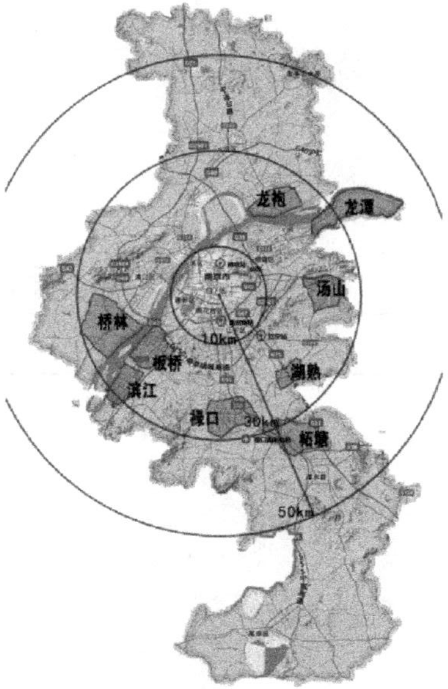
具体结构	一核两带，平行轴线		
抽象模式	“多心开敞、轴向组团、拥江发展”		

续表

城市	都市区空间结构	区域空间发展结构	新城发展格局
巴黎《2007版 大巴黎规划》		 南北平行切线	
具体结构	“1个老区—9个副中心—5个新城—6个远郊新市镇（卫星城）”的空间结构		
抽象模式	政策导向下的区域跨越式发展模式从单核开放到多核多心，平行切线到开放融合、跨界发展；“塞纳河大巴黎”的构想		
东京		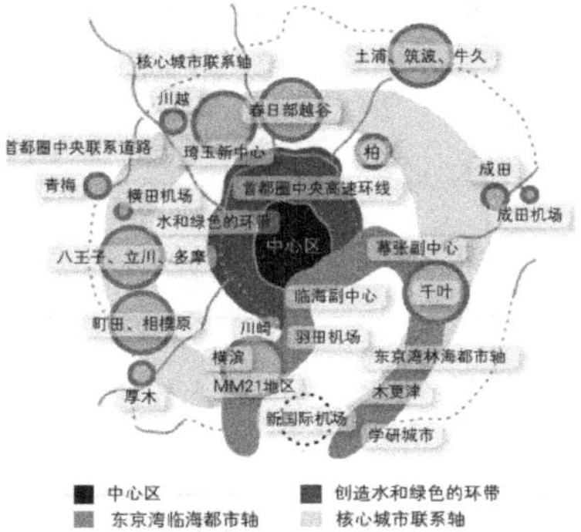 第五次首都圈规划分散型网络构造的环状大都市圈结构	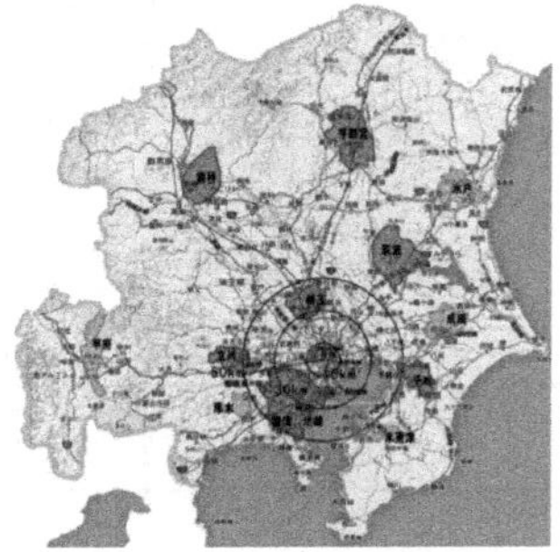

续表

城市	都市区空间结构	区域空间发展结构	新城发展格局
具体结构	7个业务核心城市+7个业务次核城市+5个职能节点组成的19个综合功能与特色专业“双轨发展”的地域空间结构		
抽象模式	高度集约型的多核多圈环网结构模式		
伦敦《大伦敦2030空间发展战略规划》（2011）	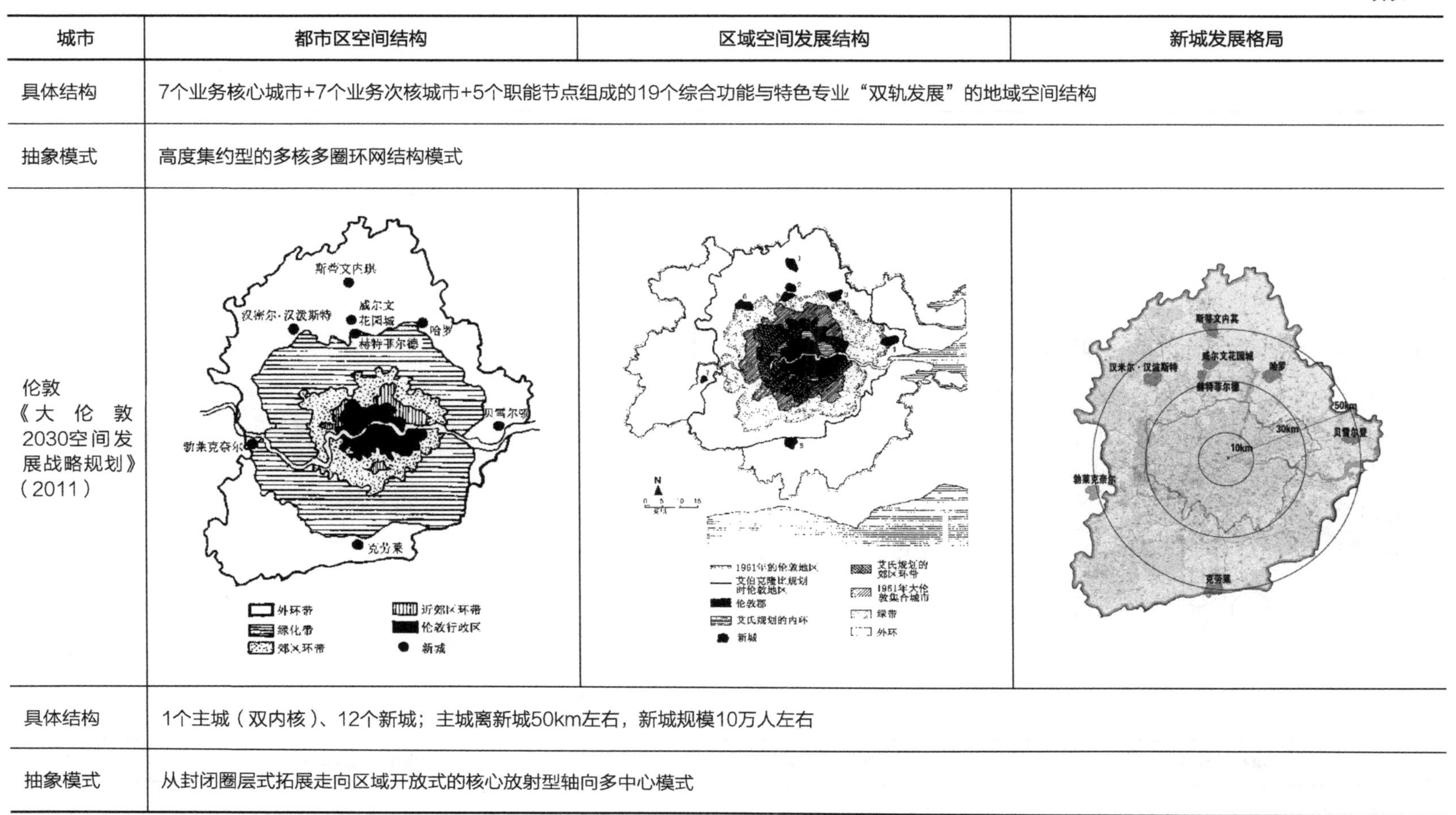		
具体结构	1个主城（双内核）、12个新城；主城离新城50km左右，新城规模10万人左右		
抽象模式	从封闭圈层式拓展走向区域开放式的核心放射型轴向多中心模式		

续表

城市	都市区空间结构	区域空间发展结构	新城发展格局
纽约	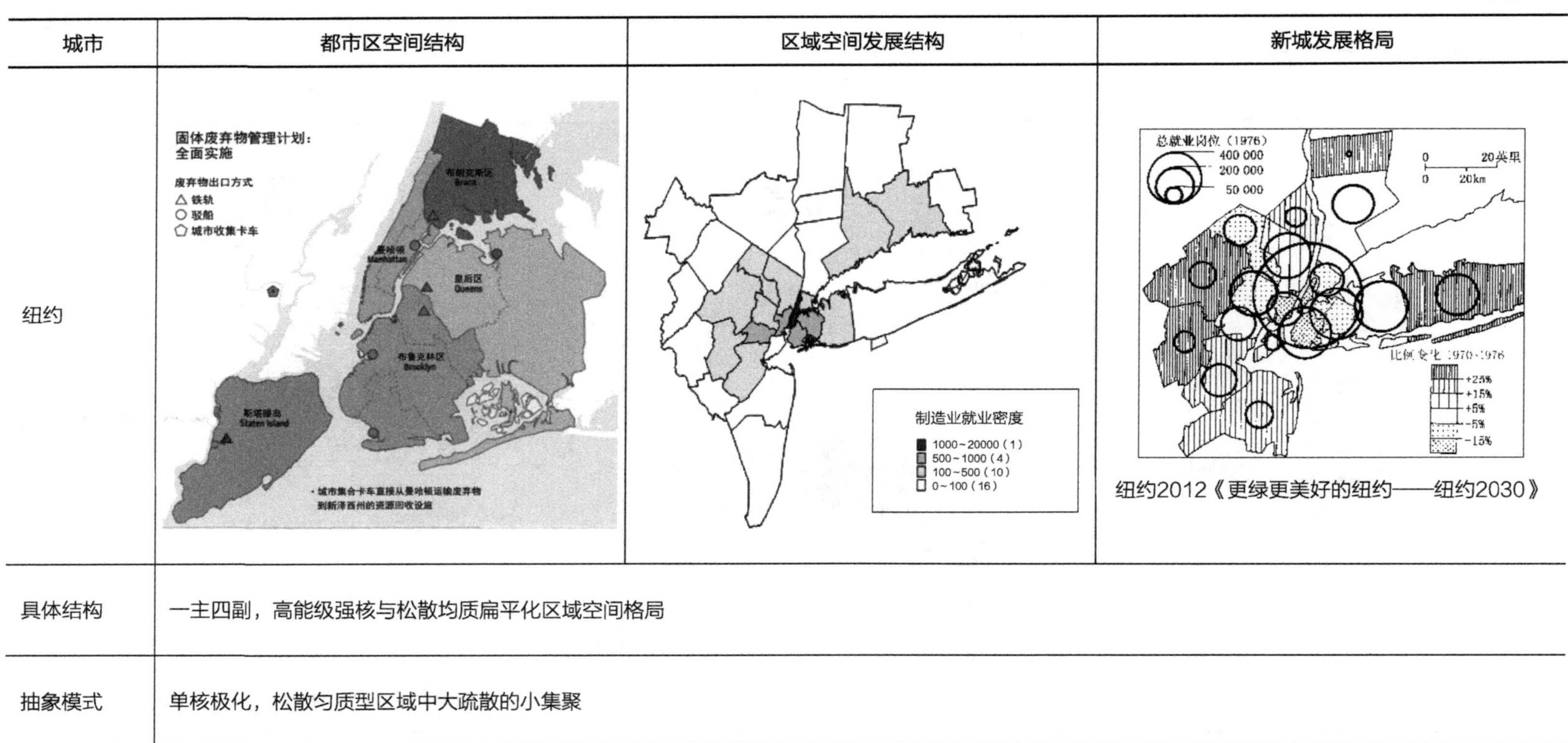 		纽约2012《更绿更美好的纽约——纽约2030》
具体结构	一主四副，高能级强核与松散均质扁平化区域空间格局		
抽象模式	单核极化，松散匀质型区域中大疏散的小集聚		

续表

城市	都市区空间结构	区域空间发展结构	新城发展格局
首尔 《第三次韩国首都圈规划》2006	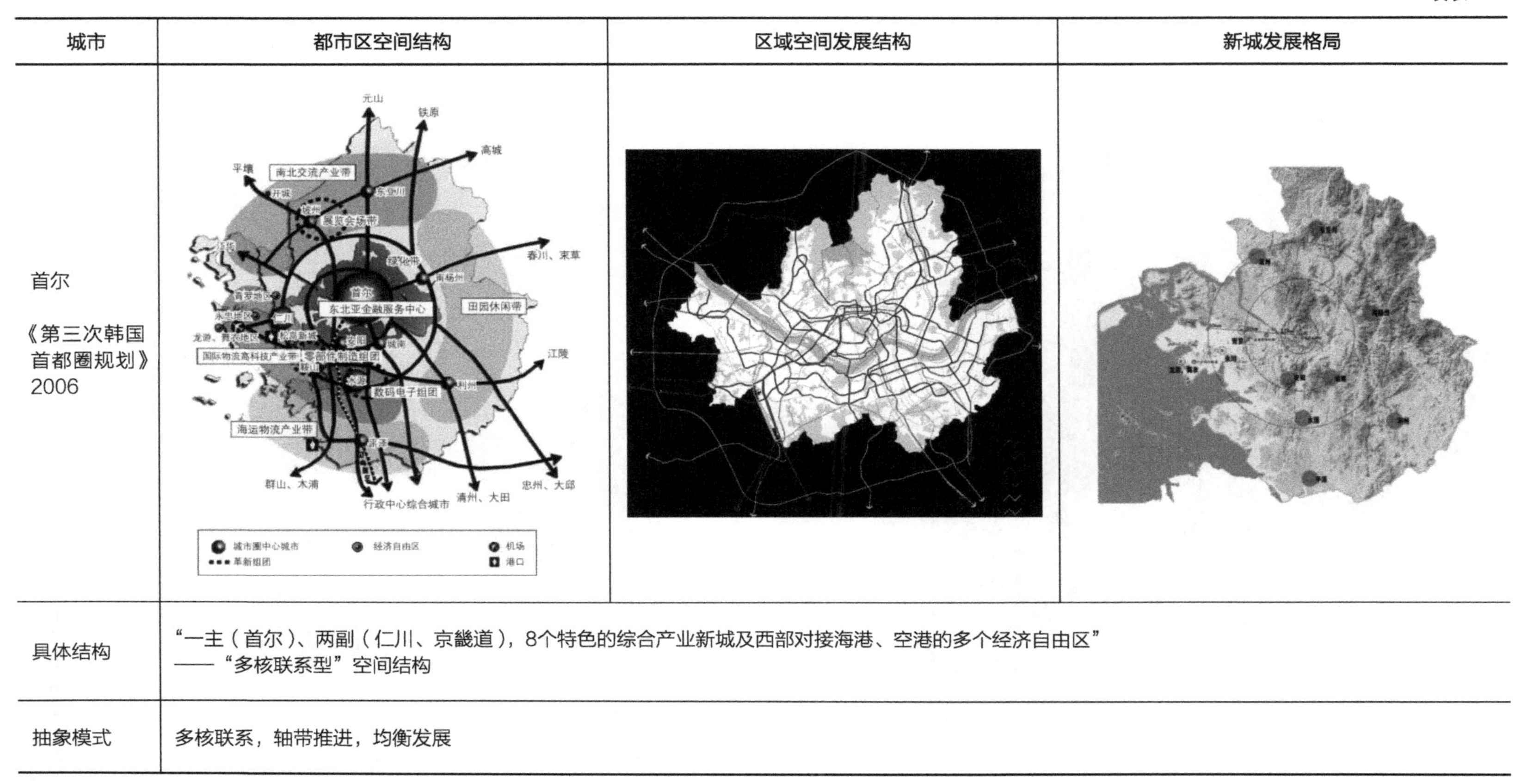		
具体结构	“一主（首尔）、两副（仁川、京畿道），8个特色的综合产业新城及西部对接海港、空港的多个经济自由区” ——“多核联系型”空间结构		
抽象模式	多核联系，轴带推进，均衡发展		

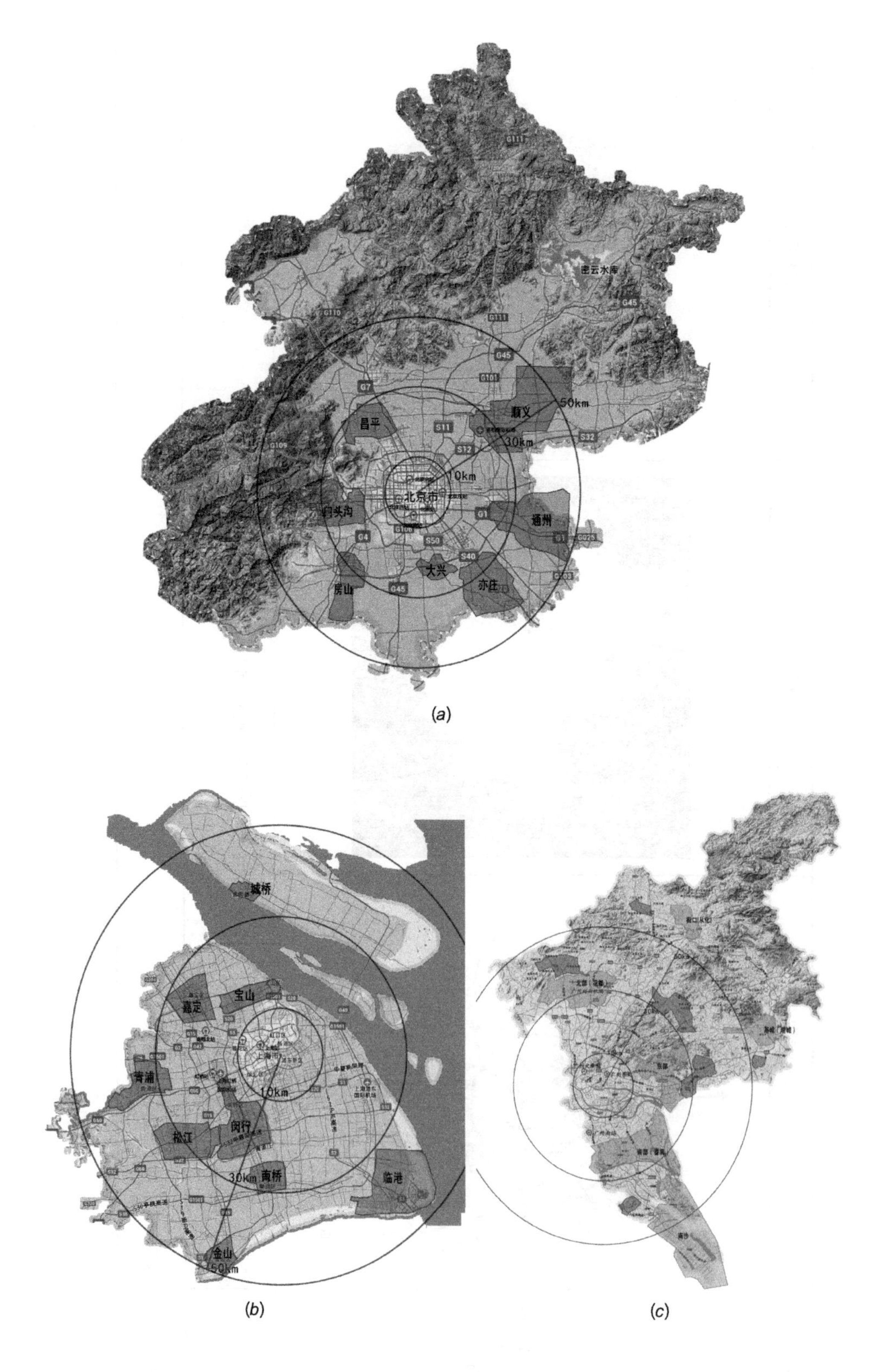

(a)

(b)

(c)

图2-4　国内外大城市新城分布格局比较（一）
（a）北京；（b）上海；（c）广州

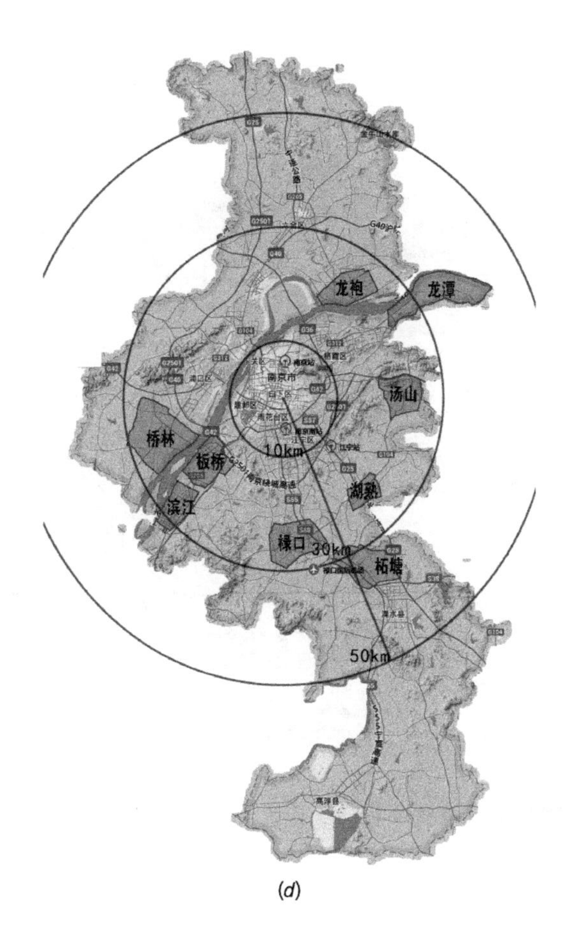

(*d*)

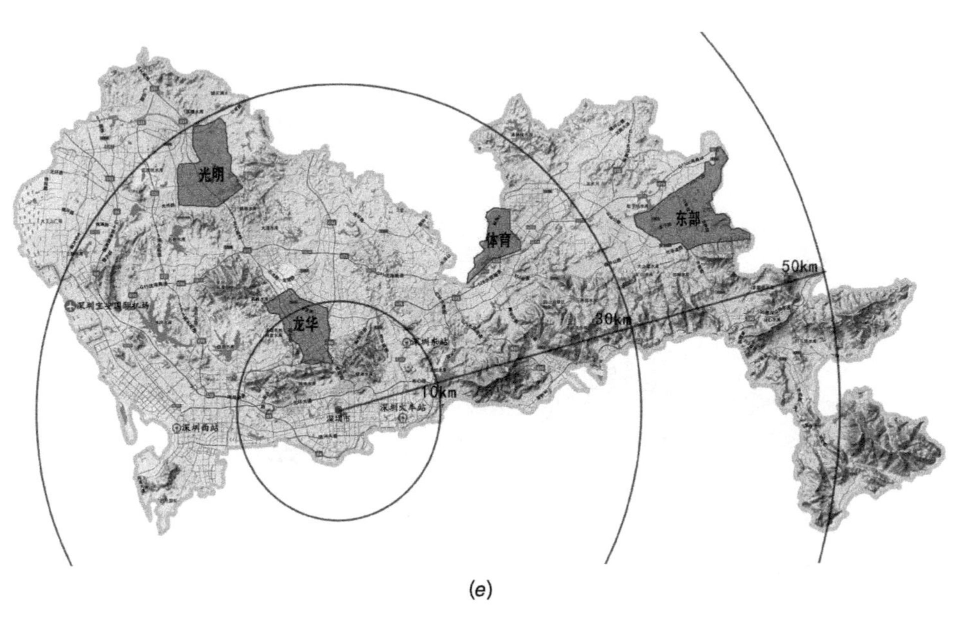

(*e*)

图2-4　国内外大城市新城分布格局比较（二）
（*d*）南京；（*e*）深圳

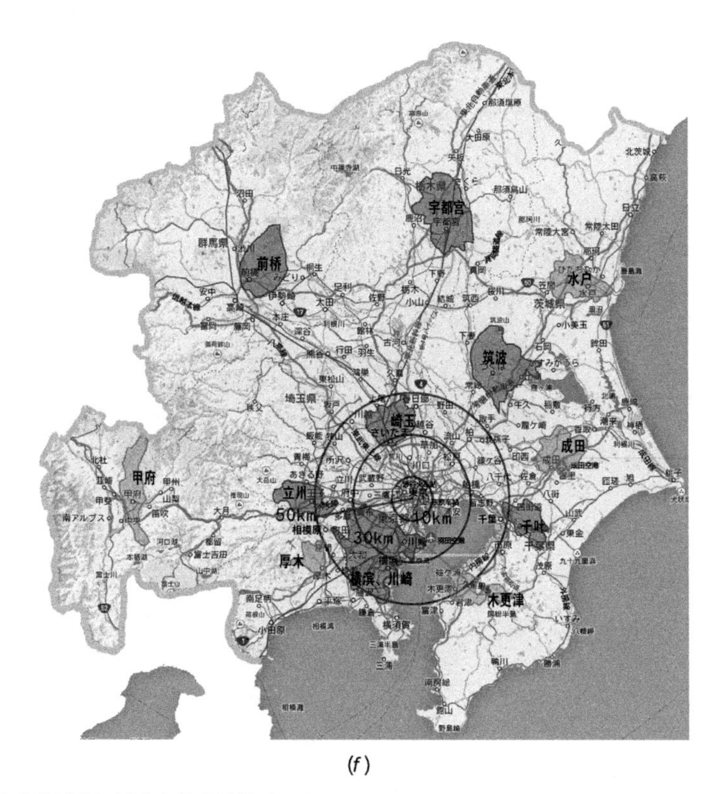

(*f*)

图2-4　国内外大城市新城分布格局比较（三）
（*f*）东京

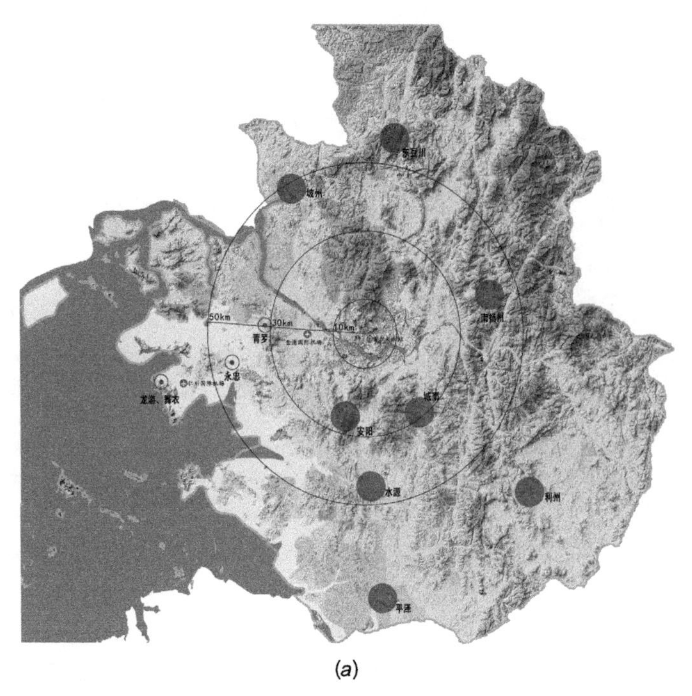

(*a*)

图2-5　国内外大城市都市区空间圈层关系分析图（一）
（*a*）首尔

(*b*)

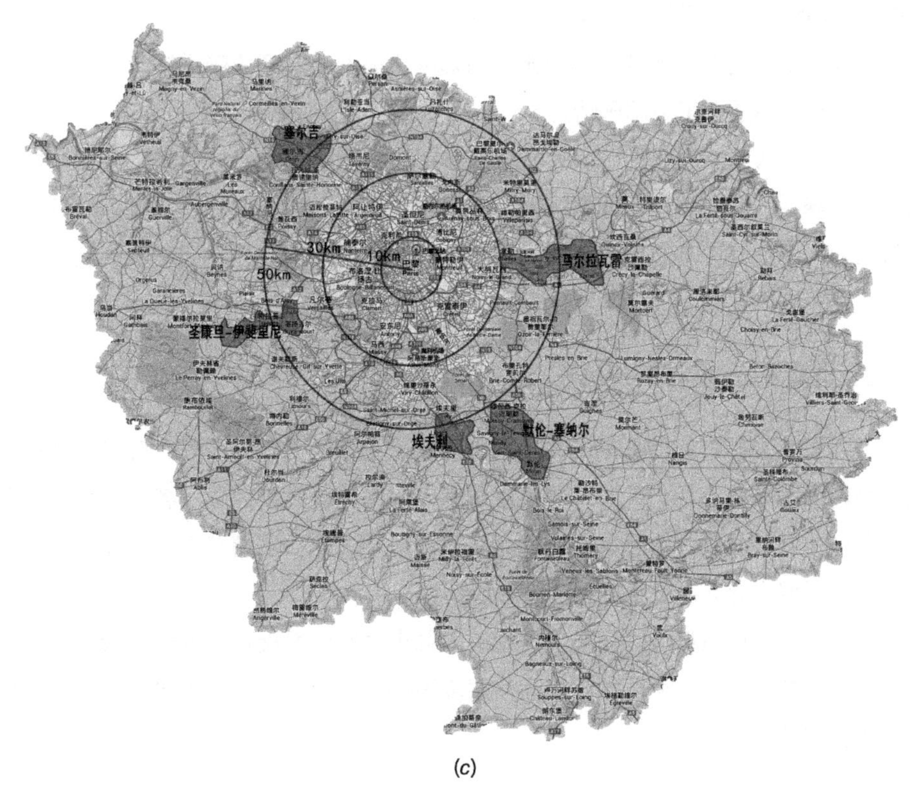

(*c*)

图2-5　国内外大城市都市区空间圈层关系分析图（二）
（*b*）伦敦；（*c*）巴黎

2．定位转变：新城定位从“功能新城”到“综合新城”

早期的新城大多数承担了解决中心城区住房短缺问题的功能，有一些形成了典型的“卧城”，如日本此类新城比较多，英国虽然在规划上强调自给自足，但在客观上由于住宅需求的紧迫性和就业机会缺乏而形成了“卧城”现象。后期的新城开始改变规划目标强调功能的综合性。

3．关系提升：与主城关系从“附属”到“独立”再到“协作”

在与主城的关系上，早期的新城强调作为主城的附属、附庸或服务，强调新城承接中心城区产业和人口外迁，从而疏解中心城区的压力。这种关系定位的主要矛盾是新城的脆弱性，过于依赖主城容易因主城的变化而失败。后期的新城更强调其作为独立有机体与主城形成协作关系，尤其强调产业和人口本地化。

4．规模扩容：大而全的新城更有活力

在规模上，实践证明越到后期新城的规模越大，当然不是单纯的大，而是大而全——尤其是产业类型、人口类型和公共设施配置的“全”。小规模的新城不足以支撑足够高级的公共设施，大而全的新城则更有活力。

美国和澳大利亚的新城是一种典型的郊区化类型，过度依赖小轿车，建设密度很低，其模式不适合于中国国情。

武汉从“八大新城”到“六大新城组群”是在工业倍增目标下的粗放发展模式的混沌解释。新城面积相比北京、上海较合适，但是人口密度很低，更多的是对工业组团的人为框定，是一种除去生态绿楔考虑的工业包围。在空间增量紧缩的可持续发展要求下，有必要进行精细化管理。如上海的104个工业区块。

5．类型多元：远近层次拉开、错位发展

国际发达大都市区的新城与中心城区的距离在15～100km不等，有向远郊型、区域型转向的趋势，但是类型与规模层次都多元而错位发展。除了各种综合或专业型工业产业新城之外，不乏有文化创意产业新城、文化会展博览新城、体育新城、科技研发新城、商务办公新城、空港海港新城……

武汉六大新城组群单一化产业类型的大都市区空间发展格局的脆度较大，缺乏自足性、根植性与内生循环性（多元化层度不够高，产业生物群落单一、产业的生态链碎化和片段化）。

2.5 都市区空间发展策略

11个大都市区空间发展策略见表2-8。

11个大都市区空间发展策略一览表　　表2-8

城市	城市发展核心理念	城市空间发展策略	备注规划
巴黎	可持续、开放融合、绿色环保	1. 互补型多极核的“六大窗口”； 2. 主副心融合发展，新旧城跨线设计，环形郊圈联系，促进大巴黎连续性和连通性，增强城市活力； 3. 可持续的生态绿色巴黎，强调步行、电车等公共交通联系； 4. “在城市上建造城市”：城市遗产的更新与再定位，郊区潜力的挖掘与价值的再认识； 5. 开放融合、跨界发展；“塞纳河大巴黎”的构想	《2007版大巴黎规划》
伦敦	多元文化、生态美好、安全便捷、可持续生长	1. 适应经济和人口增长挑战的城市； 2. 一座拥有国际竞争力的城市； 3. 一座拥有多元、繁荣、安全、便捷的邻里空间的城市； 4. 一座赏心悦目的城市； 5. 一座在改善环境领域的世界城市典范之城； 6. 一座所有人都可以安全便捷地通勤利用各类设施的城市	《大伦敦2030空间发展战略规划》(2011)
东京	核心、经济、活力、绿色、健康、安全	1. 核心、经济、活力的东京 2. 绿色、健康、安全的东京	《第五次首都圈规划》
首尔	经济核心、生态文化、共和富饶	1. 首都圈空间结构的重组——融合：多核联系，轴带推进，均衡发展； 2. 分圈域的整合与规定——区划：空间增长管理； 3. 开发项目与公共设施的管理——机制：刚柔并济的引导； 4. 构建网络型社会基础设施——结构：从星形辐射型到循环点阵型	2006《第三次韩国首都圈规划》
纽约	绿色、美好、强壮、弹性	1. 住房供应； 2. 开放空间； 3. 棕地再开发； 4. 优化水质和水务； 5. 减少交通拥堵和维护交通系统； 6. 开发清洁能源； 7. 应对气候变化提高空气质量	《更绿更美好的纽约——纽约2030》
芝加哥	可持续发展、全球竞争力	1. 中心城市； 2. 交通走廊； 3. 绿色空间； 4. 自然环境； 5. 水资源； 6. 全球竞争力； 7. 协作式管理	《芝加哥大都市区区域规划2040》

续表

城市	城市发展核心理念	城市空间发展策略	备注规划
上海	智慧活力、绿色安全、多元包容	1. 区域开放融合； 2. 产业升级重组； 3. 居住多元高效； 4. 生态空间网链化； 5. 交通多模式一体化	《上海2040》
北京	三个“北京”： 人文北京——以人为本、文化繁荣、开放包容 科技北京——自主创新、现代高端、品牌带动 绿色北京——低碳环保、生态安全、持续发展	1. 加快四大城市功能区的建设； 2. 从互补到整合：深化多中心间的专业化分工和职能互补，加速中心城区城市职能转移； 3. 建立多中心间紧密的空间联系； 4. 形成“三环、四横、五纵、七放射”的轨道交通网络	《北京市总体规划2004》及《北京2049空间发展战略研究》
深圳	繁荣、活力；平等、和谐；自然、宜居	1. 实现跨越式发展，建设独立性的新城市群； 2. 完善城市公共交通网络体系，确保网络型城市空间结构； 3. 重点沿着放射状走廊配置城市功能； ——外协内调、预留重组、改点增心、加密提升、先延后展	《深圳市总体规划2010—2020》
广州	国家历史文化名城、全国首善之区	1. 错位互补、组团分工； 2. 优化配套、以人为本； 3. 网络互联、疏解交通； 4. 生态保育、集约建设； 5. 城乡统筹、协调发展； 6. 岭南特色，山水格局； ——六大策略走向多中心、组团式、网络型的理想城市空间结构	《广州市城市功能布局规划》
南京	活力、文化、宜居、和谐、生态	1. 关系扭转：由二元结构向均衡协调发展转变； 2. 结构调整：由单中心极化向多中心网络化转变； 3. 视野转向：由常规建设增长向战略空间架构转变； 4. 重点升级：由外向增量扩展向内外品质提升转变； 5. 时序明确：由多方同时出击向重点有序带动转变； 6. 交通引领:枢纽都市、公交都市、畅达都市； 7. 生态保障：开敞式网络化的“山水城林”生态空间体系	《南京市总体规划2010—2020》

国外大城市都市区的城市发展目标主要体现在空间发展理念及空间结构框架体系下的关键要素着力点，如纽约强调绿色、美好、强壮、弹性；住房供应、开放空间；棕地再开发、优化水质和水务、减少交通拥堵和维护交通系统、开发清洁能源、应对气候变化提高空气质量。芝加哥突出可持续发展、全球竞争力；中心城市、交通走廊、绿色空间、自然环境、水资源、全球竞争力、协作式管理。

国内则更多的是从区域视角、城乡关系、空间结构、人口及土地增长模式、居住交通、生态环境等重要功能要素组织等维度进行梳理。

2.5.1　区域空间：容量均衡化的网络开敞式大融合

城市区域通过合作共赢以获取持久竞争能力的“新区域主义”思想，正深刻地改变着中国城市区域的发展战略。

全球城市区域通过对区域腹地和生产链整体的重新重视，更为全面系统地阐释了全球化的地理空间过程。全球城市区域是在全球化与信息化背景中，城市通过与周边腹地区域的紧密合作以应对全球变迁的挑战而浮现的形式。随着世界经济的整合发展，以大都市区为核心的城市区域日益成为全球竞争的基本空间单元。总结“城市—区域”基本空间特征，主要有：①由多元化城市核心构成的复杂的内部结构；②扩张中的郊区；③广泛的腹地系统。城市区域的强大不单是核心都市区的强大，腹地城市群的支撑是城市区域强大的根本。在核心大都市区层面，从CBD到副中心、新城，多中心格局使空间成本曲线呈现交替的峰值。核心大都市区通过垂直和水平的空间分工与周边腹地作为一个整体，在全球化本地化互动中参与到全球竞争之中，不断实现自身能级的提升。

借鉴世界上先进城市已有的地域空间结构模式，如以东京为代表的高密度集约化发展模式，以伦敦为代表的城乡融合多元化发展模式，以巴黎为代表的在国家政策支持下的空间跨越发展模式。2008年法国组织国际知名设计所进行2030年的巴黎城市发展蓝图畅想，安托尼・格兰巴克（Antoine Grumbach）提出了由巴黎—鲁昂—勒阿弗尔组成的“塞纳河大巴黎”，通过新建快速轨道交通，联系巴黎与法国西部重要港口城市Le Havre，将Le Havre纳入巴黎一小时通勤圈，从而加强巴黎与出海口的联系。东京则提出34000km^{2}的首都圈“都心+7县”广域合作的分散型多核多圈环网状结构。

北京中心城区的空间规模在继续扩大，向五、六环之间蔓延。2000—2010年，北京建设用地以年均2.5%的增长率增长。增长部分主要是工业用地、仓储用地、居住用地，多数集中在五、六环之间。

2.5.2 都市区空间结构：多中心+廊道

空间发展模式的演变：从圈层式蔓延到多中心聚集，再到区域的有机疏散、网络发展，实现从“结构理性”到“结构弹性”的转变。

日本在第三次首都圈规划中提出建立区域复合多中心城市，1988年提出建立“多新多核、网络融合”的新型城市圈结构，明确了那些建成区已经相当成熟的新商业化城市中心作为独立大都市地区的地位（比如幕张的新城市中心、横滨的21区、琦玉的新城市中心和筑波科技城）。韩国在1989年的汉城大都市区规划中提出建设5座新城，解决汉城中心城区高度集中的职能和人口问题的策略，这些新城基本在一小时通勤圈内，起到疏解城市中心区功能、缓解城市中心区压力的作用。即中心城区的高端服务职能、文化职能进一步向核心区集聚，国家中枢管理职能和产业职能（生产性服务业、高新技术生产环节、加工制造业、商贸批发、现代物流等）不断向外围地区转移。

整体告别功能严格分区下的惯性逻辑，超越自立型新城的结构理性，走向高效协作、互为补充、网络融合的结构弹性，构建多中心、组团式、网络型紧凑舒展的新型城市化的理想城市空间结构。不是单一的机械化的“产业功能模块”式新城，也不是面面俱到的缺乏竞争力的即单中心的核分化从母城与子城的依附关系走向巨型机体与智能型重要器官的协作关系（做强壮、弹性的巨人城市，不做母子关系的家族城市）。

产业空间单元正是城市空间生长的细胞，是实现城市职住平衡关系的基本前提。从城市空间构成单元的角度探讨整体的城市空间规划模式。根据这样的理念，城市空间规划即以产业空间单元为出发点，自下而上地构建整体的城市空间结构。

产业单元的空间概念自下而上包括以下 4 个空间层次：

①创新型产业核心。

②就业—居住尽可能平衡的产业单元：强调就业与居住的平衡，有利于形成紧凑型居住环境。是以产业的核心竞争力为基础，以完善的公共服务配套作为社区组团的“粘结剂”，吸引创新型人才的集聚，构建适合创业与居住的和谐社区。

③交通与土地利用一体化：倡导步行与公共交通，并努力降低通勤和居民出行距离，而这却需要强大、便捷的区域快速交通体系作为保障。

④区域城市：围绕创新型产业核心，通过交通与土地利用一体化模式，构建产业与居住平衡的产业单元，以这些相对独立的产业空间单元为细胞，进而最终在区域层面上构造“中心城市—次中心城市—新城”的区域城市结构，即类似于后工业化城市的代表洛杉矶的城市结构——城市不再是一个可识别的独立和连续的实体，而是逐渐在物质形态上破碎，在现有大都市区边缘形成独立城市，并在经济、社会

和文化上形成不同社会团体的分隔。

“区域城市”是我们期望通过自下而上的空间规划所达到的最终目标，也即形成围绕产业空间单元的多核心紧凑开发模式。

2.5.3　增长模式：从“极化圈层式拓展”到“多元有机增长”

经验表明，新城开始建设初期，吸引几个大型产业项目和公共设施项目，有利于在短时间内刺激新城的发展，形成新的“增长极”，但从长期来看，过于依赖单一类型的产业有较大的脆弱性，产业类型应向多元化发展，即围绕某一类主导产业发展新城特色产业集群。

伦敦的文化创意产业在空间上具有较强的集聚性和向心性，表现出对废旧工业建筑的喜爱和对泰晤士河的依恋，形成西南扇面的文化主导的城市更新模式。

2.5.4　文化空间：升级式再造与战略性储备

1.“留白”的艺术

伦敦泰晤士河沿线的文化创意扇面的“留白”（图2–6），北京中轴线北段20世纪50年代以来的绿楔式“留白”，直到2000年申奥成功，开始启动北京南北轴北沿线的历史性奥体新城建构，使中轴线更具有划历史性的生命力，融古汇今，延续城市文化特色。

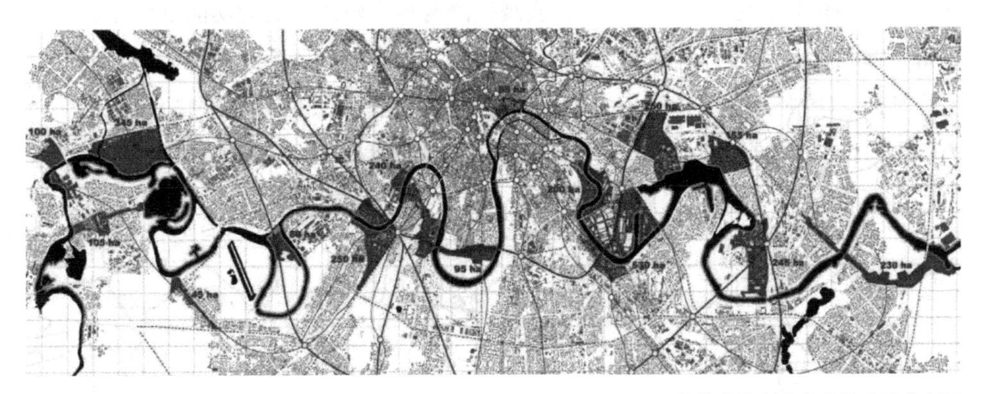

图2–6　伦敦文化创意产业的空间分布图

注重城市内在活力空间的塑造。每个城市发展都有自身聚集大量城市文化活动特色的空间。如纽约的时代广场、中央公园，巴黎的塞纳河沿线，日本的浅草、箱根等。这些空间的发展需要城市的远见去培育和引导，保护和挖掘历史文化价值，成为一个城市的名片。

2.“筑巢引凤”的重新认识：什么样的巢引什么样的凤

美国纽约3.5km^{2}的中央公园位于高楼林立的曼哈顿，核心区就业密度达到16万～21万人/km^2（武汉核心区最高就业密度为2万人/km^2），其商务办公人均建筑面积为东京核心区的3倍。创造最高端的空间环境和服务品质，吸引最高数量的世界500强企业。

3.“弹弓”理论的弹性思维

美国后工业化时期，工业郊区化运动下对制衣厂、钢铁加工厂的保护政策。转型升级特色化运营，注入科技、对接市场，提高都市型工业的创新力，发展高附加值的都市型创意产业，保持都市区持续的工业竞争力和产业结构的多元化与融合发展。

2.5.5 交通系统：关联整合与差异式引导

以建设国际航运中心为目标的上海市以“三港两路”建设为重点，建设国际集装箱枢纽港、亚太地区航空枢纽港、现代化信息港以及以高速公路、高速铁路、骨干航道为构架的水陆空交通运输体系，形成衔接国内外、辐射长三角的快速便捷的货运交通网络。在对外交通领域，探索构建世界级城市群的集约高效综合运输体系，扩展对外交通辐射面，发展多式联运的枢纽级输运模式；在对内交通领域，强化区域差异化的公交主导发展战略，实现铁路与城市轨道交通的功能整合并合理配置道路空间资源。同时，基于建立需求管理型的综合交通体系的设想，将全市划分为内环内、内外环之间、中心城周边地区（浦东、浦西）、市郊交通功能区（嘉青松、杭州湾北岸及临港地区、长江口三岛）四大交通片区，采取差异化的区域交通发展策略（表2-9）。

上海市分区域的交通与土地发展模式一览表　　表2-9

策略地带	交通需求特征	交通总体策略	可达性要求	土地使用模式反馈
内环内	出行总量增幅有限；以区内交通为主；中长距离出入中心城区总量增幅变化有限；非通勤性交通比例较高	需求管理型慢行优先区	公共交通高可达性、小汽车交通中等可达性	功能复合型（转变单中心集聚模式）
内外环之间		需求管理型公交引导区	公共交通中高可达性、小汽车交通中等可达性	功能分区型（分级活动体系）

续表

策略地带	交通需求特征	交通总体策略	可达性要求	土地使用模式反馈
中心城周边地区（浦西）	出行总量增幅有限；地区向心出入性交通偏高；过境交通比例较高；出行以轨道交通与其他方式结合比例高	供需适应型公交引导区	公共交通中高可达性、小汽车交通中等可达性	功能分区型（提升功能等级）
中心城周边地区（浦东）	交通需求相对立；货运交通比例较高	供需适应型协调发展区	公共交通中高可达性、小汽车/货运交通中等可达性	功能分区型（组团发展模式）
市郊交通功能区（嘉青松）	地区未来出行总量将有明显增长；交通系统运行负荷始终处于中位以上水平；	需求引导型公交引导区	公共交通中高可达性、小汽车交通中等可达性	极轴组合型（节点增长极+轴向发展带）
市郊交通功能区（杭州湾北岸及临港地区）	区内和过境交通增幅较大；未来出入境交通以西南浙江向为主	需求引导型协调发展区	公共交通中高可达性、小汽车/货运交通较高可达性	星状均衡型（传统城镇星状体系、沿交通干道带状分布）
市郊交通功能区（长江口三岛）	交通出行总量增长有限；地区出行总量比例较高；出行距离较短	需求引导型协调发展区	公共交通中高可达性、小汽车交通较高可达性	点式机会型（交通可达性导向发展）

2.5.6　生态空间：近域易达性与全域网络化

公私联合运营型生态公园绿地：分时段开放校园或单位绿化。国内城市的生态空间以广州市和南京市构建效果和生态本底保护为最佳。广州2011版总体规划中提出“山、水、城、田、海”的生态城市架构与城乡生态安全格局建构，现已建成3000km慢行绿道系统，在国内处于绿色城市建设的前沿城市。

南京基于其丰厚的历史人文绿都的生态条件，微观上提出建设居民5min步行距离的公园公共空间体系，宏观框架上提出开敞式网络化的“山水城林”生态空间结构，最终形成多层次、多功能、立体化、复合型网络式的生态结构体系（图2–7）。

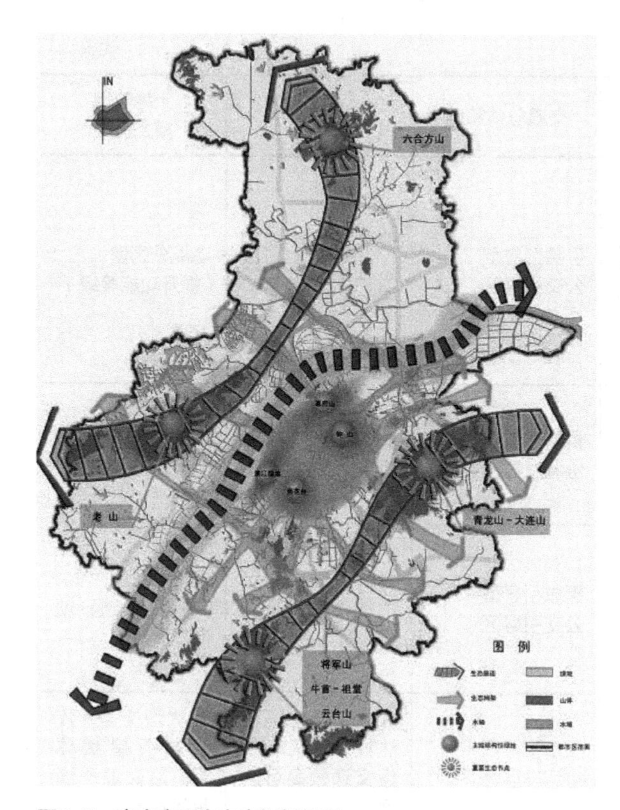

图2-7 南京市区生态空间框架图

2.5.7 发展时序：由多方向同时出击向重点有序带动转变

发展时序的确定应当综合权衡影响城市发展的主、客观因素。政治、经济与社会发展主观因素的合理成分一般应以自然资源、科技革命等客观因素为基础，但必须充分考虑，通过对发展时序的适度调整，弥合主、客观因素之间的矛盾，以推动城市空间有序高效发展。

差异化的重点区域发展策略。如南京都市区空间发展的战略时序确定为："两带并进，先南后北"。上海：中心城是高举"双增双减"基本方针，聚焦功能提升和城市更新；新城则明确其作为区域城市网络中的重要节点和综合性功能城市的目标定位，强化产城融合和人口吸纳能力。

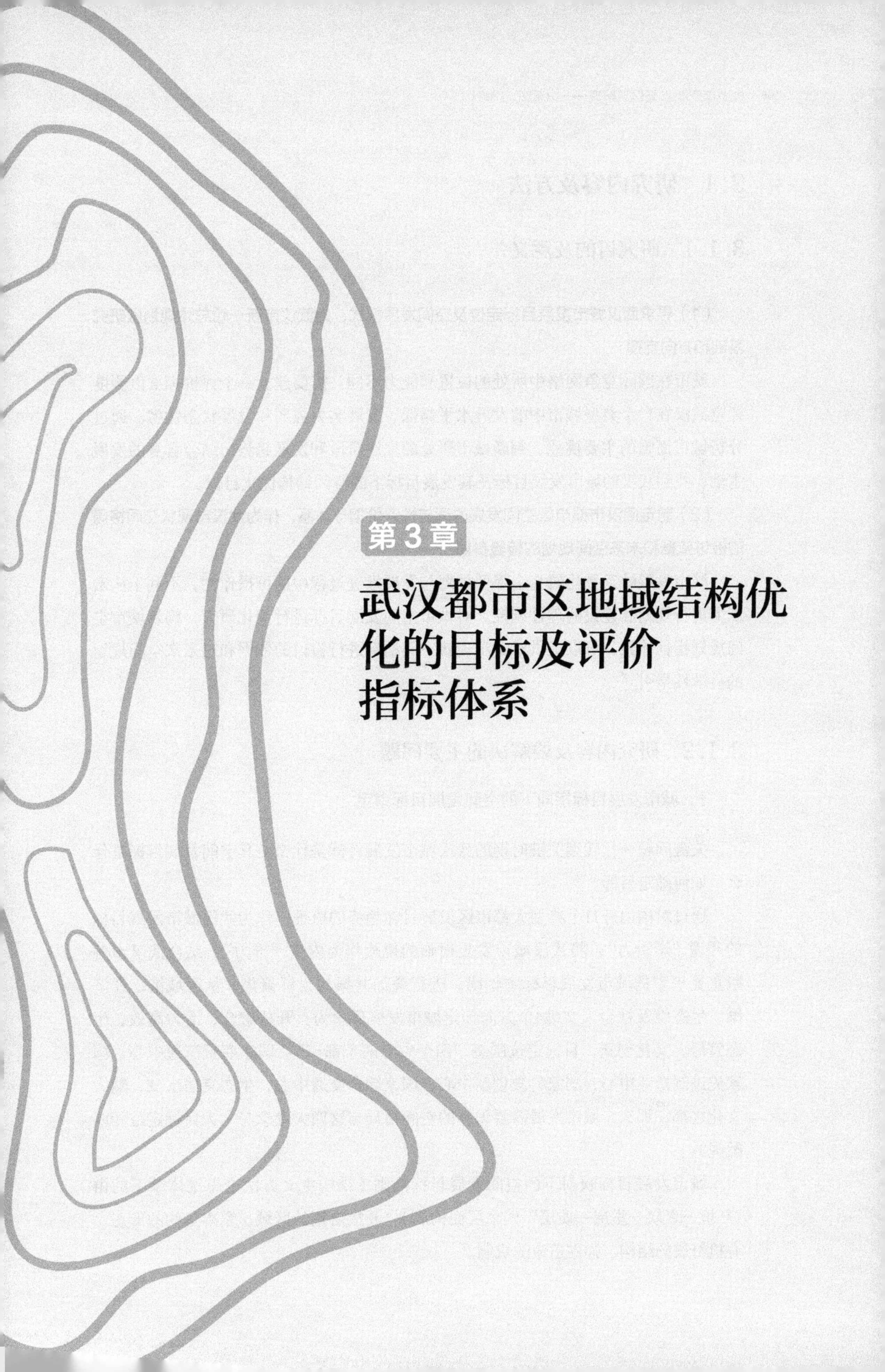

第3章

武汉都市区地域结构优化的目标及评价指标体系

3.1 研究内容及方法

3.1.1 研究目的及意义

（1）寻求武汉城市发展目标定位及空间发展模式，为武汉市新一轮总体规划做研究基础和方向支撑

城市在国际竞争网络中所处的位置和能力不同，需要建立一个评价标准以测度评定武汉在12个典型城市中的发展水平高低、发展实力强弱和发展状态优劣。通过分析城市面临的主要挑战，判断城市所处的发展阶段和发展趋势，结合自身的发展主轴，找到武汉的城市发展目标及其发展目标下的空间结构优化目标。

（2）制定武汉市都市区空间发展的适应性评价指标体系，作为武汉市现状空间格局的检讨依据和未来空间规划的检验参照

城市发展缺乏量化研究会降低规划与发展推进过程中的可操作性，不利于从宏观上进行规划和建设的理性调控。对城市空间发展目标进行量化研究，构筑城市空间规划指标体系，可以提供对武汉现状空间格局进行检讨的依据和对未来空间规划的科学性指引。

3.1.2 研究内容及要解决的主要问题

1. 城市发展目标指向下的空间发展目标锁定

关键问题一：转型关键时期的武汉城市发展目标是什么？其空间发展目标是什么？如何确定目标？

通过对国内外11个典型大都市区发展目标趋势的梳理，作为武汉城市发展目标的环境“牵引力”；将武汉城市发展面临的挑战作为内生“推力”；结合武汉市各版重要规划的城市发展目标主轴线，进行叠加共振与目标聚焦，从区域维、经济维、生态维及社会人文维4个方向锁定城市发展理念为：开放融合、活力高效、生态宜居、文化创新。目标定位围绕“四个中心两个都市”：国家商贸流通中心、国家先进制造业中心、国家科教创新中心、国家综合交通中心，生态宜居水城、魅力文化之都。那么，城市发展需要怎样的空间格局与这四大理念与六大目标定位相匹配呢？

城市发展目标映射下的空间发展目标准则（结构主义方法论思维体系下的由“环境—表层—里层—质层”四个层面构成）：开放协调的区域、紧凑集约的形态、有机舒展的结构、弹性适应的机制。

2. 武汉城市空间结构优化的四维评价指标体系建构

关键问题二：下一阶段的武汉需要发展到怎样的一个区域协调度（环境）、紧凑集约度（表层）、有机舒展度（里层）和弹性适应度（质层）呢？如何定量确定目标值及合理区段？以谁为目标域参照系？

（1）国内外6套“可持续城市”及“城市竞争力”相关评价指标体系的空间向量检索（二级指标集海选）

（2）结构主义方法论下的四维框架搭建（分类）

1）区域协调度（区域能级）——城市开放性

外贸出口总额、跨国公司总部数量、国际组织机构、腹地200m半径内大城市数量。

2）紧凑集约度——形态及圈层紧密度

城市建成区形态指数、中心城区、近郊区、远郊区及都市区的圈层及全域密度格局。

3）有机舒展度——多层多心格局

主核规模、次核数量、规模及层级关系、核心距。

4）弹性适应度——空间可增长性

生态绿地占比（人均绿地）、可转换用地比重、文化创意产业用地占比、用地储备量与增速调控。

（3）12个城市的四维指标整理、离散度检验与聚类分析

①检验结果：12个城市四个维度的数据结果离散度太大（标准差过大，有效区间过长，均值与范围值的参考价值失效）。

②必须进行“去噪”处理，缩小参照范围，即进行聚类分析。

寻找与武汉城市空间发展四个维度分别最接近的城市集合。将聚类分析后的参照目标城市的均值作为武汉未来空间发展该维度的目标值，其最大值与最小值之间的范围值为该维度空间发展的合理区段，两个极值为空间发展临界底线。

（4）武汉都市区空间发展综合评价指标体系的合成

3. 研究方法与技术路线

（1）研究方法

1）研究方法主线

以结构主义方法论框架下的层次分析法为主线，并与归纳法下的定性推导及SPSS工具辅助下的定量离散度检验和聚类分析相结合。

2）分模块的辅助性研究方法

①区域协调度。

城市外向度的统计比较，城市空间分形维计算方法：联系度、向心力指数、区域均衡度。

②紧凑集约度。

借助Google辨识和CAD位图重叠计算的城市形态紧凑指数算法、统计学分析方法、SPSS的离散度检验和聚类分析。

③有机舒展度。

核数量、核规模、核层级（主核、亚核、次核）、核心距的离散度分析及聚类判断。

④弹性适应度。

统计与比较分析法：人均绿地面积、中心城区、都市区可置换城市功能用地的比重、空间增长弹性指数控制（土地增长速度/人口增长速度）。

（2）研究技术路线

研究技术路线见图3-1。

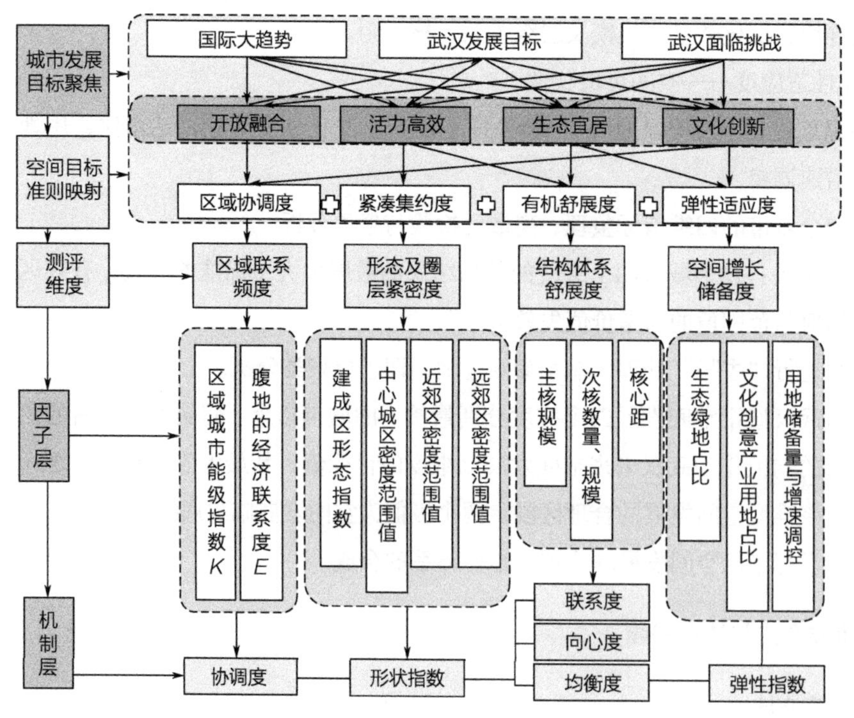

图3-1 研究技术路线框架图

3.2　武汉城市发展目标梳理及空间发展目标提取

关键问题一：转型关键时期的武汉城市发展目标是什么？其空间发展目标是什么？如何确定目标？

3.2.1　武汉市相关规划目标解读

1．武汉2049远景规划

（1）实力武汉：更具竞争力的武汉

取决于四大中心功能的提升：中三角的创新中心、贸易中心、金融中心、高端制造业中心。

（2）幸福宜居武汉：更可持续发展的武汉

向开放包容城市、活力高效城市、绿色宜居城市转型。

概括：（经济、社会、生态、输配体系）经济转型、活力高效、开放协调、生态宜居，软硬实力兼具的武汉。

2．武汉建设国家中心城市行动规划纲要

总：国家战略中枢型的国家中心城市、文化生态特色鲜明的魅力宜居城市。

分：一枢纽三中心。1个核心，4个板块，2套系统——7个空间行动计划。

国家综合交通枢纽（门户）、国家商贸流通中心、国家先进制造业中心、国家创新示范中心、魅力文化之都、生态宜居水城。

概括：强调以板块型工业为轴心的经济高速发展目标。实现经济倍增与打造生态文化宜居并行的交通枢纽型国家中心城市。

3．武汉城市总体规划2010—2020

中国共产党武汉市第十二次代表大会提出："建设国家中心城市，复兴大武汉"。

总目标：坚持可持续发展战略，完善城市功能，发挥中心城市作用，将武汉建设成为经济实力雄厚、科技教育发达、产业结构优化、服务体系先进、社会就业充分、空间布局合理、基础设施完善、生态环境良好的现代化城市。

城市建设目标：服务多元多层；设施现代高效；品质居住环境；"江湖山城"生态格局；文化内涵彰显。

总目标涉及经济、教育、产业、服务、设施、空间、住房、就业及生境等所有方面。面面俱到，无侧重点。

概括：宜居、宜业、宜游，可持续发展的现代化国家中心城市。

4．武汉“十二五”社会经济发展规划

“十二五”时期，武汉社会经济发展的总体目标是：着力打造全国重要的先进制造业中心、现代服务业中心和综合性国家高技术产业基地、全国性综合交通枢纽基地，加快建设全国两型社会综合配套改革试验区和国家自主创新示范区，巩固提升中部地区中心城市地位和作用，努力建设国家中心城市，全面完成小康社会建设的目标任务，为把武汉建成现代化国际性城市奠定坚实基础。

上述目标突出体现在以下9个方面：

①具有比较优势的现代产业体系。

②构建国家自主创新示范区创新体系框架。

③建设全国两型社会典型示范区。

④建成全国性综合交通枢纽。

⑤建成中心城区快速交通体系。

⑥完成城市空间布局调整。

⑦建立统筹城乡发展的体制机制。

⑧形成比较完善的社会公共服务体系。

⑨形成武汉城市圈“五个一体化”。

概括：强调以先进制造业、现代服务业和高新技术产业为核心的现代产业体系；强调区域融合、经济多元、服务均等、自主创新的国家中心城市。

5．武汉城市发展的核心目标确定

武汉城市发展的核心目标：更具竞争力、更可持续发展的国家中心城市（表3-1）。

武汉市相关规划及政府文件对武汉城市发展目标的梳理　　表3-1

层次	目标、定位	武汉2049远景规划	武汉建设国家中心城市行动规划纲要	武汉城市总体规划2010—2020	武汉“十二五”社会经济发展规划
目标理念层——更可持续发展	区域协调之城	○	○		○
	宜居宜业之城	○	○	○	○
	生态低碳之城	○	○	○	○
	城乡统筹之城				○

续表

层次	目标、定位	武汉2049远景规划	武汉建设国家中心城市行动规划纲要	武汉城市总体规划2010—2020	武汉“十二五”社会经济发展规划
目标理念层——更可持续发展	科教文化之城		○	○	
	活力高效之城	○			
职能定位层——更具竞争力	国家商贸流通中心	○	○		○
	国家先进制造业中心	○	○		○
	国家现代服务业中心		○		○
	国家金融中心	○			
	国家综合交通中心		○	○	○
	国家创新示范中心	○	○	○	○

（1）目标理念：“四个武汉”

①区域协调的开放武汉；

②宜居宜业的活力武汉；

③生态低碳的绿色武汉；

④科技文化实力的创新武汉。

（2）发展愿景

借鉴成功地区的发展经验，从实现国际港口城市、北方经济中心总体定位推导体系和生态城市这三大目标来看，未来武汉的发展需要一个开放协调、紧凑集约、有机舒展、弹性适应的空间结构，这种结构需要具备如下要素：有机组织的产业功能体系；强大的服务中心体系——城市中心结构良性互动的港区/港城关系；高效易达的综合交通运输体系；保障可持续发展的生态体系。总体而言，武汉的城市发展定位从范围的由大到小、时间的由远及近可以确立为：

1）世界城市

国际智创中心：基于雄厚的科研实力及创新基础；

国际先进制造业中心：基于完善的大工业体系及“Made in China”的高端制造业承接实力。

2）亚太枢纽

亚太地区综合交通枢纽：基于优越的地理区位及完善的综合交通基础（图 3–2）。

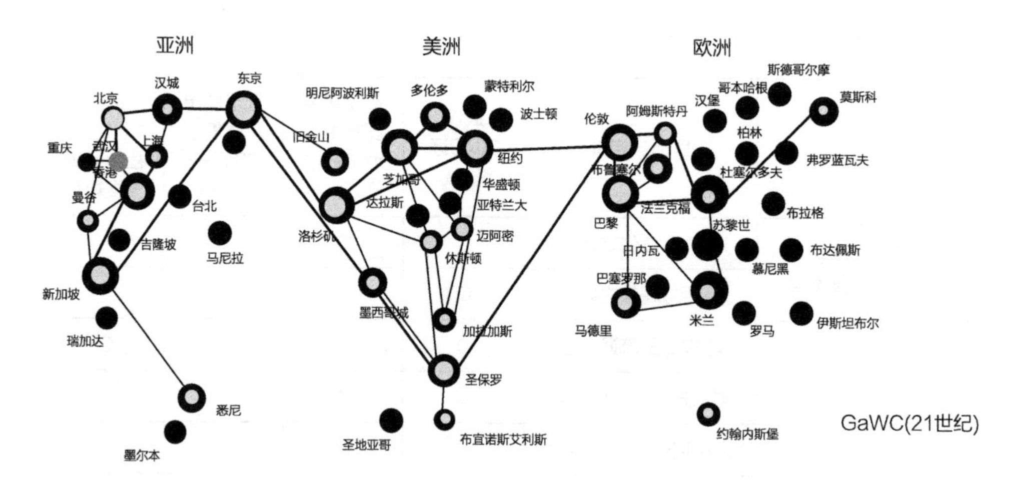

图3-2 世界城市亚太枢纽

3）国家钻石之心

成为长三角、珠三角、京津冀和成渝四大城市圈之外的国家第五增长极——国家钻石之心，有效引领长江中游城市群的国家中心城市。

4）中部先锋城市

率先稳固中部地区的金融商务、商贸物流等服务型先锋式中心城市的地位。

（3）职能定位："四个中心"、"两个都城"

国家商贸流通中心；国家先进制造业中心；国家科教创新中心；国家综合交通中心；魅力文化之都；生态宜居水城。

3.2.2 大城市都市区空间发展关注的关键领域

总体来看，世界各国长期目标战略研究的主要特点在于：着力解决城市长期发展问题，以国家战略或城市经济社会环境的全方位问题应对为目标；当然，城市发展仍是主旋律，关键是发展理念的选择。国内外大城市的主要发展理念包括两方面：一是强调大城市区域的发展，加强城市的全球竞争力；二是加强城市以人为本、可持续发展和区域发展策略。长期发展战略的研究，以方向性和发展模式探索为主（表3-2）。

国内外典型大城市规划目标一览表 **表3-2**

城市	目标理念	职能定位	备注规划
上海	活力、绿色、多元——智慧活力的世界都会、绿色安全的宜居家园、多元包容的文化名城	四个中心：国际金融中心、国际贸易中心、国际航运中心、国际文化大都市	《上海2040》

续表

城市	目标理念	职能定位	备注规划
北京	建设科技文化宜居首都为核心的世界城市	国家首都、国际城市、文化名城、宜居城市	《北京市总体规划2004》及《北京2049空间发展战略研究》
深圳	区域协作、经济转型、社会和谐、生态保护	创新先锋城市；经济发达、社会和谐、资源节约、环境友好、文化繁荣、生态宜居的具有中国特色的国际性城市；港深世界级都市区	《深圳市总体规划2010—2020》
广州	繁荣、高效、文明的国际性区域中心城市；宜居宜业的山水型生态城市	国家中心城市、综合性门户城市、世界商贸中心、南方经济中心、区域制造业基地、文化名城、现代宜居城市	《广州市城市功能布局规划》
南京	活力、特色、宜居、和谐的现代化国际人文绿都	五个中心：长江国际航运中心、长三角先进制造业中心、全省现代服务中心、全国重要科教中心和东部城市绿化中心	《南京市总体规划2010—2020》
巴黎	区域融合，绿色环保，可持续发展的世界城市（竞争力）		《2007版大巴黎规划》
东京	核心、经济、活力的东京；绿色、健康、安全的东京		《第五次首都圈规划》
伦敦	适应经济和人口增长挑战的城市；一座拥有国际竞争力的城市；一座拥有多元、繁荣、安全、便捷的邻里空间的城市；一座赏心悦目的城市；一座在改善环境领域的世界城市典范之城；一座所有人都可以安全便捷地通勤利用各类设施的城市——多元文化、生态美好、安全便捷的全球城市		《大伦敦2030空间发展战略规划》（2011）
纽约	1. “更绿色、更美好”的纽约（棕地利用、住房供应、水质及供水系统、空气质量、节能减排、绿化覆盖等）； 2. 更加强壮、更具弹性的纽约（2013年）：涵盖海岸保护、建筑、经济复苏、社区重建和弹性规划、环境保护和补救——绿色美好、强壮弹性的全球城市		纽约2012《更绿更美好的纽约——纽约2030》、《纽约城市规划：更加强壮、更具弹性的纽约》（2013年）
首尔	1. 引导东北亚经济的世界城市； 2. 首尔特色的文化城市； 3. 自然复苏的生态城市； 4. 共和富饶的福利城市		2006《第三次韩国首都圈规划》
芝加哥	世界领头的金融中心之一，美国交通中心和制造业中心——多轴多心的绿色大都会		2040年芝加哥大都会城市发展框架规划

梳理世界大城市都市区空间发展面临的共同挑战，如气候变化、能源危机及国际竞争。结合武汉市的人口预测专题、产业发展专题，研究经济总量与各类产业空间用地规模的关系，人口空间分布及生活空间发展趋势，预测武汉市阶段性空间发展需求。

世界11个大城市发展目标聚焦为以下几个方面：

（1）区域融合：外协内调，能级提升

在全球化、网络化发展浪潮下，世界城市体系构建逐渐完善，联系与互动日趋紧密。通过区域扩展与跨区域连接，11个典型大城市均强调全球控制力及区域影响程度，强化腹地区域合作下的综合实力。

（2）智慧活力：功能多元，网络联动

转型升级的多元产业经济格局与软硬网络保障下完善的空间支撑体系，智慧激发区域活力并推动区域竞争力提升。

（3）文化创新：创意产业，特色凸显

世界典型大城市都市区发展到后工业时期，经济结构逐步向服务型经济转型；同时，随着世界网络传媒等信息技术迅猛发展，这些世界级城市的国际化程度持续加强，多元文化相互融合加深，世界市场对多元文化的消费需求日趋旺盛。因此，发展文化创意产业成为典型大城市都市区转型发展的重要战略目标。

（4）生态绿色：弹性适应，以退为进

减少碳排放，提高能源效益，利用科学技术开发新型能源及节能减耗材料，解决影响人类生活质量的全球性问题，走低冲击式可持续发展道路是国内外典型大城市都市区的共性目标及趋势。如世界二级城市首尔：重点发展新能源和可再生能源应用、绿色城市、资源再利用、气候变化适应和整合系统等绿色产业，同时将时尚设计、国际会展、金融、旅游等产业绿色化，建设绿色、环保和气候友好型城市。

（5）瓶颈突破：可持续发展（水、人才、住房、土地、能源资源等）

每个城市都有其特定的资源短板，若不加以有效调控，可能危及城市的安全，并束缚其可持续发展。因此，为了提前预防，突破城市发展瓶颈，每个城市都有其聚焦的关键要素领域。

纽约：棕地较多，人口密集且持续集聚，因此盘活、再开发利用棕地资源成为解决百万新进居民住房问题的重大举措，也是重构纽约产业结构及发展战略性新兴产业、环保节能产业的重大机遇。伦敦（新加坡）：人多地少、住房紧张的城市，因此实现居住地、工作单位、学校、商店和公共交通之间的易达性，建设可持续与紧凑型城市是伦敦的发展目标。悉尼：针对中心区能级不足，提出在市中心黄金地段给商业活动和高素质职位保留优质的空间，并对社交、文化及娱乐设施提供支持，以培育、吸引及留住全球人才，提高城市竞争力。北京：土地、水、能源紧缺的巨型城市，紧缺资源的供给能力突破是未来城市发展的关键问题。东京：针对地震灾害频发的特征，锁定健康安全的城市发展目标并出台一系列法令性专项规划。

3.2.3　武汉市都市区发展面对的挑战

（1）城市圈一城独大的弱质型区域腹地

无论是信息流还是交通流，均反映出武汉“1+8”城市圈强烈的单中心特征，武汉的单极辐射特征非常明显，城市圈较强的互动关系尚未出现，一定程度上也反映出以武汉为中心的分工体系还没有扩散至城市圈层面。

城市圈基本形成围绕武汉的南、西、北三大板块，即鄂州—咸宁—黄石、天门—潜江—仙桃、孝感—黄冈。三大板块与武汉的联系强度依次降低。城市圈8个城市之间的联系总体不强，东部、南部地区（鄂州、咸宁）作为主要的门户地区开始呈现出一定的隆起态势，虽然与城市圈其他区域的差距并不大。

城市圈呈现无竞争、少支撑的特征。

目标指向（区域）：区域开放，模块转移，网络联动。

（2）六大新城的模糊框定弱化了新城培育主线

六大新城不自立、产城缺融合。

目标指向（结构）：多层多心，宜居宜业，产城融合。

（3）工业倍增模式挤占了产业多元发展的时空及经济资本

发展阶段重叠性背景下的经济结构多元化不足，产业生态链脆度大。

目标指向（功能）：功能多元，空间错位，提质升级。

（4）文化创意产业和生态环境空间的冷落流失了城市特色

目标指向（特色）：产业转型，生境保护，特色品牌。

（5）气候变化、人口激增压力下用地增速控制

目标指向（增速）：智慧安全，紧凑集约，健康平稳。

3.2.4　武汉城市发展目标聚焦及空间发展目标映射

支撑城市发展目标的大都市区空间应该是怎样的一个格局？

一个基于结构主义方法论与发展阶段论下的理论分析框架假设：环境—表层—里层—质层；其所对应的发展阶段分别为：产品质量提升阶段—人居环境改善阶段—闲暇创新保障阶段。

（1）适应全球化时代的区域视野与能级竞争：开放融合的区域格局

①经济全球化与区域一体化的发展态势。

②城市能级的高低决定城市在区域格局中的定位与角色。

③开放融合的区域格局是城市参与区域竞合、释放城市能量的基础。

（2）适应快速城市化背景下的人口增长需求：紧凑集约的空间形态

①人口向三环线以内及三环线周边集聚态势明显。

②人口增长与产业空间的互动关系突出。

③武汉工业板块化、产业结构过重化的发展模式，易造成空间的外延扩张，需要及时调整经济发展方式和产业结构类型，打造紧凑集约的空间形态。

（3）适应经济模式转型阶段的功能提升重组：有机舒展的功能结构

①大规模定制化、模块化的生产组织方式。

②第二产业高端化，第三产业智能化。

③武汉分阶段产业模式有可能催生新的产业空间集聚形式。

④武汉四大中心（创新、贸易、金融、高端制造业）定位，带来功能重组及新功能生长。

（4）适应气候变化与资源压力的要素创新：弹性适应的增长模式

①山水格局保护。

②输配体系跟进。

③全球变暖、极端气候及其引发的次生灾害要求空间格局应具有弹性。

④后石油时代低碳发展要求，要求空间组织适度紧凑集约。

⑤武汉夏热冬冷湿地环境基质，要求空间组织应有利于改善城市微气候（通风道规划等）以及城市绿色生态开敞空间系统的形成。

概括而言，武汉城市总体发展目标的空间结构映射为：多中心、组团式、网络化的紧凑舒展型大都市区。

3.3 大城市都市区四维评价指标体系框架建构

关键问题二：下一阶段的武汉需要发展到怎样的一个区域协调度（环境）、紧凑集约度（表层）、有机舒展度（里层）和弹性适应度（质层）呢？如何定量确定目标值及合理区段？以谁为目标域参照系？即通过定量研究对上一部分定性归纳判断进行验证评估。

3.3.1 国内外大都市区相关评价指标体系的空间向量检索

1．指标海选

从“可持续发展型”大都市区城市目标导向下的评价指标体系中，选择较权威的国际评价指标准则6～10个，检索出所有与可持续发展的城市空间维度相关的指标，进行共性指标筛选，得出第一部分“影响因子二级指标”。

从武汉市相关规划与管理的研究型课题（如《武汉市城市建设用地集约利用状况》等）中整理出第二部分“影响因子二级指标”。

结合武汉市发展面临的挑战与目标，补充提出针对性的第三部分“影响因子二级指标”。

2．相关性检测筛选

将样本集合对应的指标一一跟衡量城市可持续发展的综合指标进行相关性分析——回归，得出高相关或高反相关的指标；根据结构主义方法论及发展阶段论进行指标类型的梳理，验证“开放、多核、紧凑、弹性”标准假设的合理性。测评指标体系建构完成。

3.3.2　结构主义方法论下的四维框架搭建

1．区域协调度——城市开放性

（1）内涵

本研究中开放型大都市区地域结构构建的是在全球化和信息化背景下，为实现区域共和共荣的最终目标，研究都市区内区域融合度与都市区200km半径影响腹地范围内的大中城市分布和联系情况，探讨区域协调与开放融合程度。

（2）二级指标集合

1）新城最远离心距

2）200km腹地内大中城市数量及经济联系度

周一星等学者的研究表明，城市规模与经济发展成正相关关系。为量测大城市都市区100km半径范围内的主要城市规模（K），本书借鉴秦尊文的研究，对指标作适当调整以更全面反映总体规模。

通过测算城市间的经济联系度和分析经济联系的空间特征，来构建区域空间组织新模式。经济联系度是衡量区域经济联系的常用指标，为使计算结果更具等级意义，对公式作适当修改，引入等级系数K并划分C值为5级：弱［0，2］、较弱［2，4］、一般［4，6］、较强［6，8］和强［8，10］。公式如下：

$$C=KE$$

$$K=10/E_{max}$$

$$E=\sqrt{P_iV_i}\cdot\sqrt{P_jV_j}/r^2$$

式中　C——等级值；

K——等级系数；

E——经济联系度；

P_i、P_i——i、j城市的非农业人口（万人）；

V_i、V_j——i、j城市的GDP（亿元）；

r——两城市间的最短交通距离。

3）区域协调与开放融合行动

2．紧凑集约度——形态及圈层紧密度

（1）内涵

本研究中紧凑型大都市区地域结构构建的是在实现可持续发展的最终目标下，以宏观尺度上的城市形态为研究的出发点，集约生长的城市空间形态、秩序的层级密度分配，构建密度增加型的城市[①]。

（2）二级指标集合

城市建成区形态指数、中心城区、近郊区、远郊区及都市区的圈层及全域密度格局。

1）城市建成区形态指数（借助Google辨识和CAD位图重叠计算）

2）大城市都市区圈层密度格局

3．有机舒展度——多级多心格局

（1）内涵

单中心向多中心的裂变过程发生在多数特大城市，是大城市都市区由单核集聚型扩展转为中心城主核与边缘新城（远郊新城）的亚核体系及其扩散层、轴环连线所组成的一种地域结构，这一过程称为大城市都市区多核紧凑地域结构的城市空间增长过程。本研究中大都市区多中心地域结构是指在城市中心地区，随着公共设施沿干线蔓延，出现主城与外围新中心协作共生、有机联系的一种空间集聚与扩散过程（有学者称之为“分散式的集中”）。它主要在一些巨型发达的大城市都市区中发生，是中心城区发展到一定阶段空间功能外溢的紧凑型地域重构模式。

有机多核可以被抽象为考核交通运输路线与空间上散布的城市单元的有效联系度；提倡相对大都市区超高负荷的中心城区相对独立的具有综合功能的郊区核化（suburban nucleation）过程。

（2）二级指标集合

1）主核规模

2）次核数量、规模及层级关系、核心距

① 伯顿（Burton），2002。

4．弹性适应度——空间可增长性

（1）内涵

大都市地域空间系统的弹性，可以理解为围绕区域空间结构系统固有的基准，在保持本质特征前提下的可变性。或者可以理解为大都市地域结构面对外部环境变化超前的预见性、自我调整与修复的适应性及“以变应变”的灵活性[①]，它是事物抵抗环境变化的同时自身仍能保持长久生命力的核心能力。

（2）二级指标集合

1）城市绿量（缓冲能力）

市区人均绿地面积、都市区绿化覆盖率。

2）用地可增长性（蓄容能力）

建设用地储量、建设用地增速。

3）城市地铁线路总长度（消化能力）

中心城区地铁总长度、都市区外围地铁总长度。

3.4　武汉都市区空间结构优化的四维测评体系建构

3.4.1　区域协调度

1．离散度检验

在世界城市等级体系中，新的劳动分工模式已经促使大多数世界级、国际区域级大城市超越地理区位及腹地限制，走向全球网络化。根据世界城市等级划分，11个大城市都市区中，纽约、伦敦、巴黎、东京在第1级世界城市顶层，北京、上海、首尔、芝加哥在第1级世界城市下层，广州在第2级世界城市中层，深圳在第3级世界城市中层，南京则在第3级世界城市下层。武汉目前并不在世界城市体系中，武汉属于最有潜力成为第3级世界城市的城市之一。

2．聚类分析

从世界城市等级划分框架中可见，武汉目前位于第3级世界城市的候补梯队，其目前的区域协调度与南京、成都等城市较为接近，可往广州、深圳、北京、上海及首尔等高等级世界区域型城市方向发展（表3-3）。

---

① 辞海。

世界城市体系中城市类型及级别聚类分析　　表3-3

自然环境及区位条件类型	城市
全球中枢型	纽约、伦敦、东京、巴黎
海港门户型	纽约、东京、首尔、上海、深圳
山水复合型	首尔、北京、广州、南京、武汉

3．单指标体系的目标区间确定

武汉市空间开放格局的参考城市近期为南京，远期为广州、深圳，远景为首尔、上海、北京（表3–4）。

世界城市体系中参考城市类型及指标聚类分析　　表3-4

分期	城市	新城最远离心距（km）	200km和100km半径腹地内城市（人口大于50万人）数量（个）	行政边界的跨越和自然环境限制的突破与利用
远景	首尔/京畿道	80	9	山区新城产业特色化、柔性化发展（特色手工业）；核心高端化、区域开敞化融合发展
	北京	35	7	西部山区走特色文化创意产业之路、北部山区走科教文化创新之路
	上海	40	11	全域开放，双扇面辐射
远期	广州	58	17	
	深圳	30	16	
近期	南京	26	17	
	武汉	20	13	

①近期的目标新城离心距为30km左右，远期为60km，远景为走向区域的离心距80km左右的新城。

②都市区中心向外辐射200km半径范围内，区域协调化的格局为：培育都市区近域城市的成长，增强都市区腹地实力。近期培育都市区腹地2～4个大中城市，远期培育5～9个大中城市，远景培育>10个综合实力的大城市。

③自然屏障突破及行政跨界融合的行动指南。

武汉市属于典型的山水复合型城市，具有与南京、广州、北京、首尔等典型大城市相类似的大山大水大平原的复合地形特征，在走向区域协调与开放融合的大方向上，如何突破行政壁垒，近期可借鉴南京市强调多心开敞、拥江发展的远郊特色培育；远期应学习深圳的有机生长与跳跃发展，大项目主题新城培育（大运新城）模式，广州均衡化的内生发展机制与国家新区政策驱动下的跨越式发展；远景则参考北京换血式的城市更新与主导功能重组——重型工业整体转移与文化创意产业模块的崛起，上海全面开放，双扇面辐射的国际门户及世界城市的中心地位确定，首尔东部山区产业特色化、柔性化发展（特色手工业），核心升级，高端集聚化、国际开敞化、区域融合发展（表3-5）。

武汉都市区区域协调与开放融合目标值区间　表3-5

新城最远离心距（km）			200km半径腹地内大中城市数量（个）			区域协调与开放融合行动		
近期	远期	远景跨区域	近期	远期	远景跨区域	近期	远期	远景跨区域
30	60	80	3～5	7～10	＞12	远郊特色新城培育	大项目、政策新区驱动全域联动发展	多扇面辐射区域，跨界对接，多元融合（山区特色产业柔性化发展、文化创意化转型）

3.4.2　紧凑集约度

1. 离散度检验

检验结果：12个城市四个维度的数据结果离散度太大（标准差过大，有效区间过长，均值与范围值的参考价值失效）。

描述统计量　表3-6

圈层	N	极小值	极大值	均值	标准差	方差
核心区	12	4907	35487	18153.17	8623.86	68173456.83
近郊圈	12	886	8935	3659.67	2604.95	6220265.56
远郊圈	12	214	2361	761.58	687.59	429798.33
都市区	12	625	4950	2169.67	1402.84	1803963.22

通过对11个大城市都市区空间圈层密度的方差与标准差运算整理，可得各城市的3个圈层密度是一个极度离散的数据区位值（表3-6），说明各大城市的空间密度差异很大，故11个大城市的各圈层范围值有效区段极大，过于离散的均值作为武汉

市圈层发展标准的参考价值都极其微弱。故根据12个大城市的空间圈层密度分布用SPSS进行聚类分析可找到武汉所属的“圈层分布近似城市堆”（图3-3）。

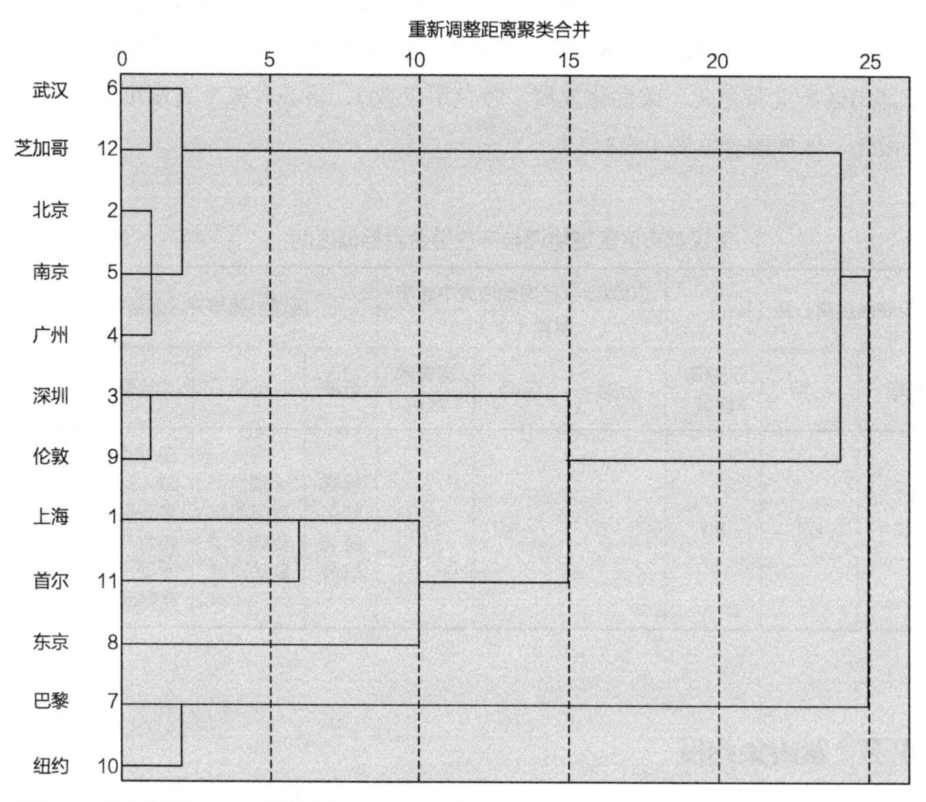

图3-3　12个大城市都市区圈层密度SPSS聚类分析图

2．聚类分析

在近似城市堆中取其平均值作为一般的标准，最高值与最低值可以作为武汉市圈层发展的限值，以检验武汉市各圈层发展密度的合理性（表3-7～表3-9及表2-6）。

12个大城市都市区圈层分布的空间层级聚类结果一览表　　表3-7

类型	城市
Ⅰ	武汉、芝加哥、北京、南京、广州
Ⅱ	深圳、伦敦、上海、首尔、东京
Ⅲ	巴黎、纽约

与武汉都市区圈层格局近似的城市圈层密度规划比较　　表3-8

城市	核心区			近郊圈			远郊圈			都市区		
	面积（km^2）	人口（万人）	密度（人/km^2）	面积（km^2）	人口（万人）	密度（人/km^2）	面积（km^2）	人口（万人）	密度（人/km^2）	面积（km^2）	人口（万人）	密度（人/km^2）
北京	1381	1228	8892	6319	653	1033	8878	189	213	7607	1881	2473
广州	1075	724	6735	2240	352	1571	4119	187	454	7434	1263	1699
南京	401	388	9676	2867	253	883	3355	178	531	2947	588	1995
芝加哥	606	287	4736	4444	411	925	5030	151	300	10080	1102	1093
武汉	678	503	7419	2583	277	1072	5911	320	541	3261	780	2392

武汉未来发展空间密度值区域（按照行政单元的圈层分布格局）　　表3-9

核心区（人/km^2）		近郊圈（人/km^2）		远郊圈（人/ km^2）		都市区（人/km^2）	
平均值	区间值	平均值	区间值	平均值	区间值	平均值	区间值
20685	15219~35487	3031	1795~6514	458	389~613	2076	1432~4500

3.4.3　有机舒展度

1．离散度检验

模糊聚类结论：武汉新城在模糊聚类中呈现鲜明的短区间集聚特征（新城的距离、规模的同构性很大，国内外七十几个新城聚类中呈排序扎堆现象），在主要的3个类型区段中均有分布，呈现明显的空间差异性分布特征，规模有大小、距离有长短，新城主体功能类型多元化（图3-4）。

2．聚类分析

用武汉市规划的六大新城组群的距离和规模平均指标与国内外11个大城市进行聚类分析后（图3-5、图3-6），得到武汉的新城规划近似城市集合为：伦敦、上海、巴黎。

然而，伦敦和巴黎的新城都是已经从自立新城走向融合的区域城市的阶段，而武汉与其聚类接近的原因很大程度上是因为武汉“新城组群”的整体规模都与其较接近。武汉的新城组群实质是尚未实现自立的工业模块群，不能称其为真正意义上的综合自立的新城。

因此，这种模糊化的六大新城组群模式是一种工业城市巅峰时期的阶段状态，

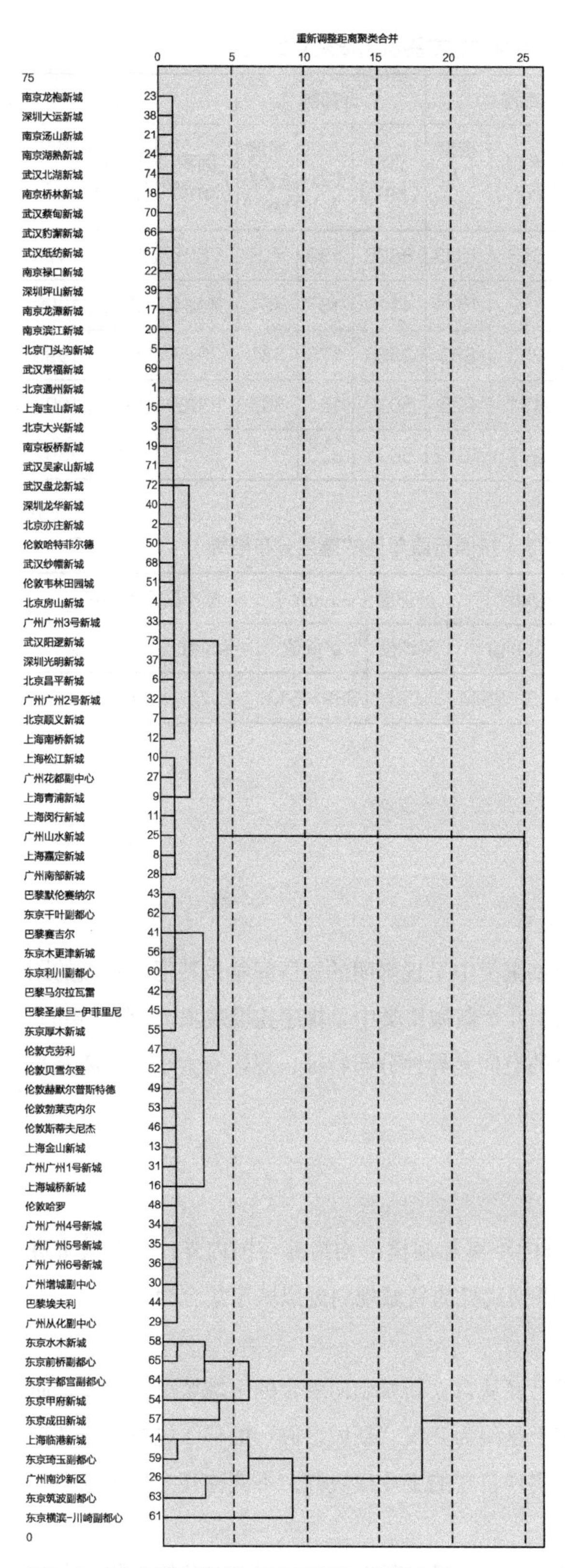

图3-4　9个大城市新城与核心区距离、规模分析

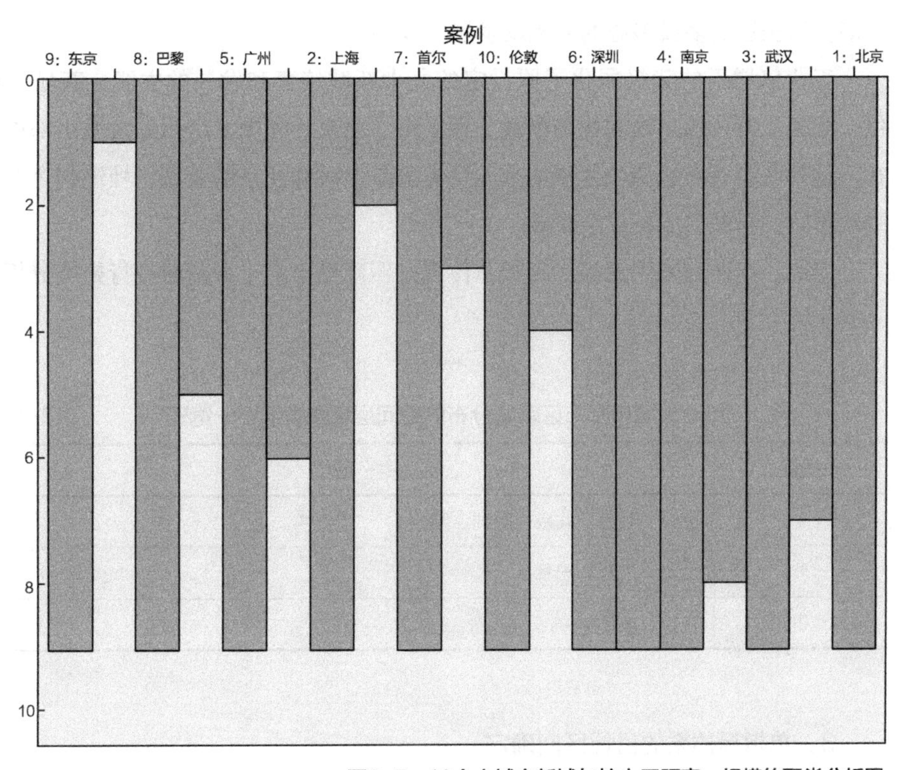

图3-5　10个大城市新城与核心区距离、规模的聚类分析图

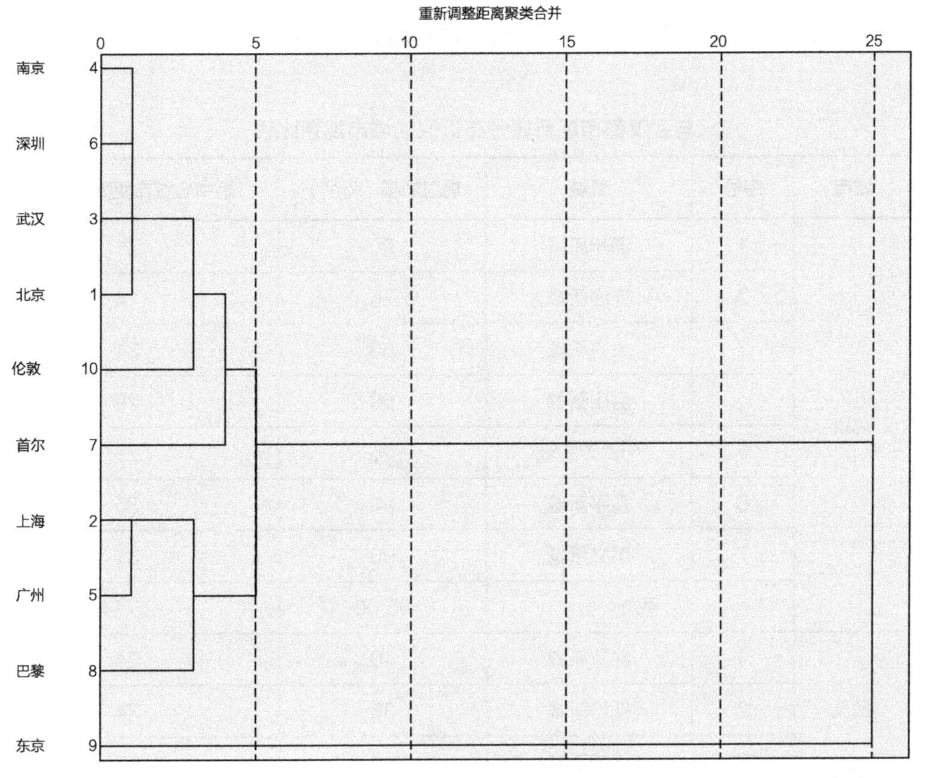

图3-6　重新调整距离的10个大城市新城聚类分析图

不能作为长远的多级多心的大武汉发展主线。

工业倍增下的武汉弱化了原设定的九大新城培育和发展的主线，新城发展定位、规模、特色均越发同构与模糊。而上海、北京、深圳、广州等大城市都市区均在近远郊区拉开新城错位发展的框架，尤其是上海和北京的新城，杜绝朝令夕改的政策影响，新城的成长日渐成熟。

因此，本研究采用武汉2010版总体规划明确提出的十大新城进行聚类分析（表3-10）。

10个大城市都市区新城分布的空间层级聚类结果一览表　　表3-10

类型	城市
I	武汉、南京、北京、深圳、伦敦
II	上海、广州、巴黎
III	东京、首尔

3．单指标体系的目标区间确定

在近似城市堆中取其平均值作为一般的标准（表3-11、表3-12），最高值与最低值可以作为武汉市圈层发展的限值，以检验武汉市各圈层发展密度的合理性。

与武汉都市区新城分布近似的城市规划比较　　表3-11

城市	序号	新城	规划规模（km^2）	距中心城市距离（km）
北京	1	通州新城	90	21
	2	亦庄新城	70	14
	3	大兴新城	60	21
	4	房山新城	60	29
	5	门头沟新城	25	25
	6	昌平新城	60	35
	7	顺义新城	90	31
	平均		65.00	25.14
武汉	1	豹澥新城	40	24
	2	纸坊新城	35	24
	3	纱帽新城	10	33

续表

城市	序号	新城	规划规模（km^2）	距中心城市距离（km）
武汉	4	常福新城	30	27
	5	蔡甸新城	20	23
	6	吴家山新城	40	16
	7	盘龙新城	30	17
	8	阳逻新城	45	30
	9	北湖新城	5	24
	平均		28.33	24.22
南京	1	龙潭新城	88	26
	2	桥林新城	110	22
	3	板桥新城	54	15
	4	滨江新城	38	26
	5	汤山新城	57	20
	6	禄口新城	70	26
	7	龙袍新城	74	20
	8	湖熟新城	26	24
	平均		64.63	22.38
深圳	1	光明新城	28	30
	2	大运新城	14	20
	3	坪山新城	35	25
	4	龙华新城	23	12
	平均		25.00	21.75
伦敦	1	斯蒂夫尼杰	23	50
	2	克劳利	18	47
	3	哈罗	24	40
	4	赫默尔普斯特德	26	47
	5	哈特菲尔德	8.8	32
	6	韦林田园城	16	35
	7	贝雪尔登	18	48
	8	勃莱克内尔	17.1	45
	平均		18.86	43.00

与武汉都市区新城规划近似的城市新城布局比较　　表3-12

城市	新城数量（个）			新城平均规模（km^2）		新城平均距离（km）	
	近郊	远郊	总数	近郊	远郊	近郊	远郊
北京	3	4	7	48	78	25	36
南京	7	2	9	61	79	22	34
深圳	3	1	4	29	35	19	38
伦敦	0	8	8	—	19	—	43
武汉	7	2	9	29	28	22	32

结论：武汉市新城规划格局的参考城市堆为伦敦、南京、北京及深圳。

武汉都市区新城格局目标值区间见表3-13。

武汉都市区新城格局目标值区间　　表3-13

项目	新城数量（个）			新城距离（km）			新城规模（km^2）		
	近郊	远郊	跨区域	近郊	远郊	跨区域	近郊	远郊	跨区域
平均值	4	3	8	22	36	43	46	64	19
区间值	3~7	1~4	5~8	19~25	35~38	40~45	29~61	35~79	20左右

3.4.4 弹性适应度

1. 离散度检验

（1）城市绿度（表3-14）

世界典型大城市都市区绿度指标一览表（2004—2006年）　　表3-14

城市	市区人均绿化面积（m^2）	都市区绿化覆盖率（%）
东京	5.3	63
纽约	19.2	37
伦敦	42	65
巴黎	19	56
首尔	12	49
香港	15	49.5

续表

城市	市区人均绿化面积（m^2）	都市区绿化覆盖率（%）
上海	7	40
北京	12.6	54.4
南京	13	56
广州	15	53
深圳	6	50
武汉	10.5	50

（2）土地储备量及开发速度（表3–15）

世界典型大城市都市区土地储备量及开发速度一览表　　表3–15

城市	土地储备规模（km^2）	年均土地利用规模（km^2）
北京	337	33.7
上海	390	39
南京	240	24
广州	342	34.2
深圳	176.52	17.7

（3）地铁线总长度（表3–16）

世界典型大城市都市区地铁线总长度指标一览表（2013年）　　表3–16

城市	市区地铁线总长度（km）	都市圈外围地铁线总长度（km）
东京	304	3100
纽约	368	1600
伦敦	461.6	3070
巴黎	215	1629
首尔	287	921
香港	91	—
芝加哥	173	—
上海	420	642
北京	442	77（430）

续表

城市	市区地铁线总长度（km）	都市圈外围地铁线总长度（km）
南京	140（420）	
广州	236	
深圳	178	
武汉	72/292（规划）	

2．聚类分析

SPSS对以上三个维度的城市集分别进行聚类分析后，得出武汉在城市绿度维度的归属城市群类为：香港、首尔、北京、南京、广州（表3-17）。

武汉都市区绿度目标区间值　　表3-17

城市	市区人均绿化面积（m^2）	都市区绿化覆盖率（%）
首尔	12	49
香港	15	49.5
北京	12.6	54.4
南京	13	56
广州	15	53
平均值	13.5	52.4
范围值	12～15	50～56

在土地储备量及开发速度维度的归属城市群类为：北京、上海、广州、南京、深圳（表3-18）。

武汉都市区土地储备量及开发速度目标区间值　　表3-18

城市	土地储备规模（km^2）	年均土地利用规模（km^2）
北京	337	33.7
上海	390	39
南京	240	24
广州	342	34.2
深圳	176.52	17.7

续表

城市	土地储备规模（km^2）	年均土地利用规模（km^2）
平均值	297	29.7
范围值	180～390	20～40

在地铁线总长度维度的归属城市群类为南京、广州、北京（表3–19）。

武汉都市区地铁线总长度参考目标区间　表3–19

城市	市区地铁线总长度（km）	都市圈外围地铁线总长度（km）
南京	140（420）	25（60）
广州	236	39
北京	442	77（430）
平均值	366	60
范围值	240～440	40～80

3. 单要素体系的目标区间确定

3个子维度叠加后，得出武汉都市区的弹性适应度目标值区间见表3–20。

武汉都市区弹性适应度目标值区间　表3–20

城市绿度		土地储备量及开发速度		地铁线总长度	
市区人均绿化面积（m^2）	都市区绿化覆盖率（%）	土地储备规模（km^2）	年均土地利用规模（km^2）	市区地铁线总长度（km）	都市圈外围地铁线总长度（km）
12～15	50～56	300	30	366	60

3.4.5　武汉都市区空间发展综合评价指标体系的合成

寻找与武汉都市区空间发展四个维度分别最接近的城市集合。将聚类分析后的参照目标城市的均值作为武汉未来空间发展维度的目标值，其最大值与最小值之间的范围值为该维度空间发展的合理区段，两个极值为空间发展临界底限（表3–21）。

武汉大都市空间发展综合评价指标体系　　表3-21

维度	二级指标		标准区间
区域协调度	新城最远离心距（km）		30；60；80
	200km半径腹地内大中城市数量（个）		7～12（2～4个大城市，5～10个中等城市）
紧凑集约度	分圈层人口密度	核心区（人/km^2）	21000
		近郊圈（人/km^2）	3000
		远郊圈（人/km^2）	500
有机舒展度	近郊	新城数量（个）	3～7
		新城规模（km^2）	29～61
		新城距离（km）	19～25
	远郊	新城数量（个）	1～4
		新城规模（km^2）	35～79
		新城距离（km）	35～38
	跨区域	新城数量（个）	5～8
		新城规模（km^2）	20左右
		新城距离（km）	40～45
弹性适应度	城市绿度	市区人均绿地面积（m^2）	12～15
		都市区绿化覆盖率（%）	50～56
	土地储备量及开发速度	土地储备规模（km^2）	300
		年均土地利用规模（km^2）	30
	地铁线总长度	市区地铁线总长度（km）	366
		都市圈外围地铁线总长度（km）	60

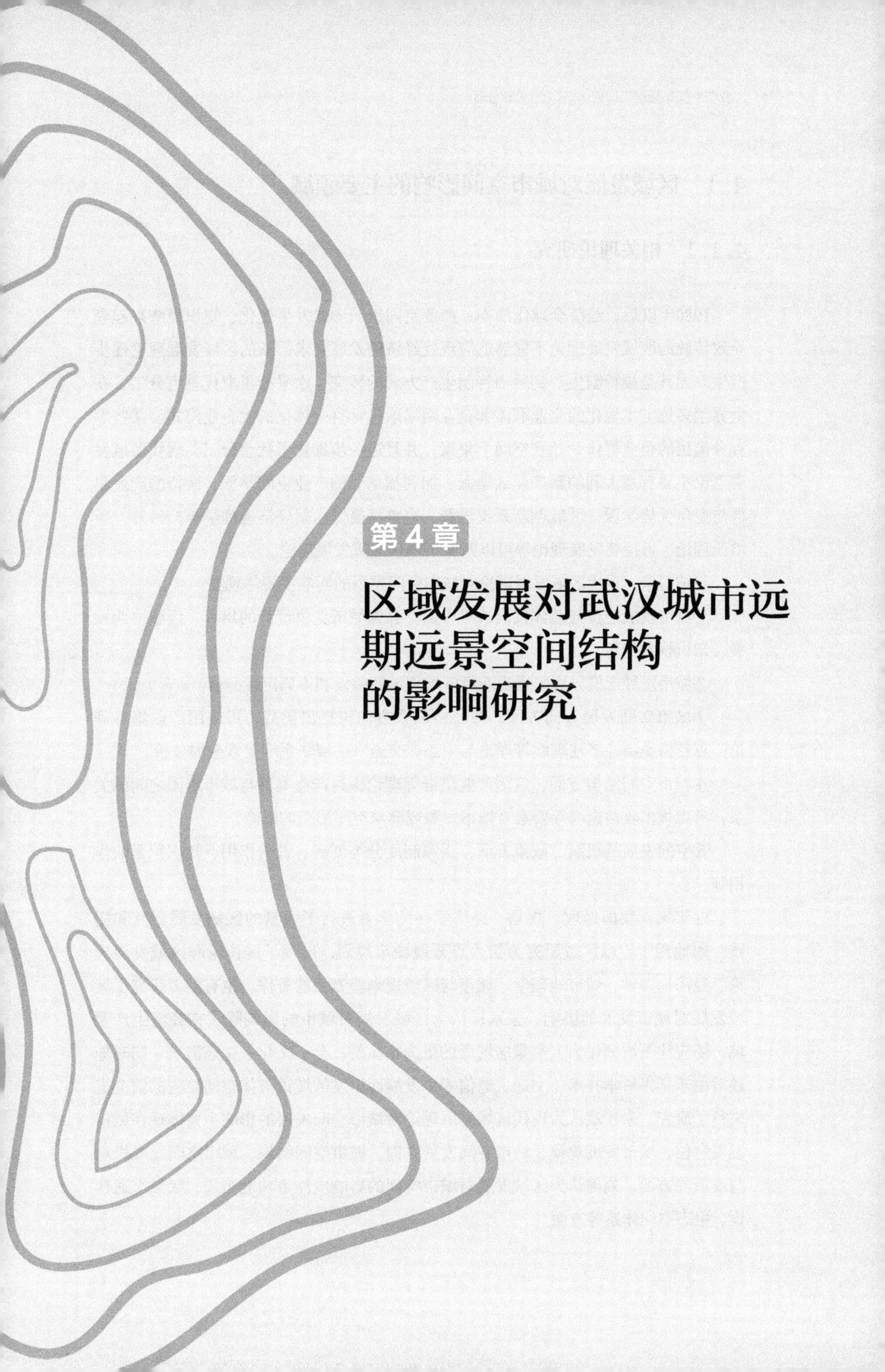

第 4 章

区域发展对武汉城市远期远景空间结构的影响研究

4.1 区域发展对城市空间影响的主要领域

4.1.1 相关理论研究

1980年以后，经济全球化加剧、产业空间组织形式发生变化、知识经济兴起等导致传统的区域发展理论不能够适应现代经济的发展要求，新的区域发展理论逐步产生。尤其是福特制生产到后福特制生产方式的转变，水平分工取代垂直分工。在世界很多地方本地化的企业群体和企业网络取代垂直一体化的大企业模式。某些垂直分离出的企业群体开始在空间上集聚，并且进一步细化了社会分工。现代区域发展理论主要有意大利的新产业区学派、加利福尼亚的产业空间学派、波特的产业集群与竞争优势学派、区域创新系统学派、克鲁格曼等的新经济地理学等；另外，新增长理论、可持续发展理论等可以归属于现代区域发展理论。

归纳起来，现代区域发展理论对城市空间发展的影响主要体现在：

①城市发展定位与总体发展战略方面，强调城市竞争优势的培育、区域协调发展、知识技术创新。

②城市发展规模方面，重视新经济地理学的假设和不确定性分析。

③城市空间发展方向方面，对经济联系方向论提出挑战，可应用产业集群理论、克鲁格曼新经济地理学等理论与生态、交通、区域联系等要素叠加分析。

④城市空间结构方面，应用产业集群等理论探讨产业集群与城市组团之间的关系，考虑规模收益递增等要素对城市发展规模与空间形态的影响。

⑤空间发展的机制与政策方面，强调制度分类创新、人的作用、知识积累的作用等。

近年来，我国地理、规划、经济学界的学者进行了大量的区域发展研究和实践，如地理学界以区域研究为切入点开展城市规划，出现了区位论和区域发展理论、经济地理学、城市地理学、城市与区域规划等方面的著作。也有学者研究了区域发展对城市发展的影响。张京祥认为区域发展对城市的影响除了在经济生产领域，还应注重城镇作为人类聚居场所的更为本质的社会、文化、生态需求。同时他还对由于新兴科学技术（交通、通信等）发展而引发的城镇群体空间结构的演变进进行了研究。朱才斌认为现代区域发展理论对城市空间发展的影响主要体现在城市发展定位、城市发展规模、城市空间发展方向、城市空间结构、城市空间发展机制与政策等方面。刘健认为区域发展对城市空间的影响应注重功能布局、区域交通建设、生态空间体系等方面。

4.1.2　区域发展对城市空间影响的要素

区域发展对城市空间影响的主要领域表现在以下几个方面：

1．功能发展

城市经济的发展影响着整个区域经济的发展。城市经济对于整个区域来说，其具有强大的聚集功能、扩散功能、辐射和带动功能、创新功能等，是整个区域经济的龙头。其发展程度关系着整个区域经济的发展程度。中心城市在区域城市的形成和发展中起着核心作用，是人口、产业集聚的引力中心。然而，区域发展也会影响城市功能的发展。

世界几大城市密集区在长期的发展中，逐渐形成了结构合理、有机联系的大都市圈城镇群体系，主要城市间的主要职能呈现分工明确。如纽约大都市圈，纽约是世界金融经济中心，波士顿是科技文化中心，华盛顿是政治文化中心，费城和巴尔的摩是制造业基地等，这些城市以世界为功能拓展区，形成了不同范围与层次的城市体系。各个大城市都市区承担着不同的功能，而整个城市密集区保持功能的完整性，是多种城市职能作用的复合体，其中每个城市各具独立性和特色。

2．基础设施建设

区域基础设施建设对城市空间发展也有着重要的影响，可以改变可达性，从而影响土地利用的方式，进而影响地域空间结构的变化。区域交通廊道、港口等重大基础设施建设，对其周围区域的空间格局、经济发展和社会生活产生不同程度的影响。

日本太平洋沿岸城市带由东京、名古屋、大阪3个城市圈组成，包括大、中、小各级城市达310个。日本11个百万人口以上的大城市中有10个位于这里。该城市带长600km余，宽100km余，占全国总面积的31.7%；人口约7000万人，占全国总人口的63.3%。它集中了日本2/3的工业企业、3/4的工业产值和2/3的国内生产总值。日本在太平洋沿岸建设了以东海道新干线为主轴的快速轨道交通网，可在3h之内将京滨、中京、阪神三大城市圈有机地连接起来，使产业发展环境显著改善，促进了太平洋沿岸城市带和新干线产业带的形成。

作为区域一体化的一个重要特征，在快速交通、信息技术等支撑下，城市密集区范围内时空距离大大缩短，人们在居住、就业、游憩、娱乐、教育等方面，可以在更大范围内进行选择。巴黎大区在1965年6月公布的巴黎地区规划中就提出修建联系巴黎城区与卫星城的配套工程、高等级公路、高速地铁等，从而实现巴黎市与巴黎大区的协调发展（图4–1）。巴黎都市圈现已形成以巴黎为核心总长587km的8

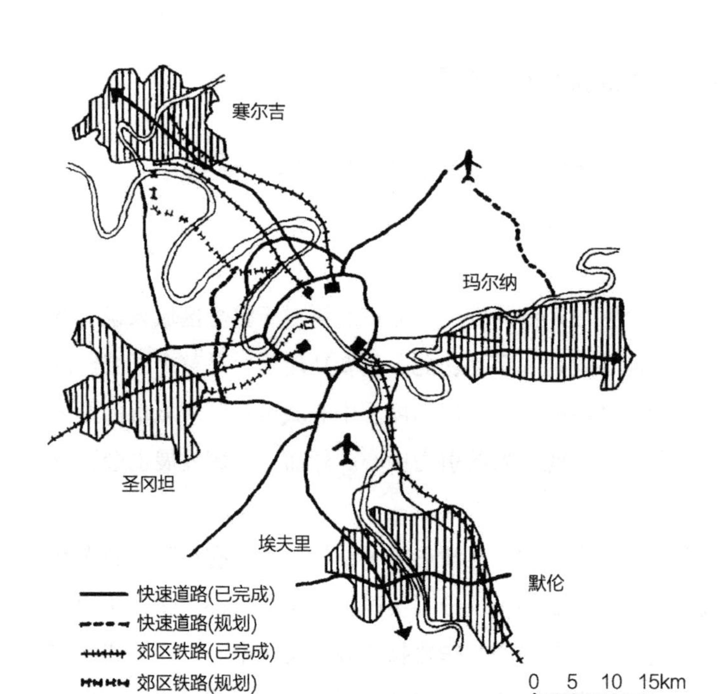

图4-1　大巴黎地区一体化交通

条市郊铁路线和5条区域铁路线，以及总长210km的14条城市轨道交通线路，形成了都市圈内完善的轨道交通网络，轨道交通高峰小时分担率达到75%，年客运量平均约12亿人次。

3．生态环境保护

城市区域发展担任着拉动国家经济增长、带动和辐射其他地区发展、解决更多人口就业的重要任务，以资源投入和消耗为主要增长动力的粗放式增长方式，忽略了生态成本，使生态环境恶化和环境污染成为区域发展普遍的问题。因此，区域生态环境保护已成为各界共识，区域生态空间格局也会影响城市空间的发展。

荷兰兰斯塔德城市群长期谋求构建“田园城市”，荷兰政府针对兰斯塔德城市群区域发展的问题，成立了专门的规划委员会，以研究解决兰斯塔德城市群发展过程中所遇到的各种问题，统筹区域生态建设及环境保护。其发展纲要指出：保留历史上形成的多核心的都市区结构；借助于“绿色缓冲区”形成城市之间的空间分隔；中央政府以收购土地或建立游憩项目的方式防止城市连成一片；保留区域中心的农业用地，使之成为大面积的“绿心”（见图4-2）。力图通过统筹区域生态空间保护，将兰斯塔德城市群建设成分散型和生态型的大都市区，以避免现有大都市区的种种弊病。

长株潭城市群的长沙、株洲、湘潭3个大城市沿湘江布局，3座城市在发展过程中达成共识，充分利用3个中心城市的边缘交界地区的丘陵与盆地打造生态绿心（图4–3）。通过湘江作为生态连接带连接绿心及各个城市的绿楔，构建合理的区域生态空间结构，形成田园、河流、湖泊、青山交织的良好生态环境，以控制城市区域无序蔓延。

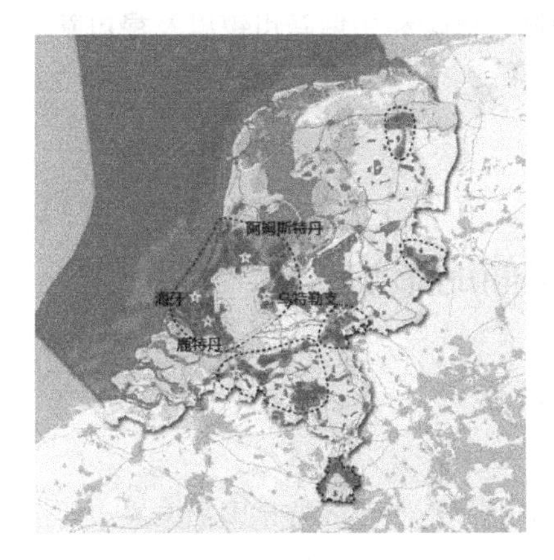

图4–2　兰斯塔德城市群生态绿心

资料来源：武汉市生态框架保护规划，武汉城市规划设计院，2008。

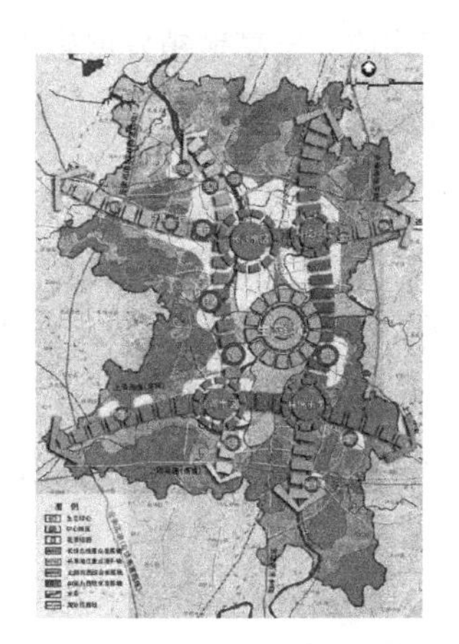

图4–3　长株潭生态绿心——农业开敞区生态极核

资料来源：长株潭城市群区域提升规划，中国城市规划设计研究院，2008。

4．空间开发

区域发展对城市空间的发展方向也有着重要的影响。按照产业集群理论、克鲁格曼新经济地理学等理论，城市空间发展与经济联系方向关系密切。

长三角区域发展对南京城市空间发展有着重要的影响。南京新版总体规划构建以主城为核心，以放射形交通走廊为发展轴，以生态空间为绿楔，“多心开敞、轴向组团、拥江发展”的现代都市区格局（图4–4）。

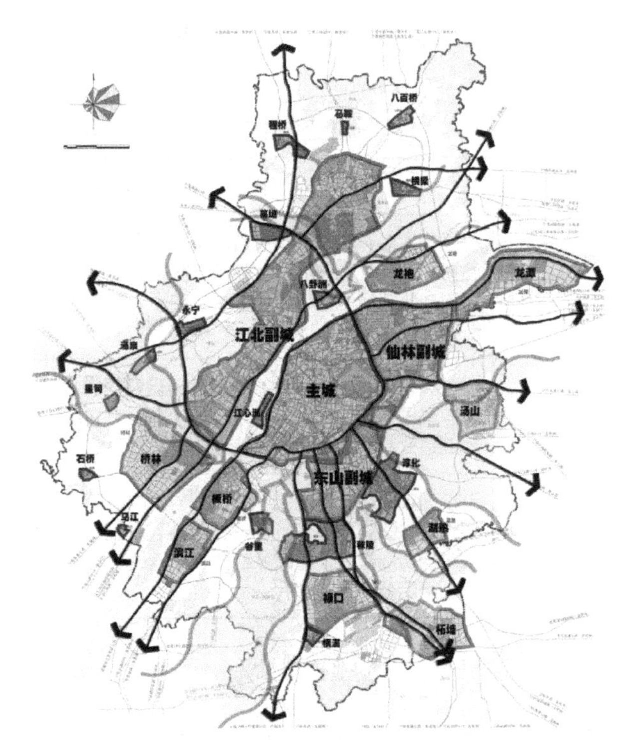

图4–4　南京都市区空间结构规划图

都市区内形成“一带

五轴”的城镇空间布局结构。“一带”为江北沿江组团式城镇发展带，主要由江北副城、桥林新城和预留的龙袍新城构成。“五轴”是以主城为核心形成的五个放射形组团式城镇发展轴：沿江东部城镇发展轴由仙林副城和龙潭新城构成；沪宁城镇发展轴由仙林副城和汤山新城构成；宁杭城镇发展轴由东山副城、预留湖熟新城和淳化新市镇构成；宁高城镇发展轴由东山副城、秣陵和柘塘新市镇以及禄口新城构成；宁芜城镇发展轴由板桥新城、滨江新城构成。

4.2　区域功能发展对武汉城市空间的影响

4.2.1　长江经济带层面武汉的功能发展

作为国家“两纵两横”开发线中的一条主轴，长江经济带是国家未来十年战略部署的集中体现。长江经济带是中国重要跨省行政边界的大区域合作，各省产业比较优势明显，互补性强：西南各省自然资源丰富；中部地区人才优势突出；长三角地区工业、服务业发达。长江流域各地区的资源和产业存在强烈互补性：长三角具有资金、技术、人才、信息、管理优势；西南、中部等其他省区具有劳动力、能源和资源优势，彼此互为补充。长江经济带中上海为龙头、武汉为龙腰、重庆为龙尾，这三大城市也分别是各自区域的中心城市（表4-1）。

长江经济带各中心城市主导职能及特色　　表4-1

中心城市	主导职能及特色
上海	中国国家中心城市，中央直辖市；拥有副省级、国家级新区——浦东新区及国家级战略金融中心“陆家嘴”。上海城市发展的战略定位已经明确为建设“四个中心”，目标是要形成国际经济、金融、贸易、航运中心基本功能，形成走在全国前列的高新技术产业和战略性新兴产业体系
重庆	中央直辖市；拥有副省级、两江新区及国家级战略金融中心“江北嘴”。重庆的五大定位：我国重要的中心城市之一、国家历史文化名城、长江上游经济中心、国家重要的现代制造业基地、西南地区综合交通枢纽
武汉	武汉为我国中部地区的中心城市，全国重要的工业基地、科教基地和综合交通枢纽。按照2049战略规划，武汉未来的发展总体目标是建设国家中心城市，提出“一枢纽三中心”的功能建设，即国家综合交通枢纽、国家商贸流通中心、国家先进制造业中心、国家创新示范中心

长江经济带的战略定位，一是依托长三角城市群、长江中游城市群、成渝城市群；二是做大上海、重庆、武汉三大航运中心；三是推进长江中上游腹地开发；四

是促进“两头”开发开放，即上海及中巴（巴基斯坦）、中印缅经济走廊。

长江经济带处于长江流域中心位置，交通枢纽地位突出，自然资源丰富，产业基础较好，城镇体系完备，是湖北省东、西两大区域联系的天然纽带。但是，这一经济带基础设施建设滞后，资源整合不充分，产业竞争力不强，环境保护压力较大。要按照省委、省政府的部署，以加强基础设施建设为基础，以推进新型工业化、城镇化为主题，以发挥长江水资源优势、促进特色产业发展为核心，加快经济带的新一轮开放开发，真正成为全省经济发展的主轴。

按照规划，湖北计划把长江经济带建成引领湖北经济社会发展和促进中部地区崛起的现代产业密集带、新型城镇连绵带、生态文明示范带。

长江经济带加速长江航道建设，影响最大的还是第三产业，尤其是物流和旅游两方面。就物流而言，湖北东部的武汉将被构建成现代服务业核心区，而西部的宜昌则力争成为区域性服务业中心区。在旅游业跨江合作方面，湖北也将借鉴江苏跨江联合开发模式，先行选择黄石市与对岸的浠水县，按照市县协商、利益共享的原则进行跨江联合开发试点；积极推进赤壁、洪湖跨江协作，以兴建赤壁乌林长江大桥为突破口，以三国文化旅游、温泉休闲疗养合作为重点，共建长江中游新兴旅游目的地，推动经济融合发展。

武汉地处长江中游，具有“承东启西”的战略区位，顺江而下连接长三角核心地区，可承接长三角核心区的产业转移，溯江而上连通川、渝，可充分利用其劳动力和资源优势，两者的结合将成为武汉发展的强大动力。在区域合作背景之下，武汉将成为长江中游的经济中心，可以重点发展长江经济带全国物流中心、生产性服务业中心。

4.2.2　中三角层面武汉的功能发展

（1）武汉是中三角区域的门户城市，主要承担生产性服务业中心、先进制造业中心。

1）生产性服务业（GaWC100）分析

中三角区域共布局有29家GaWC100企业，其中，武汉18家，占62%，远多于其他城市（长沙6家，南昌3家，宜昌1家，株洲1家）。武汉的世界生产性服务业企业在中三角区域分支机构数量最多。

GaWC100企业中，共有19家企业在湖北设立分支机构，其中会计、银行企业最多，分别是7家和6家，其中包括3家管理咨询公司。分支机构共29个。

在29家GaWC100企业中，有18家企业在武汉设立分支机构，说明世界生产性服务业企业把武汉作为进入中三角市场的门户城市。武汉是世界生产性服务业企业在中三角区域设立分支机构的首选地。

2）财富500强分析

按区域来分，武汉是中三角区域财富500强外资企业分支机构数量最多的城市。2012年，世界500强外资企业在中三角设立分支机构共86个。其中，武汉45个，占52%；长沙17个，占20%；南昌8个，占9%。3个省会城市共占中三角区域的81%。

按产业来分，中三角制造业嵌入全球价值链的形式以制造加工环节为主。在世界500强制造业外资企业机构中：制造加工环节分支机构有45个，占78%；采购销售环节分支机构有8个，占14%，大部分在武汉；研发环节分支机构有5个，占8%，均在武汉。

生产性服务业优势突出，需进一步优化提升。武汉的世界生产性服务业企业在中三角区域分支机构数量最多，中三角、长三角所有城市中，武汉2010年生产性服务业企业分支机构数量仅次于上海、南京、杭州。金融、物流等生产性服务业优势突显，2010年武汉金融占GDP超过6%，居中部第1位（图4-5）。武汉是三方物流、快递、电子商务等服务业首选的中部地区中心，仅东西湖物流园区就有物流企业2300家。

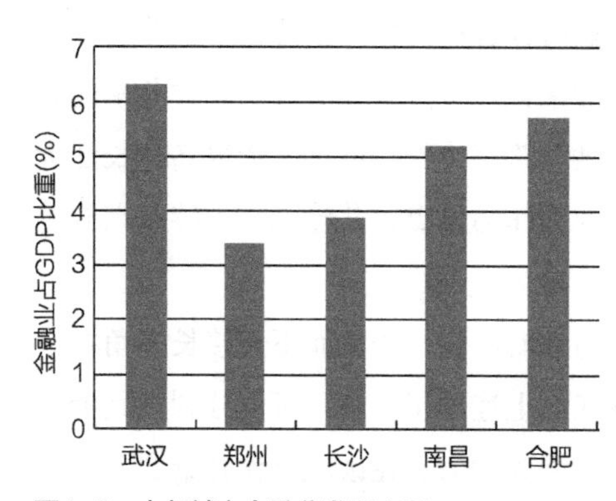

图4-5 中部城市金融业发展水平

武汉技术密集型产业优势明显，打造其成为高端制造业中心。世界500强制造业外资企业在中三角的45个分支机构中，武汉集中了全部的研发与大部分的采购销售分支机构。主导产业优势明显，2011年七大主导产业占工业产值的76%，比2005年增长14%；形成了汽车及零部件、装备制造、钢铁及深加工、电子信息四大千亿元产业（表4-2、图4-6）。

武汉七大主导产业产值变化情况（2000—2011年） 表4-2

序号	武汉七大主导产业	2011年产值（亿元）	2011年比重	2000年比重	比重变化
1	汽车及零部件	1334	16%	9%	7%
2	装备制造	1081	13%	7%	6%
3	钢铁及深加工	1029	12%	12%	0%
4	电子信息	1011	12%	6%	6%
5	食品烟草	843	10%	7%	3%

续表

序号	武汉七大主导产业	2011年产值（亿元）	2011年比重	2000年比重	比重变化
6	能源环保	664	8%	3%	5%
7	石油化工	452	5%	7%	-2%
合计		6414	76%	51%	25%

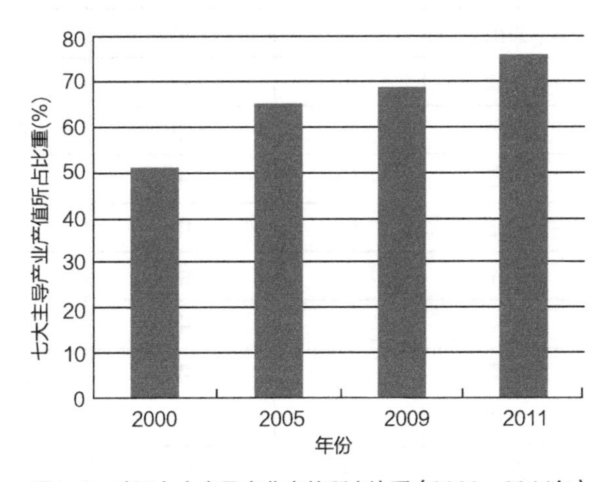

图4-6　武汉七大主导产业产值所占比重（2000—2011年）

（2）武汉是中三角区域的中心城市，应进一步强化其科教、交通、综合服务等职能发展，打造其成为科技教育中心。

1）区域城市体系的关联网络分析

①分析方法——总部分支法。

假设企业母公司在i地，分支机构在j地，则T_{ij}代表了母公司在城市i、分支机构在城市j的企业总数，T_{ji}代表了母公司在城市j、分支机构在城市i的企业总数。则以V_{ij}表征节点i、j之间的关联度。

定义：$V_{ij}=T_{ij}+T_{ji}$

②数据来源。

2010年中三角38个城市的工商局注册企业数据库。

③数据分析。

城市节点关联度分为5个层级。其中，武汉（100）为最高关联度；长沙（63）为高关联度；南昌（33）、宜昌（21）为较高关联度；襄阳等10个城市为中关联度，以湖北、湖南的城市为主；郴州等24个城市为低关联度（表4-3）。

由此可见，武汉是中三角区域城市网络的首位城市。

区域内形成以武汉为中心，以长沙、南昌、宜昌为次中心的网络格局。各省均为明显的单中心省份，一般城市之间的联系很弱。

中三角区域城市网络关联度分析　　表4-3

城市	关联度	关联层次	城市	关联度	关联层次
武汉	100	最高	张家界	4	低
长沙	63	高	荆门	4	低
南昌	33	较高	邵阳	4	低
宜昌	21	较高	鄂州	3	低
襄阳	11	中	怀化	3	低
十堰	9	中	萍乡	3	低
株洲	9	中	赣州	3	低
黄石	9	中	娄底	3	低
岳阳	9	中	抚州	3	低
荆州	8	中	宜春	3	低
衡阳	7	中	咸宁	3	低
湘潭	6	中	景德镇	3	低
常德	6	中	鹰潭	3	低
九江	6	中	上饶	3	低
郴州	5	低	永州	3	低
孝感	5	低	随州	2	低
益阳	4	低	吉首	2	低
黄冈	4	低	新余	2	低
恩施	4	低	吉安	2	低

三省间的跨省联系较少，主要通过省会城市建立网络联系。

在武汉的关联网络中，最高关联度城市是长沙；高关联度城市是宜昌和南昌；较高关联度城市为襄阳等4个省内城市（图4-7、图4-8）。

2）中三角各中心城市主导职能及对武汉的影响

中三角各中心城市主导职能及特色见表4-4。

中三角各中心城市主导职能及特色　　表4-4

中心城市	主导职能及特色
武汉	中部地区的中心城市，全国重要的工业基地、科教基地和交通通信枢纽
长沙	信息与交通中心、商贸中心、科教中心、文化中心、综合服务中心
南昌	长江中游地区重要的中心城市，国家历史文化名城。电子信息技术（全省50%）、服务外包产业（全省90%）的重要基地，大飞机项目也落户南昌

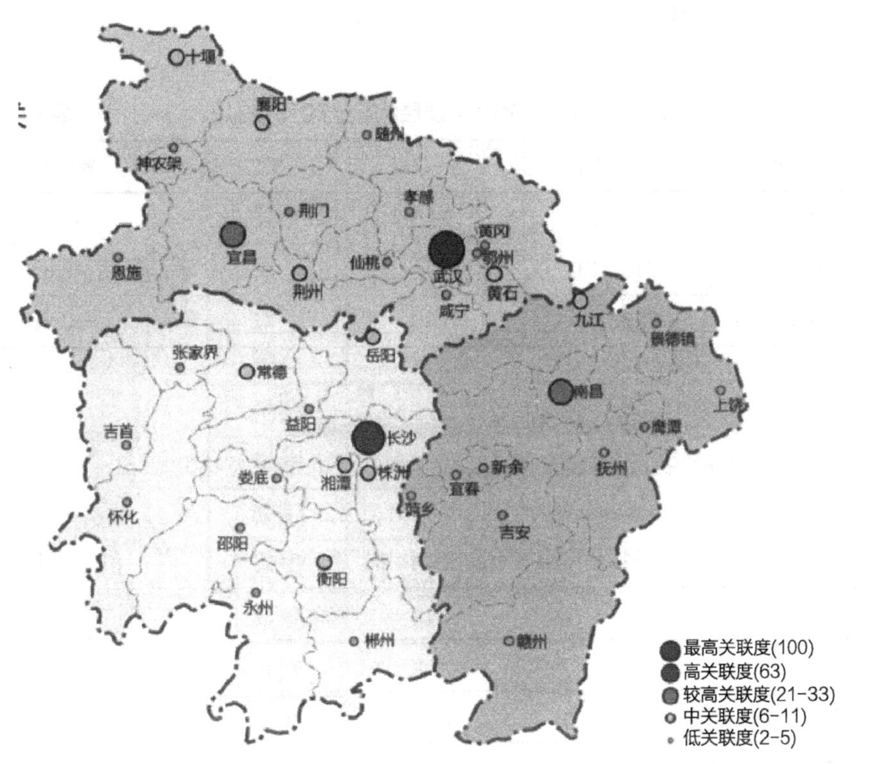

图4-7　城市节点关联度图

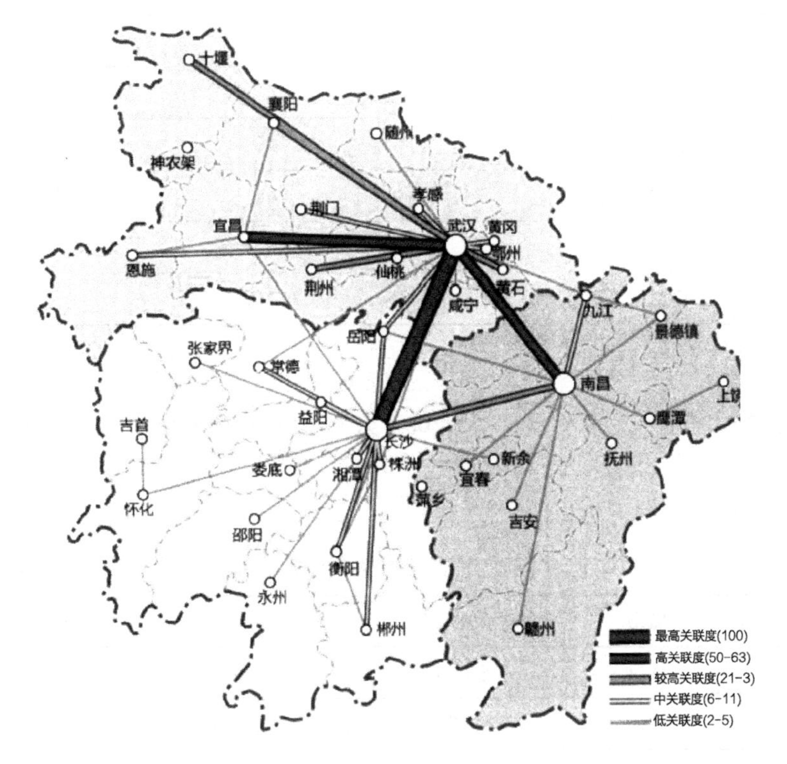

图4-8　城市关联网络图

中三角各中心城市经济发展状况见表4-5。

中三角各中心城市经济发展状况（2013年） 表4-5

中心城市	GDP（亿元）	第一产业	第二产业	第三产业
武汉	9051.27	3.7%	48.6%	47.7%
长沙	7153.13	4.1%	55.1%	40.8%
南昌	3336.03	6.3%	43.4%	50.3%

①应进一步强化武汉的科教研发职能。

武汉高校数量79所，排名全国第二位，仅次于北京（表4-6）；

2011年中国城市高校数量排行榜前十名 表4-6

排名	城市	数量（所）
1	北京	89
2	武汉	79
3	广州	58
4	南京	55
5	天津	53
6	西安	50
7	上海	49
8	长沙	46
9	沈阳	42
10	南昌	40

资料来源：武汉2049远景发展战略规划。

武汉2010年在校大学生数量接近100万人（本科生+研究生），排名全国第一位（表4-7）；

2010年中国城市各类在校大学生数量排名 表4-7

本科生排名	城市	本科生人数（万人）	研究生人数（万人）	研究生排名
1	武汉	88.14	9.94	3
2	广州	84.39	6.59	6

续表

本科生排名	城市	本科生人数（万人）	研究生人数（万人）	研究生排名
3	南京	70.61	8.73	4
4	西安	65.74	7.70	5
5	郑州	64.90	1.68	17
6	成都	61.90		
7	北京	57.80	22.50	1
8	哈尔滨	53.10	5.00	7
9	重庆	52.27	4.31	9
10	上海	51.57	11.17	2

资料来源：武汉2049远景发展战略规划。

武汉大专以上文化水平人口26%；

武汉现有科研机构687个，两院院士55位，智力资源和人才资源十分丰富。

重要国家高新技术企业的区域研发中心集聚武汉：华为全国七大研发基地之一，联想全国四大研发生产基地之一，腾讯华中地区研发中心。

②进一步提升武汉交通枢纽职能。

武汉处于中国的经济地理中心，是我国重要的综合交通枢纽。进一步重视长江黄金水道的开发和治理，提升武汉长江中游航运中心建设和航道等级。

交通部数据显示：2014年1月至5月，湖北省累计完成交通固定资产投资363.5亿元，仅次于贵州省的503亿元，排名全国第2位、中部第1位。其中，内河航运固定资产投资42.79亿元，仅次于江苏省的50.5亿元，同样位居全国第2位。

区域高速公路网将会形成。

按照国家7918高速公路网规划，中三角集聚了12条国家级高速公路干线，其中经过和紧邻武汉的有6条：

首都放射线：北京—港澳（京珠高速）；

纵线：大庆—广州（大广高速）、二连浩特—广州（二广高速）、包头—茂名；

横线：上海—西安、上海—成都（沪蓉高速）、上海—重庆（沪渝高速）、杭州—瑞丽（杭瑞高速）、上海—昆明、福州—银川（福银高速）、泉州—南宁、厦门—成都；

区域国家高铁干线网络，将会形成“武汉—黄石—九江—南昌—萍乡—岳阳—咸宁”的高速铁路环；

一纵两横的高铁干线，一纵：京广高铁；两横：沪昆高铁、沪汉蓉客运专线。

构建复合型廊道："高铁+城际"长短结合的体系。

4.2.3 武汉城市圈及近域城市层面

1. 区域发展概况

（1）武汉城市圈各中心城市产业结构分析

在产业发展阶段上，各中心城市均是"二、三、一"的产业结构。武汉第一产业的比重在4%以下，黄石为8.25%，周边其他城市第一产业的比重都在10%以上，半数接近20%，其中黄冈第一产业的比重最大，为27.2%；同时黄冈第二产业的比重最小，为39.67%，而黄石、鄂州、天门、仙桃第二产业的比重都在50%以上；武汉第三产业的比重最大，为48%，而其他8个城市第三产业的比重仅为30%左右。无疑武汉最为领先，无论是从业人员结构还是产值结构上，武汉第三产业与第二产业各占半壁江山，正从工业化中期阶段进入工业化后期阶段。处于第二集团的黄石、鄂州、潜江、仙桃还处于工业化中期的快速增长阶段。处于第三集团的孝感、黄冈、咸宁、天门仍处于工业化的初期向中期转化阶段，农业活动在国民经济中的比重仍然高达20%，第二产业比重稍高于第三产业，工业基础相对薄弱（表4-8、图4-9）。

武汉城市圈各中心城市经济发展状况（2012年）　　表4-8

中心城市	GDP（亿元）	第一产业		第二产业		第三产业	
		产值（亿元）	比重（%）	产值（亿元）	比重（%）	产值（亿元）	比重（%）
武汉	8003.82	301.21	3.76	3859.56	48.22	3843.05	48.02
黄石	1040.95	85.89	8.25	645.01	61.96	310.05	29.79
鄂州	560.39	69.23	12.35	336.43	60.04	154.73	27.61
潜江	441.76	60.30	13.65	260.20	58.90	121.26	27.45
天门	321.22	68.97	21.47	164.42	51.19	87.83	27.34
咸宁	773.20	145.29	18.79	371.95	48.11	255.96	33.10
仙桃	444.20	73.56	16.56	233.12	52.48	137.52	30.96
黄冈	1192.88	324.48	27.20	473.17	39.67	395.23	33.13
孝感	1105.16	225.00	20.36	528.57	47.83	351.59	31.81
平均	1542.62	150.44	9.75	763.60	49.50	628.58	40.75

资料来源：湖北统计年鉴2013。

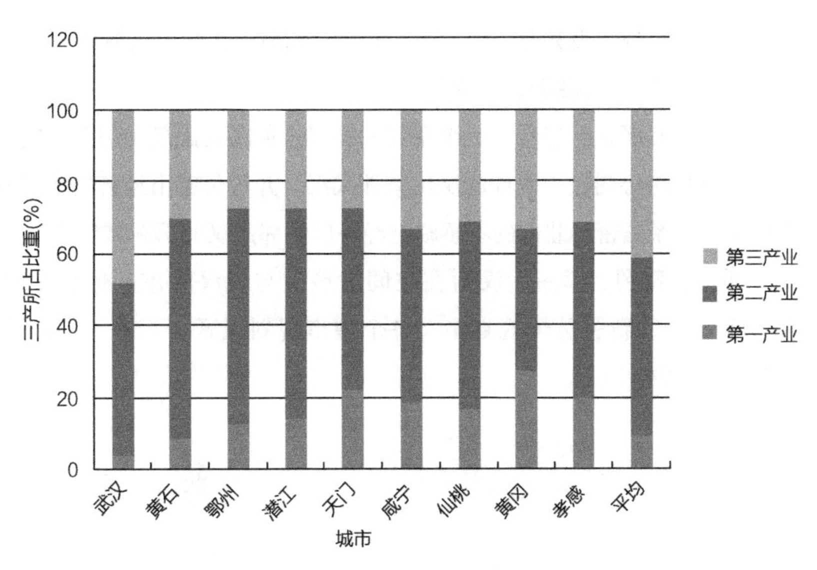

图4-9　武汉城市圈各中心城市产业结构比较

武汉城市圈产业门类较为齐全，工业传统基础较好，但是受到产业结构趋同制约，经济基础仍然薄弱。农民收入低、城市化水平低、区域消费水平低和农业产业化发展慢，使武汉城市圈城市发展的规模和速度受到很大影响。

武汉作为中心城市，其工业领域几乎覆盖了二级城市所有的主要产业，使二级城市中具有比较优势的产业领域不多，市场竞争力不足。

（2）武汉城市圈产业发展构想

按照梯度分工、优势互补的原则，推进武汉城市圈的产业分工合作。

①按产业层级实行武汉和周边地区的产业分工。

武汉主要发展体现城市功能（五个中心）的现代服务业和资本人才密集的高科技产业、高加工制造业，如光电子信息、汽车制造、精品钢材及深加工、生物医药、石化产业等，同时发展都市型产业。要围绕这些优势产业，壮大龙头企业，加强产业积聚，扩大产业规模，加速产业升级。

②实行产业内部的上下游配套分工，大力发展城市圈的产业链。

紧紧围绕武汉的龙头产业、企业、产品，在周边城市大力发展产业链配套。如围绕汽车大力发展汽车零部件，围绕钢铁大力发展原料基地和钢材加工，围绕石化大力发展配套产品，围绕“光谷”大力发展上下游产品等。

③按照产业发展功能进行分工，大力发展武汉和周边地区的“前店后厂”模式。

要鼓励企业特别是大企业集团将总部（或地区总部）、研发中心、营销中心放到武汉，把生产加工基地放到周边，使武汉城市功能的完备和周边加工成本低的两大优势能在企业内部高度结合，从而提高企业和产品的市场竞争力。

④以强化武汉城市功能为中心，大力推进商品市场和要素市场的建设，发展以

金融为核心的现代服务业，建设统一开放、辐射力强的市场体系。

（3）近域城市范围及发展状况

从空间发展状况来看，武汉东部的鄂州、黄冈与武汉东部新城组群及东南新城组群一体化趋势明显；西部的汉川紧邻武汉，并与吴家山经济技术开发区、沌口开发区空间联系紧密；北部的孝感临空经济区紧邻武汉北部新城组群（空港新城）。

鄂州、黄冈、孝感、汉川在空间发展上与武汉城市一体化发展趋势明显，在各个城市的新版总体规划中，各个城市规划区紧密相连，呈连绵发展的态势（图4-10、表4-9）。

图4-10 近域城市拼合图

近域城市各城市规模 表4-9

城市	总人口（万人）	城镇用地规模（km^2）	空间发展方向	来源
鄂州	166	225（主城区70、红莲湖—梧桐湖30、葛华35、花湖12）	整体呈现以五大功能区为载体，以“一主三新”为集核，对外沿长江东西向拓展，与武汉、黄石和黄冈对接；对内通过关联廊道相向发展，构筑组群式大城市的发展格局。 主要分布在五大功能区的主城区、葛华新城、红莲湖（梧桐湖）新城、花湖新城、10个特色镇以及百个新社区	《鄂州市城乡总体规划（2011—2020年）》

续表

城市	总人口（万人）	城镇用地规模（km^2）	空间发展方向	来源
黄冈	100	110	向东发展106国道沿线及环白潭湖周边区域； 向北发展黄团公路及长河两侧区域； 向南发展南湖片区	《黄冈市城市总体规划（2012—2030年）》
孝感	125	125	未来城市用地整体上以向东和东南发展为主，向北、西、南适度扩展	《孝感市城市总体规划（2013—2030年）》
汉川	50	65	中心城区发展空间集中在汉江以北，城市发展方向以向北为主，向西、东南为次要拓展方向，东部和南向局部地区为发展备用地	《汉川市城乡总体规划（2012—2030年）》

近域城市与新城组群工业用地及公共服务设施用地规划情况　　表4-10

近域城市			总体规划发展规模		
			工业用地（ha）	公共服务设施用地（ha）	
				都市区	主城
东南部	鄂州		4407	3173	440
	黄冈		2658	1905	1905
	大光谷板块	东部新城组群	2918	790	
		东南新城组群	2490	1220	
小计			12473	7088	
西北部	孝感		2641	1569	1569
	汉川		1825	721	721
	大临空板块	北部新城组群	1886	523	
		西部新城组群	2591	1414	
小计			8943	4227	

从近域城市公共服务设施的配置来看（规划），东南部与西北部的工业用地与公共服务设施用地的配置比例分别为1.76：1和2：1，但大部分公共服务设施用地集中在各个中心城市的主城区（见表4-10）。武汉现状商业商务中心主要集中在汉口（王家墩商务区、沿江商务区），西北部近域城市可以依托汉口商业商务中心的优势资源；东南部工业用地基本沿江呈带状分布，较为集中，缺乏产业服务中心，因此需要优化东部产业服务中心布局。

2．区域发展现状特征及问题

（1）产业布局带状连绵

从区域产业空间布局来看，武汉近域城市产业空间呈现出与武汉对接相向发展的趋势（见图4-11）。东部产业空间基本沿长江呈带状发展，鄂州提出：产业空间一体化发展策略——“三大板块”联武鄂。三大板块分别为：高新技术与高端服务产业板块——东湖高新技术开发区与葛华新城联为一体；新型重化工产业板块——武汉青山区的钢铁城、化工城与鄂州的葛华新城、临港组团连为一体；生态农业和生态旅游板块——与武汉共同打造梁子湖生态农业和生态旅游板块。东部黄冈市也提出了打造沿江经济发展主轴及对接“武鄂黄黄”城市连绵区，形成“黄州-团风”一体化发展区的规划设想，产业布局向南北方向沿江拓展，并积极对接武汉。西部产业空间沿长江、汉江、府河多轴延伸，形成沿长江的沌口开发区，沿汉江的吴家山经济技术开发区及汉川经济技术开发区，沿府河的空港新城及孝感临空经济区。

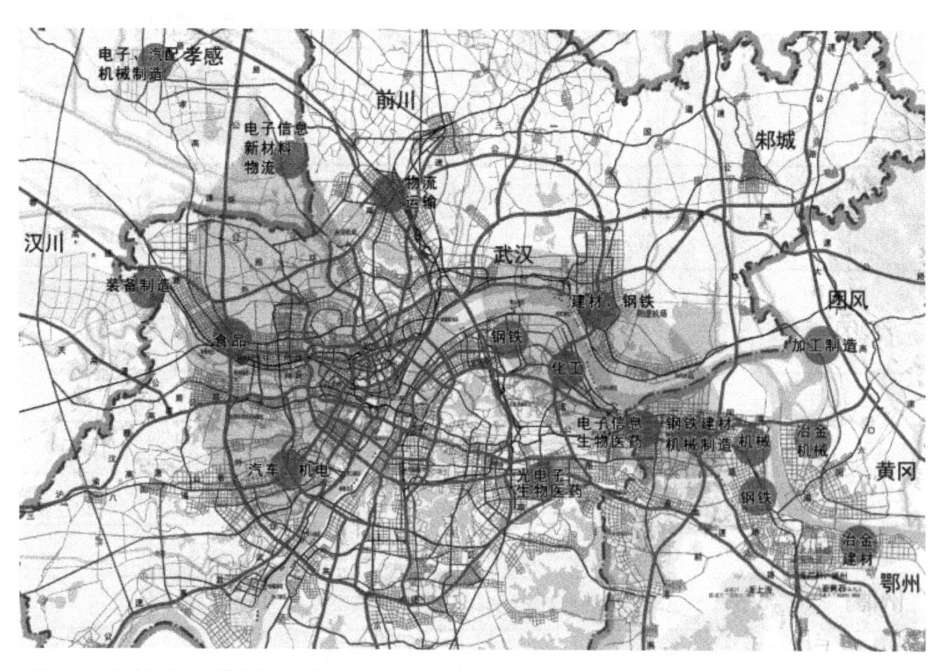

图4-11　近域城市产业空间及类型分布

（2）产业发展上东强西弱，生态环境南部优越

从武汉城市圈内部空间格局来看，形成了空间拓展的4个主要地带。以武汉为枢纽，分别形成东向沪汉蓉高速公路-长江、西向汉宜高速公路-汉江、南向京珠高速公路-京广铁路、北向汉十高速公路-汉丹铁路4个城镇密集带。这4个密集带城市数量占城市圈总城市数量的82%，城市人口占城市圈总人口的96%，将是未来武汉城市圈城镇和产业空间的主要拓展地带。但这4个方向的产业基础、发展条件、区

域承载力、资源禀赋并非均衡一致。有学者从现状建设规模（总量和均值）、产业经济、人力资源、用水用地条件、区域交通、区位、区域承载力、生态环境8个方面（共18项统计数据），利用数学模型对4个方向的发展条件进行了综合评价。发现东部发展条件最好，特别是现状规模和经济产业远远超过其他几个方向。其他3个方向发展条件大致接近。从单项来讲，南部生态环境条件和区位条件比较突出；西向在人均指标方面比较突出；北向综合发展条件居中，优劣势都不明显。

如前所述，东部沿沪汉蓉高速公路和长江黄金水道，由武汉延伸至鄂州、黄石、黄冈，是武汉城市圈现状城镇经济实力最雄厚、产业基础最好的一条发展带，也是交通条件最好、最具发展潜力的地区。从区域产业发展状况来看，东部集中了2个国家级开发区，分别是武汉东湖高新技术开发区和鄂州葛店经济技术开发区；而西部集中了3个国家级开发区，分别是武汉临空港经济技术开发区（吴家山）、武汉经济技术开发区、孝感高新技术产业开发区。但是从开发区的经济效益来看，呈现东强西弱的特征。在GDP总量上，东部2个国家级开发区2013年GDP为2356亿元，而西部3个国家级开发区只有1642.18亿元（表4–11）。

近域城市国家级开发区发展情况（2013年）　　表4–11

位置	开发区	GDP（亿元）	建设用地规模（km^2）		地均GDP（亿元/km^2）
			现状	规划	
东部	武汉东湖高新技术开发区	2254	85.77	236.51	26.28
	鄂州葛店经济技术开发区	102	15.50	187.40	6.58
小计		2356	101.27	423.91	23.26
西部	武汉临空港经济技术开发区（吴家山）	499.81			
	武汉经济技术开发区	848.77	—	90.7	—
	孝感高新技术产业开发区	293.60	18.5	60.0	—
小计		1642.18			

资料来源：各开发区总体规划及各城市总体规划资料。

（3）产业类型上东部偏重资源加工和制造产业，西部偏重食品、物流等产业

从区域产业类型来看，东部除了武汉东湖高新技术开发区以光电子和生物医药为主以外，青山、北湖、阳逻、葛华新城、团风、黄冈等主要集中了钢铁、化工、建材、机械、冶金等产业。西部的武汉经济技术开发区、武汉临空港经济技术开发区、汉川经济技术开发区、孝感临空经济区主要集中了汽车、机电、食品、物流等产业。由此可见，产业类型上东部偏重资源加工和制造产业。

（4）生产性服务业总体发展滞后

外围近域城市生产性服务业发展普遍相对滞后，研发、信息咨询、信息、计算机服务及软件等生产性服务业发展还不充分；除房地产业以外，生活性服务业比重也偏低，文化旅游、休闲娱乐、餐饮酒店等生活性服务配套设施还较缺乏，不能完全满足外围新城新区及开发区居民日常生活的需求。

总体来看，近域城市与武汉一体化趋势明显，但武汉外围大部分都是工业用地，第三产业仍处于发展初期，服务业总量偏低，区域内整体经济结构尚不平衡，产业总体水平同先进发达地区相比还存在一定差距，其发展还未完全达到所设定的经济功能要求。

3. 武汉功能发展特征及问题

（1）生产性服务业集中于两江四岸地区，不利于服务周边城市

从武汉的现状空间格局及总体规划设想来看（图4-12），中央活动区是武汉的城市主中心，集聚城市重要的公共服务职能和大型的公共服务设施。中央活动区主要集中在两江四岸地区，并且汉口集中了大部分的生产性服务业，包括沿江商务区、王家墩商务区等。武汉作为区域中心城市，其服务功能无法满足外围新城新区的生产生活需求，也不利于与外围近域城市产城互动。

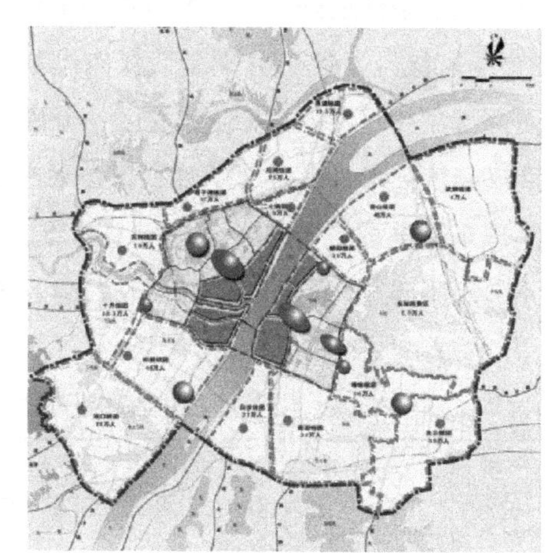

图4-12 武汉主城区中心体系结构

（2）规划确定的3个主城副中心生产性服务职能都不强

在武汉2010版总体规划中，确定规划建设四新、鲁巷、杨春湖3个主城副中心（图4-13）。其中，四新重点建设和培育国际博览、商务办公等生产性服务职能。鲁巷重点建设和培育高新技术产品交易、信息服务等生产性服务职能。杨春湖重点建设区域性客运枢纽和旅游服务职能。从现实发展来看，鲁巷副中心主要承担的是商业服务职能，四新副中心主要发展国际博览职能，杨春湖副中心的高铁站是客运枢纽。3个副中心的生产性服务职能都不强。

（3）外围六大新城组群（四大板块）偏重于生产职能，且新城中心还未形成

2010版总体规划确定了依托区域性交通干道和轨道交通组成的复合型交通走廊，由主城区向外沿阳逻、豹澥、纸坊、常福、汉水、盘龙等方向构筑6条城市空间发展轴（图4-14）。整合新城和与之联动发展的新城组团，形成东部、东南、南部、西南、西部和北部六大新城组群。从六大新城组群的规划设想来看

图4-13　武汉都市区规划总图（2010—2020年）

图4-14　武汉主城区外围用地规划

（表4-12），六大独立新城组群是武汉城镇化的重点发展区，承接主城区疏解的人口和功能，带动区域一体化发展。但从现状来看，各新城组群的城市副中心和组群中心并没有形成，六大新城组群主要以生产职能为主，服务职能偏弱。因此，外围现状公共服务中心建设既不能支撑新城的发展，更无法满足近域众多产业园区发展的需求。

武汉都市区六大新城组群规划情况　表4-12

组群名称	主导职能	规模
东部新城组群	主要通过引导主城区钢铁制造、装备制造和化工企业等工业外迁，形成以重化工和港口运输等为主导，纺织业和其他制造业相配套的武汉重型工业发展区	规划建设用地65km^2，人口58万人
东南新城组群	主要依托东湖高新技术开发区的发展，通过高新技术产业的规模化建设，形成以光电子、生物医药和机电一体化产业为主导的高新技术产业区	规划建设用地65km^2，人口58万人
南部新城组群	依托东湖高新技术开发区和武汉新大学城的发展，规划为中部地区的教育科研产业园区和现代物流基地	规划建设用地82km^2，人口73万人
西南新城组群	依托武汉经济技术开发区的发展，规划形成汽车及零部件、电子信息、家电和包装印刷产业区	规划建设用地71km^2，人口54万人
西部新城组群	以食品加工、现代物流和轻工产业为主导，形成面向广大江汉平原的国家级武汉食品工业加工区	规划建设用地102km^2，人口95万人
北部新城组群	充分利用天河国际机场的航空工业优势，形成航空运输和临空产业集中发展的武汉航空城	规划建设用地52km^2，人口48万人

4．对武汉功能发展的影响

（1）应注重聚合高端服务和创新中心功能

武汉作为武汉城市圈的核心城市，应在继续聚合高端服务和创新中心功能的基础上，强化与圈内其他区域副中心城市的联系，辐射带动武汉城市圈乃至整个中部地区的发展。

（2）应选择技术密集型产业、高新技术产业和综合服务领域作为支柱产业

武汉已处于工业化中期向后期转化的发展阶段，应在技术密集型产业、高新技术产业和综合服务领域选择支柱产业，并以此形成各城市职能特色和城市间的分工协作关系。

（3）应完善对周边城市的综合服务功能，加快现代制造业和现代服务业的发展

武汉作为武汉城市圈的核心城市，也是中部地区的重要中心城市，是全国重要的工业基地和交通、通信枢纽，应当强化城市的综合职能，完善对周边城市的综合服务功能。加快现代制造业和现代服务业的发展步伐，发展都市农业，建立起与发挥中心城市基本聚散功能相匹配的都市型产业体系。重点建设“五大产业基地”（光电子信息产业、现代制造业、钢材制造和新材料产业、生物工程及新医药产业、环保产业基地）和“五大功能中心”（华中地区金融商贸、物流、信息、科教、旅游目的地和集散中心）。逐步建设成为经济实力雄厚、科学教育发达、服务体系完备、城市布局合理、基础设施完善、生态环境良好，并且具有滨江、滨湖特色的现代化城市。

（4）打造主城外围东西两大产业服务中心

1）打造武汉东部产业服务中心

从近域城市发展趋势来看，未来东部沿江带将有大量的产业空间用地（阳逻新城、化工新城、豹澥新城、流芳组团、葛华新城、黄州城北组团、团风城区），而武汉东部缺乏配套的产业服务用地，因此未来需要在武汉东部打造产业服务中心，对接东部东湖高新技术开发区及鄂黄黄的产业发展。从武汉城市圈的分析可知，未来应大力发展武汉和周边地区的“前店后厂”模式。因此，东部新中心应将强化总部（或地区总部）、研发中心、营销中心、商务中心等功能完善。

2）打造武汉西北部临空商贸物流中心

近域城市北部孝感未来要打造临空经济区，以临空制造、综合保税物流功能为主。武汉应结合大临空板块的建设，与孝感临空经济区共同打造临空商贸物流中心。以武汉天河国际机场为依托建设中部国际客流转运中心和货邮分拨中心，打造中部航空门户，抢占对外开放高地。

4.2.4　结论

①从长江经济带及中三角层面，武汉的科技教育中心功能仍会进一步强化。

②从长江经济带及中三角层面，武汉的先进制造中心功能会进一步加速发展。

③从区域发展来看，武汉的生产服务功能仍然不足，高端服务中心功能需进一步强化。

④从服务中三角、武汉城市圈及近域城市来看，武汉部分功能空间布局有待进一步优化，区位有待重构（如生产服务中心、物流商贸中心等）。

4.3　区域基础设施建设对武汉城市空间的影响

4.3.1　武汉新港建设，带动空间发展沿江聚集

1. 促进武汉第二产业及物流空间沿江聚集

武汉新港涉及武汉、黄冈、鄂州、咸宁4座城市沿江大部分区域，总面积约9300km^2（图4-15）。依据相关规划的要求，武汉主城区货运港口将逐步迁出，代之以客运旅游功能，共规划布局27个港区。其中，长江段23个港区，汉江段4

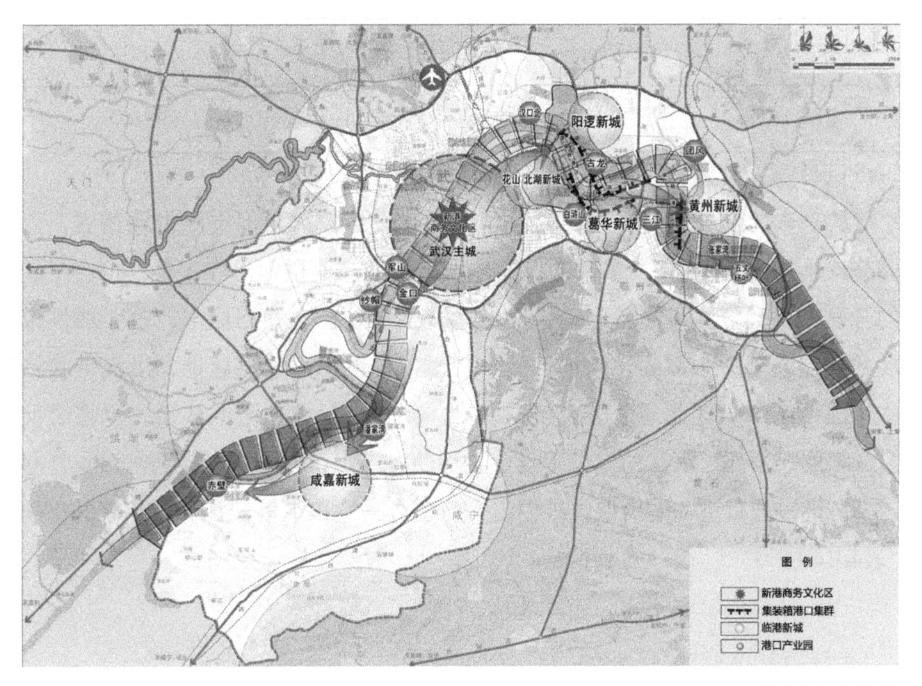

图4-15　武汉新港空间规划结构

个港区。港口主要功能包括集装箱运输、石化及制品运输、商品汽车运输、件杂货运输、散货运输。在武汉市域内沿长江段布局11个港区，沿汉江段布局4个港区。

武汉新港的建设，将进一步促进新城新区的开发建设，尤其是以第二产业及物流空间为主导职能的新区开发建设。东部的花山-北湖新城依托白浒山港，阳逻新城依托阳逻及汉口北港，葛华新城依托葛店港，黄州新城依托唐家渡港发展。西部沿长江的军山、金口、纱帽等均依托港口开发建设，沿汉江的东西湖及蔡甸也是依托港口发展。

2．武汉新港东强西弱，东部带状拓展，西部节点集聚

武汉新港呈现东强西弱的特征。从岸线长度上，东部为68.52km，西部为132.59km，但东部港口泊位密度为4.86个/km，远大于西部港口的2.94个/km（表4-13）。从港口的建设来看，东部港口的建设规模较大，同时东部港口产城互动、港城一体化趋势明显；而西部港口基本上是港城分离，独立发展。如东部的阳逻港与阳逻新城、葛店港与葛华新城及鄂州城区、唐家渡港与黄冈城区等；西部的军山、金口、纱帽等则是产城分离明显。

武汉新港东西部港区主要指标　　表4-13

港区	岸线长度（km）	泊位数（个）	港口泊位密度（个/km）
东部	68.52	333	4.86
西部	132.59	390	2.94

从未来的发展趋势来看，武汉新港的建设将促进东部空间带状拓展，西部空间节点集聚（图4-16）。东部港口的建设会促使产业空间沿江聚集，也会带动新城的开发建设，应注重产城互动、产城融合发展。在空间拓展上，也会加快带状拓展的发展趋势。东部的江南地区沿青山港、白浒山港、葛店港，沿江带状格局基本形成；东部的江北地区随着汉口北港、阳逻港、古龙港的建设，也将会促使其沿江拓展。西部沿汉江的港口建设也会促使其沿汉江带状发展，西部沿长江将会形成杨泗港—沌口港—军山港、纱帽港—青菱港、金口港沿长江节点集聚的空间格局（表4-14）。

图4-16　武汉新港空间分布示意图

武汉新港港口功能类型一览表　　表4-14

分区	港区名称	岸线长度（km）	泊位数（个）	货物种类	服务范围	集疏运通道
东部港口	阳逻	8.05	48	集装箱、钢铁、件杂货	服务湖北北部、河南南部、陕西安康，长沙港、重庆港、泸州港中转	武汉外环高速、江北快速路、平江路、铁路专用线
	白浒山	12.74	66	石化产品、集装箱	服务湖北南部，长沙港、重庆港、泸州港中转	316国道、青化路、武鄂高速、铁路专用线
	三江	15.17	48	散货、件杂货	鄂州及周边地区	唐家渡大桥、316国道、武九铁路
	青山	10.57	53	矿石、钢铁、石油及制品	中国中油化工股份有限公司武汉分公司、武汉钢铁（集团）公司	三环线、青化路、港区铁路专用线
	团风	3.25	16	件杂货、散货	团风县及周边地区	大广高速、阳大公路

续表

分区	港区名称	岸线长度(km)	泊位数(个)	货物种类	服务范围	集疏运通道
东部港口	葛店	1.85	16	件杂货、散货	葛店、东湖高新技术开发区	武鄂高速、316国道、葛庙路、铁路专用线
	谌家矶	1.98	18	件杂货、散货、油品、黄沙	汉口东北部地区	江北快速路、三环线
	古龙	8.83	32	煤炭	武汉及中部地区	江北快速路、新港高速、江北铁路
	唐家渡	4.10	18	散杂货	黄冈及周边地区	阳大公路、唐家渡大桥、106国道
小计		66.54	315			
西部港口	永安堂	2.15	9	件杂货、散货	汉阳及周边区域	郭琴路、三环线
	军山	7.39	13	商品汽车、件杂货	沌口开发区、蔡甸	武监高速、京港澳高速、港区铁路专用线
	沌口	3.58	15	商品汽车、件杂货、散货	沌口开发区、蔡甸、汉阳	武监高速、京港澳高速、港区铁路专用线
	赤壁	3.38	21	客运、煤炭、粮食和造纸原料	赤壁、崇阳、通城	武赤公路、赤蒲公路
	金口	22.05	28	件杂货、散货、重件	江夏区黄金工业园、大桥新区、东湖高新技术开发区	武赤公路、京港澳高速、武汉外环高速
	蔡甸	9.58	16	件杂货、散货	蔡甸及周边区域	汉蔡高速、老汉沙公路
	陆溪口	7.80	50	件杂货、散货和矿建材料	嘉鱼、咸宁、赤壁	武赤公路、赤蒲公路
	石矶头	4.70	30	水泥、块石、矿建材料	嘉鱼、咸宁	武赤公路、嘉鱼至蒲圻以及嘉鱼至咸宁公路
	鱼岳	3.00	20	件杂货、散货、块石	嘉鱼、咸宁	外环高速、武赤公路、咸宁至嘉鱼铁路专用线

续表

分区	港区名称	岸线长度(km)	泊位数(个)	货物种类	服务范围	集疏运通道
西部港口	潘家湾	5.70	40	重件、散货、煤炭、石油和矿建	嘉鱼、咸宁及周边地区	武赤公路以及潘家湾到官桥、咸宁公路
	簰洲	8.80	60	黄沙、散货和矿建	嘉鱼及周边地区	武赤公路、簰洲至贺胜桥公路
	纱帽	35.87	33	件杂货、散货	汉南区及周边区域	武监高速、京港澳高速、港区铁路专用线
	青菱	2.82	15	件杂货、散货、粮食、黄沙	武昌南部地区	武赤公路、三环线、青郑高速
	舵落口	5.71	30	件杂货、散货	东西湖及周边区域	107国道、三环线、汉丹铁路
	青锋	10.06	10	件杂货、散货	蔡甸及周边区域	107国道、京港澳高速
小计		132.59	390			

4.3.2　交通廊道建设，带动武汉新的空间格局

1．交通格局的改变带来城市空间的重组

由过去单向国道、高速公路引导发展转向多条支线高速引导空间多向延伸，将带来武汉城市空间格局的重组。

2000年以前，武汉对外交通格局较为简单：高速公路主要是京珠高速、沪蓉高速等国线，另外还有107、316、318等国道，武汉城市空间主要沿着国道、高速公路等主要交通廊道拓展，向东沿武汉高速及316国道拓展，向西沿107国道及318国道拓展，向北沿岱黄高速拓展（图4–17）。2000年以后，武汉多条支线高速、快速路的修建以及规划的多条对外交通通道，将大大改变武汉城市空间的格局。从目前的发展态势来看，东部有武鄂、武黄、沿江高速，东北部有武英、武麻高速，北部有岱黄、汉十、机场第二高速，西北有武荆高速，西部有汉蔡、汉宜高速，南部有武监、青郑、京珠高速（图4–18）。可以说，交通格局的改变将会带来武汉城市空间的快速发展及重组。

图4-17 武汉城市空间与对外交通关系（2004年）

图4-18 武汉城市空间与对外交通关系（2014年）

2．城际铁路及高铁的建设引导新的拓展廊道

城际铁路及高铁的建设也将会带来武汉城市空间新的发展机遇，按照湖北探索的“城际铁路+新型城镇”的新型城镇化建设模式，即在交通发达的铁路沿线新建35个新型小城镇，每座城镇可容纳10万人左右。按照规划未来武汉城市圈武黄、武咸、汉孝、武天（仙、潜）等多向、多条城际铁路，将会带动沿线空间格局的重组。另外，武广、汉宜、武石（石家庄）、武合等高速铁路的建设，也会为区域空间发展带来新的机遇（图4–19）。

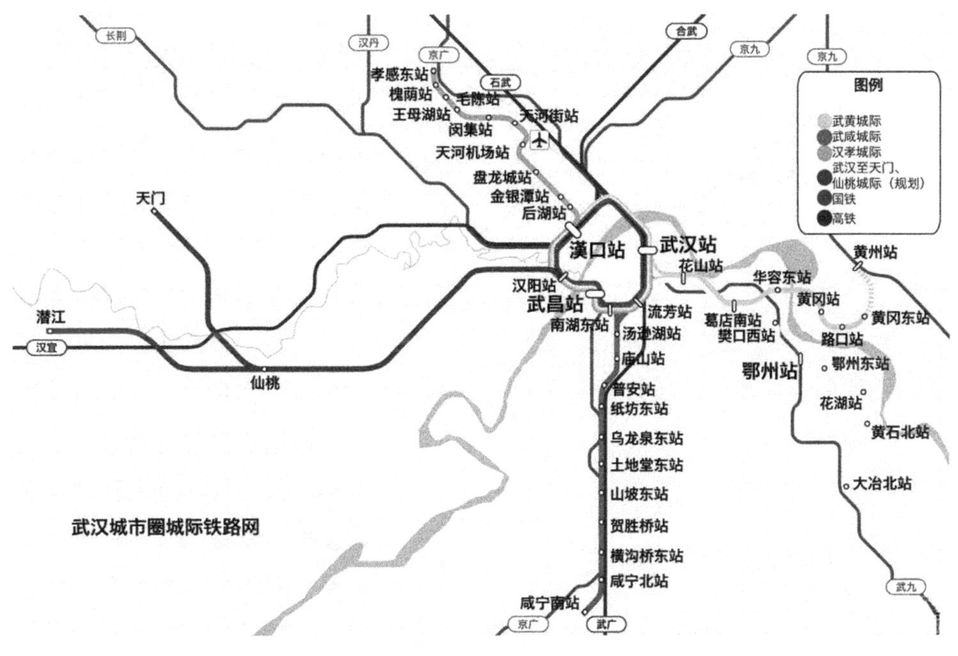

图4–19　武汉未来高铁、城铁、国铁走线示意图

4.3.3　重大基础设施建设，带动空间新的增长点

1．武汉第二机场

武汉第二机场的建设被列为2014年武汉市重点推进的建设项目，机场选址已基本确定在素有“武汉南大门”之称的江夏（山坡机场）。这一机场建成后，将与地处武汉北郊的天河国际机场形成南北呼应的格局，并使武汉成为继北京、上海之后中国第三个拥有两座机场的城市。山坡机场与南部的京珠高速及其复线、城际铁路、高铁等区域性交通基础设施建设，将改善南部交通运输条件，进一步充分发挥武汉市的全国重要交通枢纽功能。第二机场的建设将促使南部地区成为武汉未来发展基础条件好、发展潜力大的地域空间。

2. 火车站（新汉阳站、光谷站、武昌南站）

目前，武汉已经建成汉口火车站、武昌火车站、武汉火车站三大综合交通枢纽。根据规划，武汉还将新建新汉阳火车站及光谷火车站（图4–20）。其中，新汉阳火车站将成为武汉西部综合交通枢纽，承担西安—武汉—福州等方向的列车，并且服务省内武汉到天门、潜江等方向的城际铁路；光谷火车站则是武咸、武黄城际铁路的重要节点。新汉阳火车站位于武汉西大门，是武汉西部重要的桥头堡，在武汉1+8城市圈中衔接仙桃、天门、潜江和孝感4个市，是江汉平原和宜昌地区进入武汉的门户，也是武汉向西部辐射的重要集散地。未来新汉阳火车站结合中法可持续生态新城项目，将大大带动西部地区的发展。光谷火车站位于武汉东部，东湖高新技术开发区核心地段，将成为光谷地区的综合交通枢纽，也是武汉的第五大综合交通枢纽，未来将配套关山长途汽车站、2号线南延线、29号线换乘站、雄楚BRT终点站。因此，在城际铁路方面，光谷火车站是武咸（武汉—咸宁）、武黄（武汉—黄石、黄冈）城际铁路的重要节点；在轨道交通方面，光谷火车站是地铁2号线的南延长线和29号线的换乘站；在长途汽车方面，光谷火车站东广场北侧将新建关山长途汽车站，分流傅家坡长途汽车站拆除后的客流；在常规公交方面，光谷火车站是雄楚大街BRT的终点站。光谷火车站及其配套设施的建设，也将带动该片区空间发展及职能的提升。

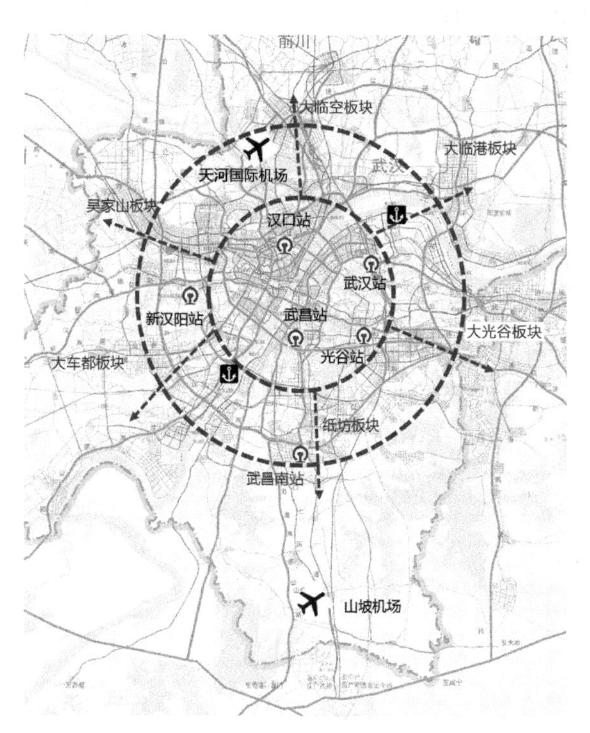

图4–20 武汉城市重要交通设施分布

从未来发展趋势来看，南部地区有重大基础设施的建设和配套设施的完善，同时，还有着充裕的空间载体和良好的生态环境（鲁湖—斧头湖—梁子湖）。因此，南部地区若配套武汉未来的第六大综合交通枢纽——武昌南站，以新火车站为中心的区域，由于人流大量集中，将会很快出现一个新的商圈，进一步优化提升南部地区的区位优势，可能带动南部地区成为武汉城市空间新的增长点。

4.3.4　结论

①区域重大基础设施建设仍然处于加速期，并且重点在主城外围，将会带来武汉都市区进一步外延扩张。

②重大基础设施建设会在外围促成新的增长极核（廊道、节点等）。

4.4　区域生态环境保护对武汉城市空间的影响

4.4.1　区域生态空间格局现状及问题

1．区域生态空间格局

《武汉城市圈“两型社会”建设空间规划》提出区域生态框架建设的思路，即以山脉、水系为骨干，以山、林、江、湖为基本要素，构建“一线、两带、五核、网状廊道”的区域生态框架。并以此为基础，通过网状生态廊道将主要生态要素进行串联，通过对大型自然“斑块”的保护、培育及自然恢复，形成多层次、多功能、立体化、复合型、网络化的区域生态支撑体系（图4–21）。一线：重点保护长

图4–21　武汉城市圈自然山水分布状况

江生态走廊，搭建城市圈中部的生态脊梁。两带：规划大别山脉、幕阜山脉两条东西向平行的山系作为两条山地森林生态带。五核：结合现状水资源特点以及空间分布的均衡性，规划5个重点保护和利用的水生态核，分别是梁子湖地区、斧头湖—西凉湖地区、汈汊湖地区、野猪湖—王母湖地区和涨渡湖地区。网状廊道：以长江、汉江和大别山、幕阜山为基础，充分利用入江支流和沿江大型湖泊，通过控制禁建区、限建区和主动实施区域生态廊道建设，构建高效的区域生态系统网络。

从近域城市及武汉城市圈的区域发展来看，自然生态空间破碎化明显（图4–22）。区域内山水资源丰富，适宜拓展空间多为湖泊周边生态敏感性较强区域，出现发展空间与保护区域同构的趋势。在这些发展区内，近年来区域基础设施建设增加、城镇扩张、村庄蔓延、厂矿和新区开发导致建设用地不断增长，使得自然生态空间被割裂，破碎化明显。尤其在城市周边建设的热点地区表现得尤为明显。如武汉的汤逊湖、梁子湖周边的新城新区开发，鄂州的红莲湖新城阻隔了其东部的保安湖、三山湖与西部的梁子湖、牛山湖、红莲湖的生态联系，将原来的自然生态水网空间割裂。其结果是生态用地的斑块化、碎裂化加剧，生态服务功能下降。

图4–22　武汉自然山水分布状况

近域城市及武汉城市圈的区域协调机制薄弱。其一为区域性设施建设混乱，各自为政。一般城市多在本城市上游设置水厂，下游布局污水处理厂及发展重化工等产业。沿江各中心城市亦是如此布局，上游城市的港口、产业及污水处理厂布局对下游城市的取水有较大影响，缺乏区域协调。其二是区域的生态补偿机制尚未建立。部分城市为上位规划确定的限制发展区，为区域的生态平衡做出了极大贡献，在生态补偿机制尚未建立的情况下，这类城镇只能自主发展产业，一旦保护与发展的关系处理不好，将造成整个区域生态环境的恶化。

2．武汉市域及都市区生态空间格局

山水是武汉生态格局最大的特色。武汉享有"江城"和"百湖之市"的美誉，水生态系统的演变在武汉的各个重要发展阶段起着特殊的作用。在市域范围内，水面约占用地总面积的四分之一，在都市区范围内占比更高，估计约占30%（根据量算，仅江河湖泊等水域面积已占到都市区面积的19%），在国内所有大城市中独一无二。大量的水域和滨水区域成为武汉最具特色的开放生态空间。都市区现状生态底质优良，自然生态资源丰富，具有水系发达、河流密布、湖泊众多等鲜明特点。在城市建设集中的主城区范围内目前也仍然保存着大量的天然水面和自然山体等生态资源。都市区的建设区仅仅占总面积的五分之一左右，大量的河湖水系、湿地、森林以及广阔的农业生态空间等构成了都市区良好的生态本底（图4–23）。

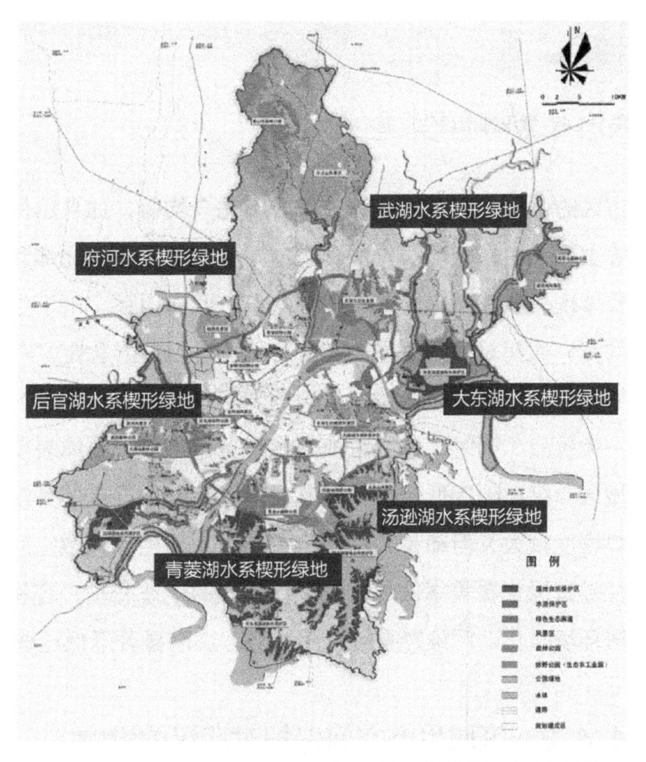

图4–23　武汉市域生态框架结构

武汉都市区属于平坦平原地区，河道纵横交错，湖泊星罗棋布，生态资源总体呈现均质化的特点（图4–24）。但由于局部地区地形地貌以及开发建设等原因，都

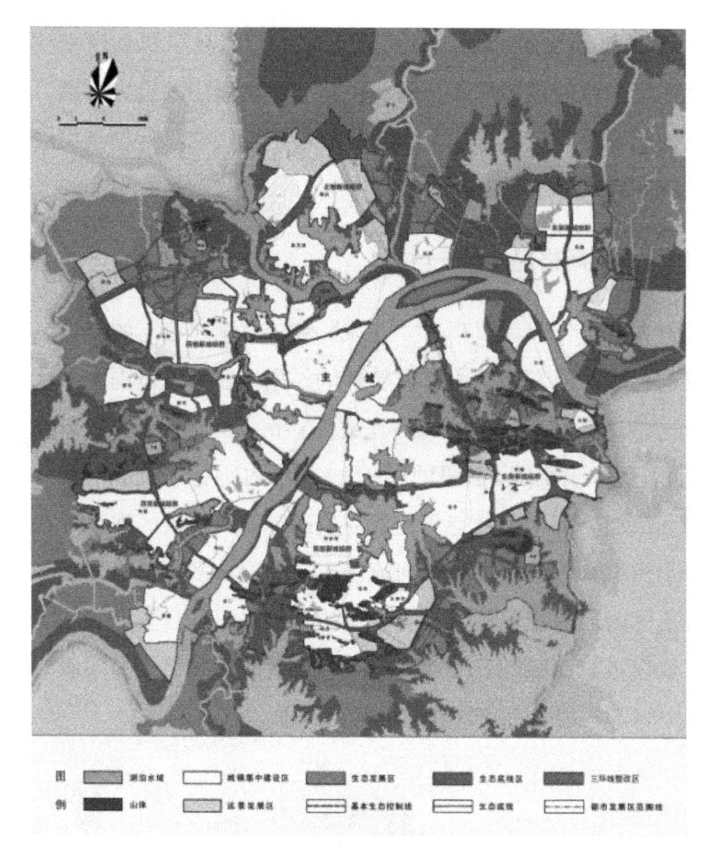

图4-24 武汉都市区生态基本控制线

市区的生态资源要素空间分布并不完全均衡，如自然保护区、森林公园、郊野公园等主要集中在中环线外围；大型湖泊主要分布在北部和东部；而山体相对更少，主要体现为长江东岸中部和南部两条东西向山系。由于生态资源要素在空间上分布不均衡，如何对外围生态要素自身特色进行差异化定义与合理布局，使其与武汉中心城区的开发建设相协调，从而达到更好的生态综合功能，是资源开发利用过程中的一大挑战。同时，建成区内部绿地分布不均，总体表现为老城区绿化覆盖率低于新城区，汉口地区低于汉阳和武昌地区。尤为严重的是汉口地区建成区分布集中，人口密度较大，但却是武汉市唯一没有大型生态开敞空间的中心城区。这种不均匀特征导致绿化覆盖率低的区域缺乏应有的生态庇护，容易产生城市热岛效应加剧、人居环境恶化、污染严重等负面影响，从而显著降低这些地区的生态环境质量。

4.4.2 区域生态空间保护对武汉的影响

从区域发展趋势及生态空间现状来看，首先要重点关注跨区域的生态空间协调保护问题，一是要注重长江及汉江生态廊道的协调保护；二是要注重各个方向的自然保护区的协同保护，分别是武鄂的梁子湖湿地保护区、武咸的鲁湖—环斧头湖—西凉湖保护区、武黄的涨渡湖湿地自然保护区。其次要保护武汉自身的自然生态格局，如北部及南部自然山地的保护、湖泊水体的保护，尤其要注重总体规划确定的“两轴两环、六楔入城”的城市生态框架。注重保护道观河—大东湖、木兰山—武湖及府河、长河—后官湖、鲁湖—青菱湖、梁子湖—汤逊湖等六大放射形生态绿楔，并深入主城区核心，建立联系城市内外的生态廊道和城市风道。同时，六大生态绿楔也是控制城市空间圈层蔓延式扩张的有效手段。

因此，从区域生态空间保护的要求来看（图4–25），武汉市一方面要注重区域生态空间的协调保护，东部要注重对涨渡湖、梁子湖生态空间的保护，南部要注重与鲁湖、斧头湖及梁子湖的协调保护。另一方面要进一步强化对武汉生态绿楔的保护，生态绿楔既能有效沟通外围区域大生态空间格局，也能防止城市的无序蔓延式扩张。

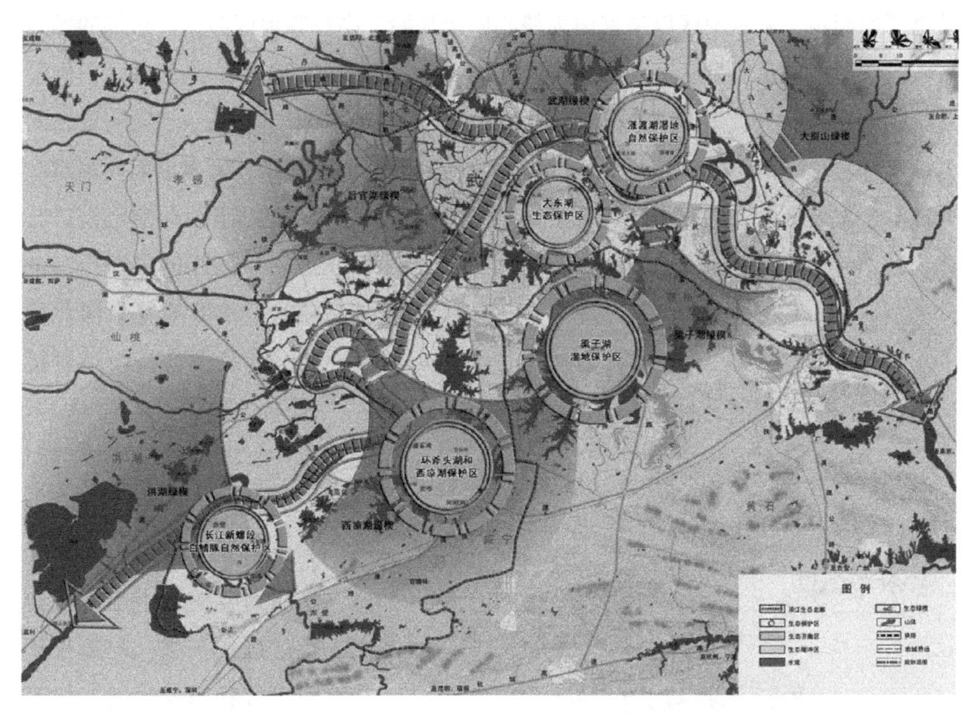

图4–25　区域生态空间框架结构

4.4.3　结论

①水环境保护是未来武汉城市空间发展的主要制约门槛。

②武汉城市空间的扩张离北部山区还有一定的距离，生态空间的保护重点在东部和南部。

4.5 区域空间开发对武汉城市空间的影响

4.5.1 区域空间开发的现状及趋势

区域各个大城市空间都表现出蔓延式扩张、对接发展的态势。武汉城市空间拓展四面出击，城市增长总是优先选择交通干道为发展轴线，再转向各轴线之间填充发展，最终形成饱满、密实的圈层式发展趋势，城市空间的拓展将从“渐进式—轴向填充”演变为“摊大饼”式的蔓延。主城周边地区的开发建设呈现出一种圈层式拉伸态势，贴近主城、沿主要干道向四周蔓延。北部主要有金银湖、金银潭、盘龙城、滠口、谌家矶、五通口、武湖等地区；东部主要有阳逻新城、化工新城、青山工业区和东湖高新技术开发区；南部有藏龙岛、庙山、汤逊湖、黄家湖、青菱湖等地区；西部的沌口开发区规模进一步扩大并向全力、常福拓展，蔡甸、黄金口的建设也开始起步，东西湖区以吴家山为核心向走马岭、高桥等地区蔓延。东部的鄂州主城区在沿江呈南北带状蔓延的同时，还紧贴武汉开发葛华新城、红莲湖—梧桐湖新城，紧贴黄石建立花湖新城。黄石跨过黄金山向南蔓延与大冶一体化发展，同时，东部也呈现沿江带状绵延。黄冈主城区向东沿白潭湖蔓延、向南沿南湖蔓延、北部沿江发展新区，同时强化团风县城与武汉的对接。南部孝感开发临空经济区与武汉北部空港新城对接发展。西部汉川向东成立开发区，对接武汉的吴家山、走马岭。南部的咸宁向北发展，开发贺胜桥新城对接武汉江夏。

图4-26 近域城市新城新区空间分布

总体来说，区域空间开发呈现以下两大趋势：一是从区域层面来看，武汉周边各大城市由主城向外蔓延式扩张，与武汉呈现对接相向发展的态势明显。二是从武汉市域层面来看，武汉外围区县各种类型新城、新区贴近主城边缘开发，呈现双城或多城的空间发展模式（图4-26）。

4.5.2　区域空间开发对武汉的影响

1. 区域空间开发将带动武汉城市空间多轴多向延伸

从区域发展态势来看，外围各个城市贴近武汉发展愿望强烈，分别贴近武汉建立新城新区；武汉外围的郊区县在发展城关镇的同时，也贴近武汉建立多个新城新区。因此，武汉的空间发展在内外双重夹击下，呈现多轴多向延伸的趋势。东向沿江带状拓展，南向沿京珠高速轴向推进，西向沿汉洪高速、汉蔡高速、318国道和107国道多轴生长，北向沿汉十高速带状生长。

2. 东部地区沿江拓展，带状生长

武汉东部的鄂州、黄冈沿江拓展，沿江向西主要与武汉对接。江南鄂州的葛华新城、红莲湖-梧桐湖新城与武汉的东湖国家自主创新示范区在空间上已连成一体，江北黄冈的北部新区、团风县城也与武汉的阳逻新城及七龙湖组团沿江轴线推进。东部地区未来的空间发展南北有所差异，江南沿江、沿武黄及武鄂高速带状连绵生长；江北沿长江轴线节点聚集（图4-27）。

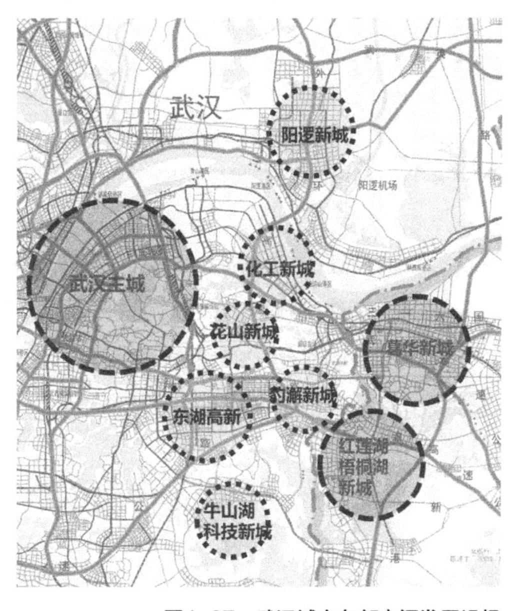

图4-27　武汉城市东部空间发展设想

3. 西部地区沿路拓展，多轴延伸

武汉西部地区主要沿318国道、汉蔡高速、107国道（及汉江）3条轴线拓展，呈现多轴多向生长。沿汉洪高速的军山组团、纱帽新城、邓南组团、湘洪组团呈现轴线串珠生长，沿318国道的沌口组团、常福新城、侏儒组团也呈轴线展开，沿汉蔡高速及汉江的黄金口组团、新农组团、蔡甸新城也呈带状连绵，沿107国道的吴家山新城、走马岭组团及汉川开发区也呈带状生长（图4-28）。

4. 南部地区相向发展，节点集聚

武汉南部地区江夏区沿南北推进，向北与武汉主城对接，向南沿京珠高速及武咸城际铁路发展。咸宁采取向北拓展的空间发展战略，贺胜新城紧邻武汉市域的边界。南部主要有2条发展轴，一是军山组团、纱帽新城、黄家湖组团及金口组团沿

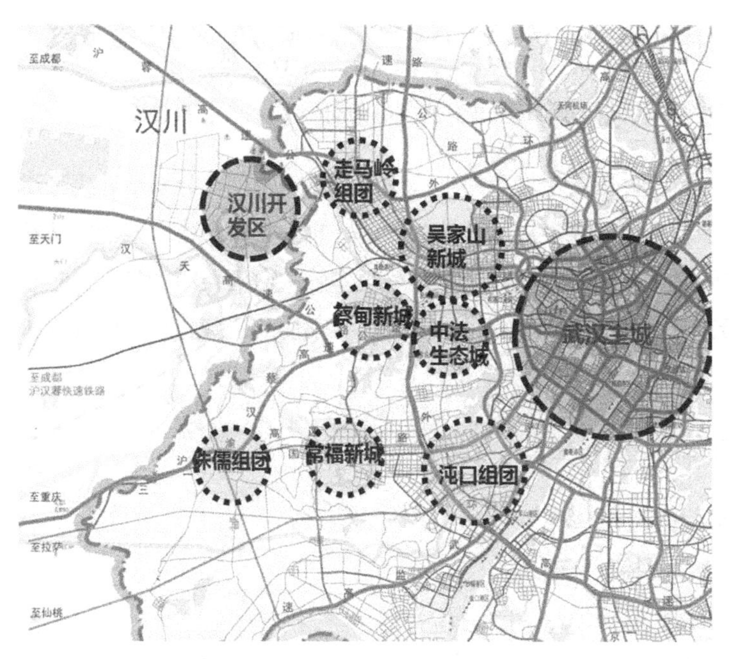

图4-28　武汉城市西部空间发展设想

江及沿京珠高速复线拓展；二是江夏的大桥新区、纸坊新城、郑店新区以及咸宁的贺胜新城沿京珠高速、武咸城际铁路发展。随着第二机场的修建以及城际铁路“一站一城”战略的实施，必将带动南部地区的发展。未来武汉南部地区相向发展，形成轴线节点集聚的空间格局（图4-29）。

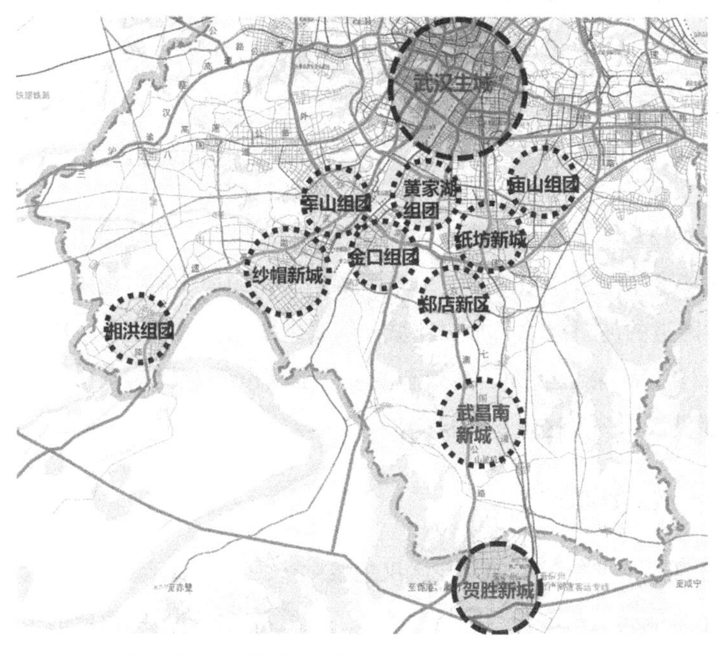

图4-29　武汉城市南部空间发展设想

5. 北部地区对接发展，带状生长

武汉北部地区黄陂区也是南北推进，黄陂向南盘龙新城、武湖新城与武汉主城紧密联系发展，向北依托天河国际机场建设空港新城，黄陂城区前川未来也将与空港新城连成一体；孝感城市空间向南推进，建设临空经济区与武汉空港新城对接发展。北部空间主要沿汉十高速及机场快线与孝感地区对接发展，也将促成该地区空间带状生长的格局（图 4-30）。

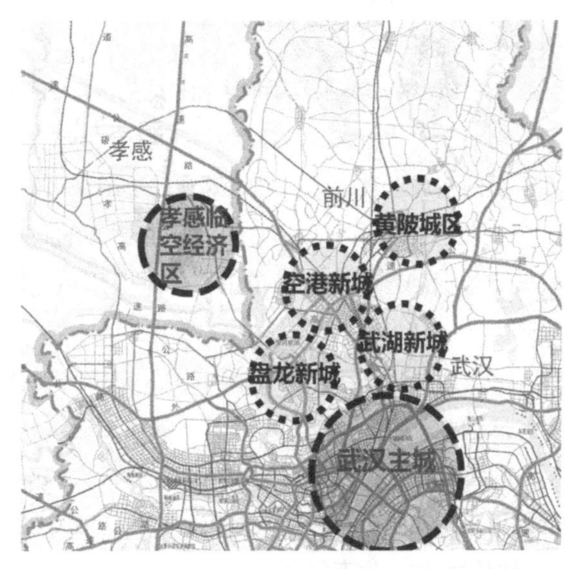

图4-30　武汉城市北部空间发展设想

4.5.3　结论

①区域空间开发呈现出与武汉对接发展、四面包围的态势，武汉外围郊区贴近主城的近域开发和周边城市紧邻武汉的蔓延式扩张并存。

②区域空间开发仍会加速发展，将带动武汉城市空间多轴多向延伸。

4.6　区域视野中的武汉城市功能及空间发展问题与对策

4.6.1　区域视野中的武汉城市功能及空间发展的问题

（1）区域中心功能仍然不强

作为长江经济带和中三角区域的创新中心、贸易中心、金融中心、高端制造业中心，四大中心功能的能级不够。从武汉目前的发展状况来看，贸易、金融等功能最主要的还是作为湖北省域的服务中心功能。从制造业发展情况来看，目前也偏重于重化工产业，高端制造业分量不足。因此，其区域中心功能仍然偏弱。

（2）空间蔓延式扩张有进一步加速的趋势

从武汉及区域城市的空间发展来看，各个大城市贴近武汉蔓延式扩张和武汉自

身近域边缘开发问题突出。同时，随着外围区域重大基础设施建设的带动，武汉城市空间拓展一方面呈现出开发廊道的不断增多，另一方面新城新区等新的增长点带动城市蔓延。

（3）城市中心体系及用地功能布局的区域统筹不足

从上文的分析来看，区域功能也存在协调发展的问题。尤其是在产业分工及中心体系的布局上，缺乏区域统筹观。上游城市的产业污染下游、产业门类雷同、关联产业在空间布局上分离、产业服务中心的布局远离产业区等在武汉城市圈及近域城市层面问题突出，城市中心体系及用地功能布局的区域统筹有待进一步优化提升。

（4）近域开发与滨水开发构成了区域生态安全格局的最大挑战

从现状及未来发展趋势来看，武汉的近域开发及滨水开发是现状城市空间发展最为典型的特征，也是对生态空间保护最大的威胁。武汉的边缘开发和外围城市贴近武汉蔓延式扩张，会造成城市的不可持续发展。区域内各个大城市空间发展表现出围湖发展的"生态红利"开发模式。一方面，为追求更好的生活环境，提高居住质量，环境优美的湖泊周边成为房地产开发的热点。另一方面，湖泊周边良好的生态环境为高新技术提供了优良的科研氛围，成为高新技术的聚集地。新城、新区的发展，对优美环境条件的需求大增。武汉北部的武湖片及盘龙新城围绕后湖、东部的花山生态新城围绕严西湖及严东湖、西部的蔡甸新城围绕后官湖、南部的汤逊湖及牛山湖周边都是近年开发的热点地域。滨水开发对水环境的影响构成了区域生态安全格局的重大挑战。

4.6.2 区域视野中的武汉城市功能及空间发展趋势和对策

1．网络化的区域城市趋势日益明显

首先，武汉外围城市与武汉对接发展趋势在进一步加强，武汉向外的发展廊道逐步增多，一体化趋势明显。其次，区域重大基础设施建设仍然处于加速期，并且重点在主城外围，将会带来武汉都市区进一步外延扩张。最后，重大基础设施建设会在外围促成新的增长极核（廊道、节点等）。这都会加快武汉与外围城市形成网络化的区域城市。

2．服务区域，需重构城市功能中心体系及布局

从目前的发展来看，武汉的城市功能中心体系还不完善。主要表现在城市的商业商务中心主要集中在主城，外围都市区的新城组群中心还未形成，外围新城组群及四大板块以产业布局为主导，不能有效地服务于武汉周边城市大量的产业区，网

络化的区域城市缺乏合理的城市功能中心体系。

研究认为，要强化外围都市区商业商务功能中心，从而服务于网络化的区域城市；同时要强化外围各个功能片区中心，服务于各个片区（图4–31）。

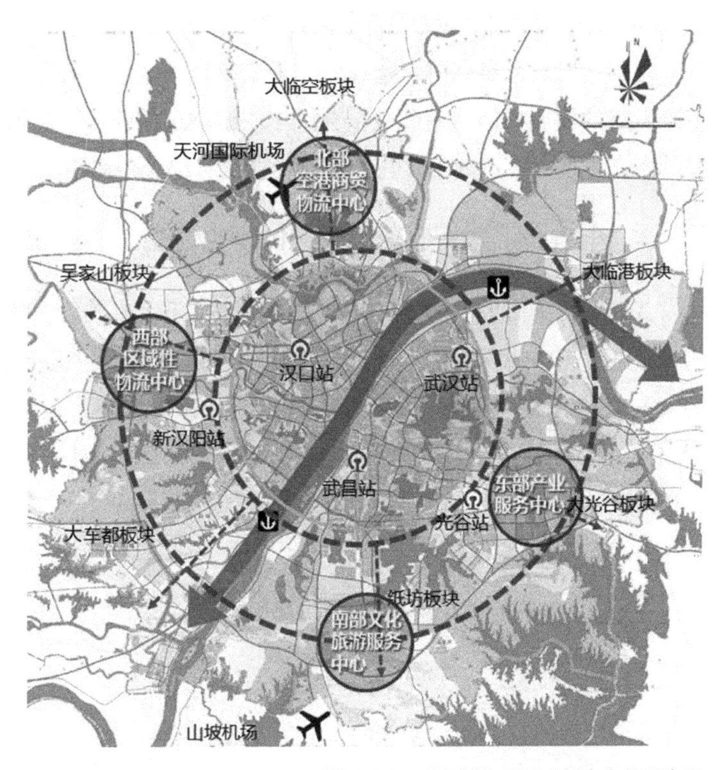

图4–31　武汉城市外围功能中心体系布局

（1）建设东部产业服务中心

从区域发展趋势来看，未来东部沿江带将有大量的产业空间，而武汉东部缺乏配套的产业服务中心，因此未来需要在武汉东部打造产业服务中心，规划可以结合未来光谷新中心来布局，对接东部东湖高新技术开发区及鄂黄黄的产业发展。东部新中心应将强化总部（或地区总部）、研发中心、营销中心、商务中心等功能的完善。

（2）打造西部区域性物流中心

西部一方面要结合大车都板块的建设要求，即国家重要的汽车生产基地、中部地区汽车物流商贸中心、汽车研发中心和总部基地，来建设汽车物流商贸中心。另一方面要结合华中最大的台资集聚区吴家山台商投资区，依托海峡两岸科技产业园、机电产业园、国际物流园和食品加工园4个“经济特区”，同时对接走马岭组团及汉川开发区，建设配套的区域性物流中心。

（3）建设北部空港商贸物流中心

北部孝感未来要打造临空经济区，以临空制造、综合保税物流功能为主。武汉应结合大临空板块的建设，与孝感临空经济区共同打造临空商贸物流中心。以武汉天河国际机场为依托建设中部国际客流转运中心和货邮分拨中心，打造中部航空门户，抢占对外开放高地。

（4）打造南部文化旅游及商业商务综合中心

南部地区具有良好的生态环境，未来随着其区位优势进一步的优化提升，也会带来较好的发展机遇。南部应结合咸宁旅游城市的建设、高铁城铁等交通优势及良好的生态环境，打造南部文化旅游及商业商务综合中心。

3．因势利导，培育增长极核，引导集聚发展

武汉城市未来发展应结合区域发展及未来重大基础设施建设的趋势，强化城市的极核增长和集聚发展。要结合外围开发的态势及重大基础设施建设来引导城市的增长极核，集聚发展。从目前的发展态势来看，要注重培育外围以下增长极核（图4-32、图4-33）：

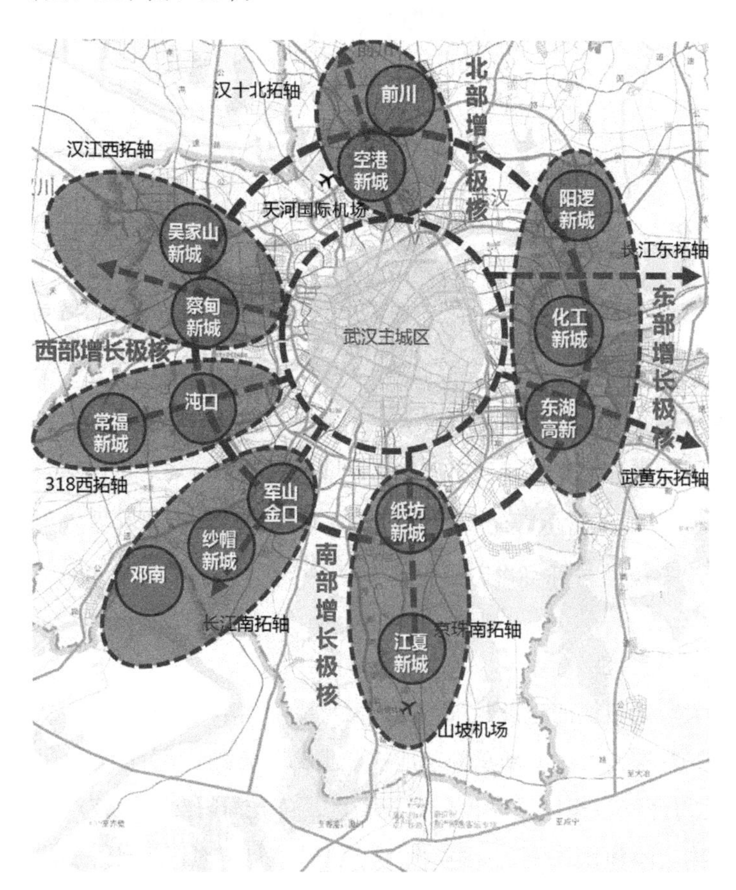

图4-32 武汉城市外围空间增长极核示意图

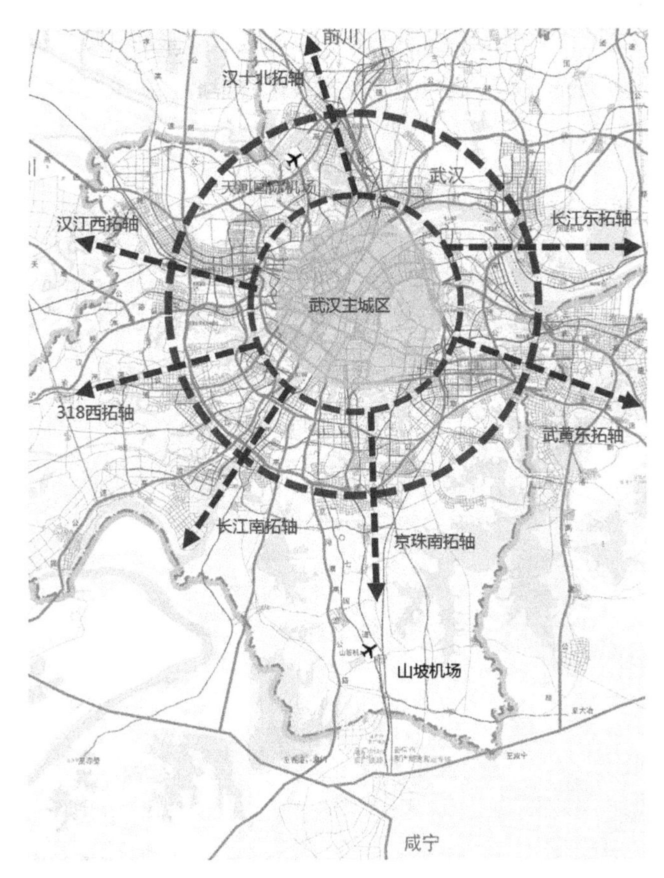

图4-33　武汉城市外围空间发展方向

东部增长极核：阳逻新城、化工新城、东湖高新。

南部增长极核：纸坊新城、江夏南部新城、军山—金口—纱帽新城—邓南—湘洪沿长江。

西部增长极核：沌口—常福新城—侏儒沿318国道；黄金口—蔡甸新城—吴家山新城—走马岭沿汉江。

北部增长极核：空港新城、黄陂城区。

4．科学确定区域重大基础设施建设，促进区域协调发展

（1）优化调整区域交通设施布局

首先，要优化两大环线，即货运环线和客运环线。货运环线结合武汉新港的建设，同时串接外围的产业区，公铁水联运支撑劳动密集型、资本密集型产业。客运环线要串接武汉站、汉口站、新汉阳站、武昌站、流芳站，形成高铁环线及城际铁路环线。其次，要调整新汉阳站、光谷站两大火车站布局，新建武昌南站。光谷站应结合光谷新中心来布局，新汉阳站应结合汉阳中心区来布局，武昌南站要结合武

汉第二机场及南部文化旅游中心来建设。最后，要推进江夏南武汉第二机场——山坡机场的建设，通过空港支撑技术密集型产业（图4-34）。

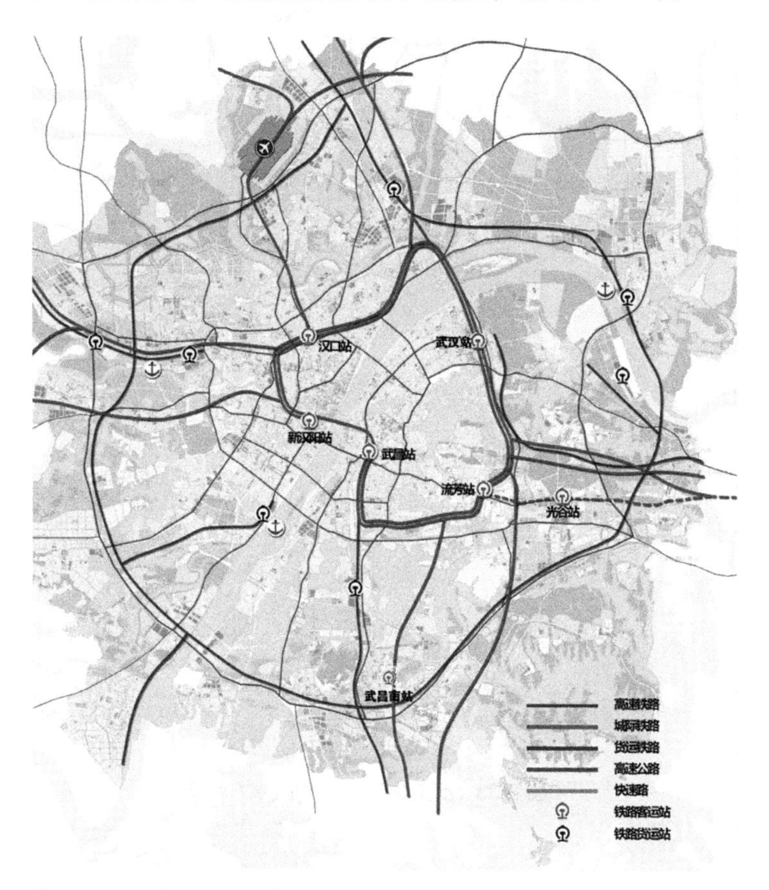

图4-34　区域重大基础设施布局示意图

（2）打造都市区地铁交通流通中心

结合外围四大中心的建设（即东部产业服务中心、西部区域性物流中心、南部文化旅游及商业商务综合中心、北部空港商贸物流中心），打造都市区地铁交通流通中心。东部结合光谷新中心的建设，打造地铁换乘中心；西部结合中法生态新城及新汉阳站建设交通流通中心；南部结合第二机场及未来武昌南站的建设，同时结合旅游服务中心建设地铁换乘中心；北部结合空港新城建设新的客流中心。

5．重点打造市域若干重点生态区

武汉城市生态空间的保护，一方面要注重区域生态空间的协调保护，东部要注重对涨渡湖、梁子湖生态空间的保护，南部要注重与鲁湖、斧头湖及梁子湖的协调保护。另一方面要进一步强化对武汉生态绿楔的保护，生态绿楔既能有效沟通外围区域大生态空间格局，也能防止城市的无序蔓延式扩张。

在市域范围内，要重点打造三大生态区（图4-35）。南部要结合湖泊水网密布特征，打造南部湖泊水网生态保护区。北部要结合木兰山风景区的建设，大力保护山体资源环境，打造北部山体生态保护区。东北部要结合现状山体及河流、农田的保护，打造东北部生态保护区。

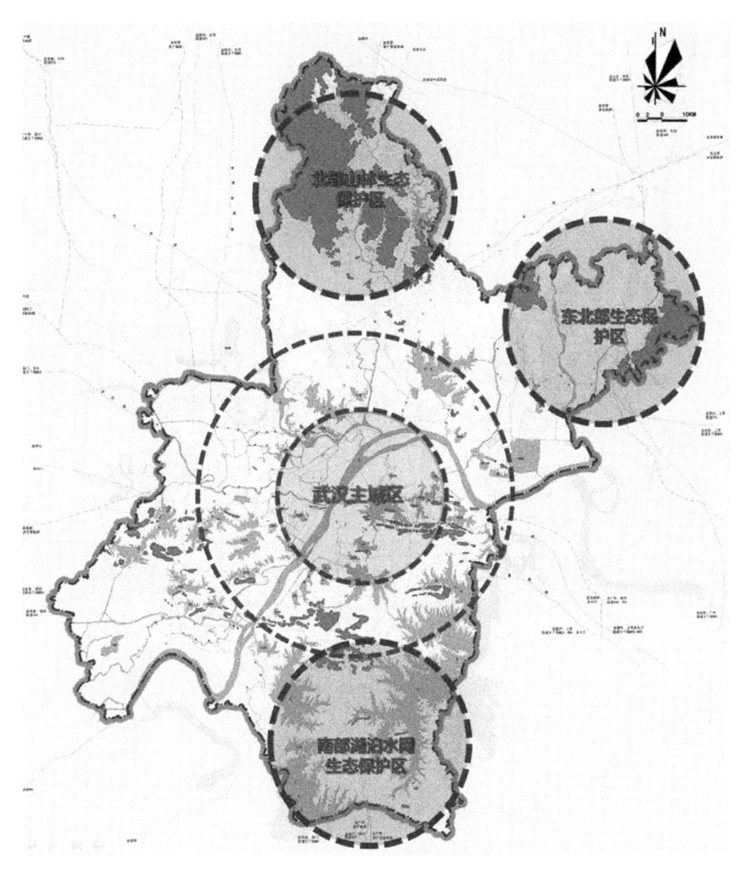

图4-35　武汉市域重要生态空间分布

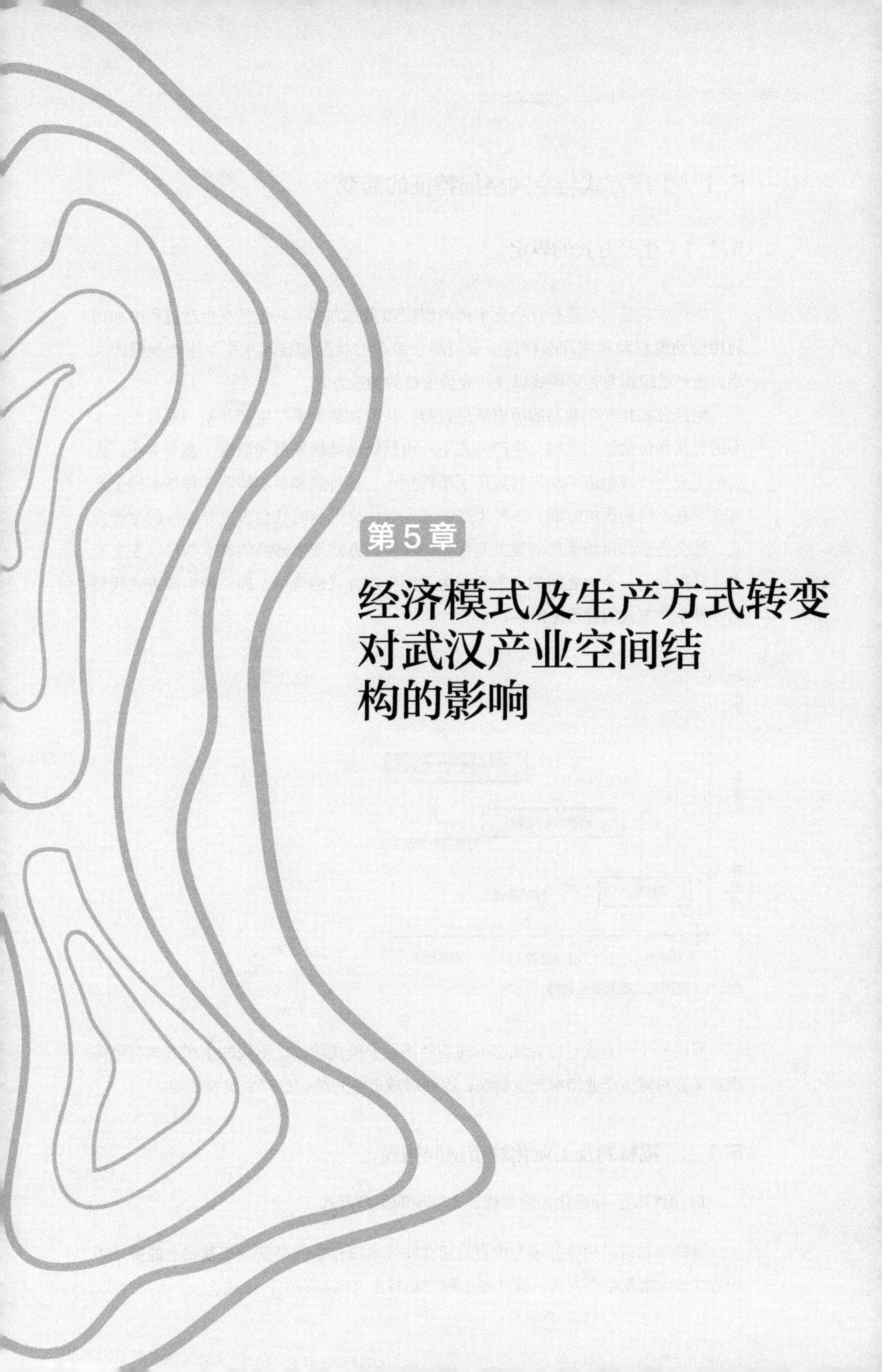

第5章

经济模式及生产方式转变对武汉产业空间结构的影响

5.1 生产方式与空间格局特征的演变

5.1.1 生产方式的界定

生产方式是人类进行社会化生产的组织和实施方式，它包括在生产过程中如何利用劳动资料和利用什么样的劳动资料、劳动力状况和技术水平、生产规模的大小、生产的组织与管理模式以及产业价值链的构造方式。

生产方式是一个动态的历史演进过程。从最初级的手工生产开始，通过技术水平的提高和价值链的重构，生产方式不断由低级向高级发展和演变。迄今为止，人类的工业生产或制造活动先后经历了单件生产、福特制和后福特制 3 种基本的生产方式。在不同的历史时期，3 种生产方式先后构成了当时社会占主导地位的生产方式。社会进步和市场条件的重大变化是 3 种生产方式发生转换的基本条件。在生产方式转换期间，企业之间的竞争首先为不同生产方式的竞争，即一种生产方式代替另一种生产方式的过程（图5–1）。

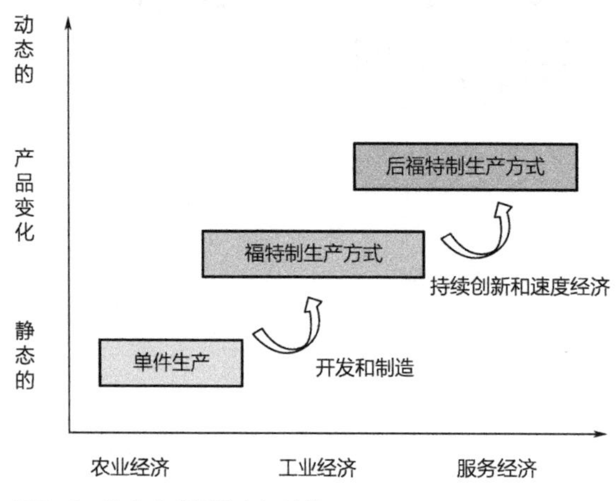

图5–1 生产方式的演变与转换

不同的生产方式对应着城市不同的经济发展模式阶段。不同的生产方式与经济模式又会对城市产业结构产生影响，因而对城市空间结构也产生重要影响。

5.1.2 福特制及工业化城市空间格局

1．福特制：标准化、流水线、大规模的生产方式

福特制是指以福特公司为代表的建立在流水线作业和高度分工基础上的劳动组织方式和大批量生产方式。福特制也称作福特主义或福特生产方式。

自工业革命以来，农业经济转向工业经济，经济活动由家庭生产转向企业化生产。工业经济时代以“福特主义”模式为代表，“福特主义”模式的主要特征是标准化、流水线、大批量。具体来说，以泰勒制[①]原则为目标的劳动标准化和强化的技术分工，以高度专门化的机器（流水线作为理想形式）大批量地生产标准化的产品。这种强化的技术分工能够把人脑和人手的劳动分离开来，从而可以在生产过程中投入大量的未经培训和经过初步培训的劳动力，其结果是劳动力在技能上的极度分化。

在福特制时代，社会经济发展对资源劳动力具有极大的依赖性，那些大规模的生产企业为了有效降低生产成本，往往倾向于选择那些具有丰富劳动力资源、基础设施完善、交通便利的区域进行生产，其生产布局具有显著的交通和原材料指向，由此引起生产活动大规模的空间聚集，所以占主导地位的生产组织形式是垂直管理和大企业中的等级制结构。福特制模式下制造业内部的分工协作关系以及产业之间的经济联系，成为建构城镇组织体系的重要力量。这种标准化、专业化以及集权化的刚性生产组织，也引起了以垂直联系为主和以等级制为特征的城镇体系的建构。在这一时期的主导产业中，具有明显的上述特征，如钢铁工业、汽车工业、家用电器制造业。

2. 空间特征：功能分区的城市功能格局

城市空间迅速扩展，形成功能分区。“福特主义”模式造就了以分区明确性和区位可达性为特征的工业经济时代的城市功能布局。刚性的生产组织方式强调工业生产对规模经济的追求。由于流水线式的生产作业需要大量的土地作为支撑，因此城市的工业用地迅速扩展。随着城市的不断壮大，其吸引力增强，资金、技术、人口也随之向城市地区大量聚集，促使城市规模日益扩大。出于规模经济效益和基础设施共享角度的考虑，工业生产往往倾向于集中布局，生产与流通、生产者与市场、居住与劳动场所、资本与劳动力在空间上分离形成了具有特定功能的分区，慢慢演化成为相对完整的工业区、居住区和商业金融区，产生了现代城市特有的复杂功能分区。这一时期大多数城市的空间结构仍为同心圆结构，城市中心区形成了“中心商业区”的主角。

---

① 泰勒制是一种工业管理方法，泰勒制可以使工业标准化、规范化，可以提高生产效率，泰勒制也叫科学管理。

5.1.3 后福特制及后工业化城市空间格局

1. 后福特制：弹性专业化与大规模定制的生产方式

后福特制是指以满足个性化需求为目的，以信息和通信技术为基础，生产过程和劳动关系都具有灵活性（弹性）的生产模式。它在许多方面具有与福特制完全不同的特征（表5-1）。20世纪70年代以来企业外部经营条件的若干重大变化，导致西方发达国家的生产方式的演进出现了一个重要趋势，即从福特制向后福特制的转变。

福特制与后福特制比较 表5-1

福特制		后福特制	
		弹性专业化生产	大规模定制
市场环境	稳定、可预测的需求和统一的市场	不稳定、不可预测的需求和多样化的细分市场	稳定、不可预测的需求和多样化的细分市场
生产特点	大批量、专业化、流水线生产	小批量、灵活专业化生产	大规模生产+柔性专业化（模块化生产）
产品特征	单一的标准化产品	个性化、多样化的产品	大批量的定制产品
经济效益	规模经济	范围经济	规模经济和范围经济
生产组织特征	具有垂直等级特征的大企业组织	具有网络化组织特征的中小企业聚集	具有网络化联系特征的大企业组织
管理组织特征	单向垂直管理，缺乏横向和自下而上的交流	扁平化管理组织，横向、纵向交流频繁	等级组织和网络化组织并存
产业联系特征	以物质联系为主，具有垂直等级联系特征	以信息联系为主，具有网络化特征	转包和动态联盟
决定区位因素	丰富、廉价的劳动力和土地以及便利的交通条件	便于及时交流的信息条件和发达的交通条件	便于及时交流的信息条件和发达的交通条件
空间布局倾向	多区位引起空间集聚与扩散两种趋势	高度聚集	灵活布局
区域空间结构	以大企业为核心的产业综合体	中小企业组成的柔性产业聚集体	企业网络
对城市体系的影响	以中心性为特征的等级制城市体系	网络化城市体系	等级制城市体系和网络化城市体系并存

资料来源：王缉慈及约翰夫。

后福特制的基本特征可以概括为“持续创新+敏捷制造”和“专业化+网络化”。

后福特制的两种主要模式，即建立在中小企业之间动态分工网络的“弹性专业化”模式和以大企业为核心并控制多层次分包企业网络的“精益生产”模式。

在后工业化时代，柔性生产方式——弹性专业化和大规模定制是新经济时代新兴的生产方式，推动了现代企业向小型化、分散化、专业化方向发展，改变了在刚性生产方式下的企业联系，形成了一种网络化的生产格局。为了应对外部技术和市场的变化，无论是灵活的专业化，还是大规模定制，都对产业的空间集聚产生内在需求，它们在客观上要求企业与其供应商、客户在空间上聚集，以保持密切的经济联系和信息交流。由此产生了柔性化生产系统这种灵活的生产方式，逐步削弱了福特制生产模式下的等级特征，促使企业内部管理结构趋于扁平化，企业之间网络化联系增加，促进了区域内部经济联系的加强。

2．空间特征：功能融合的城市功能格局

土地混合，产居融合。原城市功能分区出现融合。信息网络促进了城市功能分区的融合和土地使用的兼容化。在大机器生产时代形成的较为完整独立的城市工业区、居住区和商业金融区由于规模过大导致各功能区之间的联系日渐频繁，对城市交通和环境产生了相当大的压力，各功能区之间组织混乱。这种情况在柔性化生产方式下将得到改观。由于技术发展使工业生产环境得以改善，工业对居住区的影响越来越小，柔性化生产组织中采取小型化、市场化、非标准化的工业生产完全可以融合在居住区内，从而使传统居住区中居住与城市其他职能的土地混合利用程度加大，工作与居住环境的联系更为密切，城市功能分区用地从清晰日渐走向模糊。

5.1.4 生产方式演化案例分析

1．中国台湾生产方式的演化

从20世纪80年代开始，中国台湾企业代工生产（OEM）电脑部件。此后，随着IT行业的国际分工逐步深化，台湾温特制代工也沿着产业的价值链逐步上升，并围绕这个价值链建立自己独有的动态优势。20世纪90年代以后，发展为各种整机代工，参与温特制下的国际分工，进入代设计的ODM阶段，设计和制造能力提高，接单规模和业务范围扩大。随着ODM对外进一步走向全球化，低档部分转移至大陆，台湾则对集成电路等上游零部件进行大规模投资（图5-2）。

1998年以后，企业进一步延伸到供应链管理领域。IT行业的管理水平、技术水平、研发能力逐步提高，形成和发展了自有品牌产品，也发展出一些具有世界影响规模的台湾IT企业。

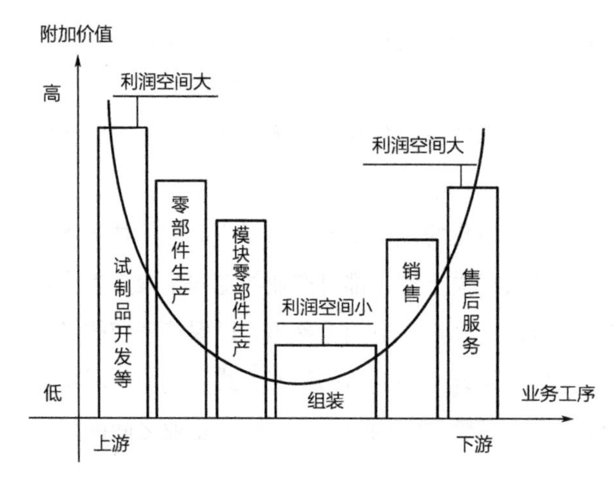

图5-2 产业“微笑曲线”

目前IT行业包含了上中下游厂商群体持续的制造技术更新、存货管理能力、生产技术的投资和多元化业务结构的建立。

2. 日本和韩国生产方式的演化

日本和韩国都比较注重创造自主品牌，在参与全球IT行业的竞争中也全力推广民族品牌。但是，两国的计算机企业没有意识到生产方式的变化。企业内部仍采用垂直一体化的标准模式发展，不与美国主流的个人电脑平台兼容，始终无法成为国际普遍接受的产业标准。

日韩企业曾经希望通过收购美国公司提高国际竞争力，如日本收购派克拜尔，韩国三星公司收购美国的AST，推广自己的品牌，但收购之后，资方未采用温特制的经营管理模式，因袭旧制，而未达到收购目的。

不过，韩国的大集团战略使其较容易积累资本与技术优势，例如在液晶面板领域，韩国企业的发展最具代表性，已经从最初的代工发展为拥有自主技术的国际品牌。

5.2 未来经济模式与生产方式转变的趋势

5.2.1 趋势判断：新经济时代的到来

1. 宏观趋势：全球化、信息化与知识化

1980年以来，全球化浪潮促进了新的劳动地域分工的形成，加速了跨国公司的全球重组、产业的国际转移趋势，使得世界城市体系之间的联系日益频繁，城市组

织呈现出网络化的趋势。同时，信息技术的发展及应用，信息化引发的生产分工与协作以及生产技术进步，也使得城市网络成为世界城市体系组织的新范式，推动了经济活动的分散化和经济联系的加强。甄峰等认为信息技术在生产过程中的应用改变了传统的生产方式，促使传统产业结构重构与空间转移。特别是20世纪晚期，资本主义生产方式开始从福特主义向灵活积累转变，在全球化和信息化的共同作用下，资本对区位的选择更加敏感，传统的国际分工日益演变为世界性的生产网络，分工和专业化从产业层面揭示了推动城市空间结构演化的深层动力。同时，知识经济强势兴起，产业类型出现新的分野，传统产业面临变革与重构。对产业发展有重要影响的关键技术将会是：信息通信技术、现代生物技术、纳米技术、新材料技术与能源技术。全球化、信息化、知识化推动着生产技术方式和生产组织方式的演进。

全球范围内的经济分工与产业结构的转变，使得城市空间的外部形态和内部结构也在全球范围内进行重组。经济全球化的形成和维系是以跨国公司和国际金融组织的全球生产网络和联系为基础的，是经济要素在全球范围内自由选择区位和组织生产的过程。新的劳动地域分工从3个层面对城市空间结构产生了影响：

①推动了生产组织方式的演进——从纵向一体到纵向分离，引起了空间活动的集聚与扩散，促进了城市空间的成长；

②改进了生产方式——从福特制到后福特制，引起了产业空间组织的变化，促进了城市体系的形成；

③增强了经济联系——从垂直到网络，促进了群体化城市体系内聚力的形成，都市圈、城市群成为先进生产组织方式的主要空间载体。

特别是进入21世纪以来，经济全球化带来的全球产业价值链[①]被中国发达城市的“切割”，以高新技术产业、高端服务业聚集而成的新产业空间的快速生长，成为统领城市和区域空间重组的主导力量，促进了城市空间资源、产业资源、市场资源的生态化、和谐化（表5-2）。其中，东部沿海地区的大城市或城市群，经济发展水平和国际化程度高，借助全球产业价值链融入全球城市体系，并寻求到展示自身核心竞争优势的节点位置，如北京、上海、广州。而中、西部多数城市，目前正处在工业化进程中期或后期，要进行大规模的产业空间置换、大力发展现代服务业，还需要进行长期规划与转型。未来，越来越多发展中国家的大城市将嵌入新的国际分工体系，参与国际竞争与国际资本流动。

① 全球产业价值链（GVC）是为实现商品价值而连接生产和销售等过程的全球性跨企业网络组织，涉及从原料采集和运输、半成品和成品的生产和分销，直至最终消费者的整个过程，包括所有生产者和生产活动的组织及其利润分配，并且通过自动化的业务流程和供应商、合作伙伴以及客户链接，以支持机构的能力和效率，多向联系超越了地域的邻近关系。

全球信息时代重要角色的新兴技术城市　　表5-2

地名	风险资本（亿美元/年）	人口（万人）	技术岗位（万个）	上网人占（%）	高技术企业（家）	主要产业
奥克兰	0.44~4.23（1999—2000）	40	1	87	300	因特网
奥马哈	0~0.6（1999—2000）	39	5	61	4000	电信、数据处理
塔尔萨	0~0.6（1999—2000）	39.3	5.4	48	380	因特网、电信
大坎皮纳	0.04~0.05（1998—2001）	36	0.05	9	—	商务软件、电子商务
汉兹维尔	0.002~0.6（1999—2000）	15	1.8	48	1000	电子、航空
阿克伦	0.17~2.15（1999—2000）	21.7	3	62	400	聚化物生产
巴塞罗那	0.27~1.55（1997—2000）	400	7.5	37	—	电信、IT
苏州	0~80（1992—2000）	570	8	1.3	—	计算机设备、鼠标、液晶显示屏

资料来源：美国《新闻周刊》（亚洲版），2001。

2. 经济模式：经济服务化

经济服务化是工业化高度发展之后产业结构的转变过程，表现为产业结构中服务业产值与比重超过工业，服务业是经济活动的重心（图5-3）。经济生产协作化程度提高、产业信息化和需求精致化推动经济服务化，服务业的就业与产值在产业结构中的比重不断提高。自20世纪70年代之后，随着全球工业化与城市化速度不断加快，全球经济服务化成为一种总趋势。经济服务化包括：（1）生产的软化；（2）生产的服务化；（3）服务的产业化；（4）服务的国际化。

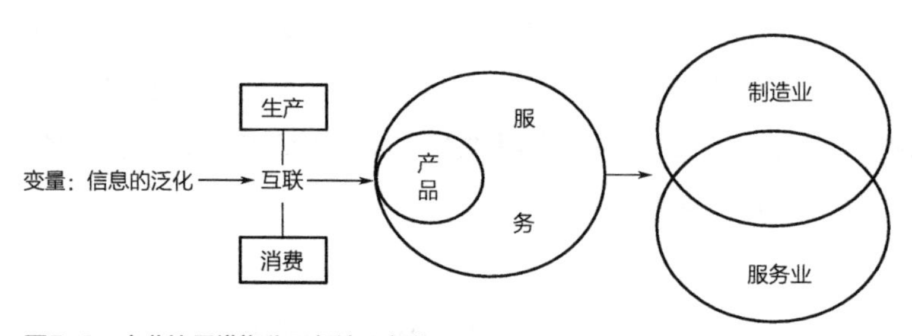

图5-3　产业边界模糊化及经济服务化

资料来源：周振华. 信息化与产业融合. 上海：上海三联书店，上海人民出版社，2003。

首先，随着全球经济服务化趋势越来越明显，生产性服务业已成为全球城市的主导产业。发达国家或地区经济服务化首先表现为城市的经济服务化，特别是全球城市的经济服务化。自20世纪70年代开始，纽约、东京和伦敦的城市产业结构发生了重要变化，第一产业趋于萎缩，第二产业出现外移现象，第三产业蓬勃发展，直接服务于制造业的生产性服务业强劲增长，这3个城市的生产性服务业增长率明显高于全国平均水平，区位熵都在1.5～2.5之间。从就业角度计算，服务业的就业率在不断上升，20世纪90年代中期，这3个城市的服务业就业份额都超过了60%。20世纪70年代以后，日本进入经济服务化时期。支撑产业发展的通信、金融、运输、流通等服务业逐步壮大，以城市型服务产业为主导的非制造业迅速增长。东京以其独特的优势成为服务业集中分布之地，形成了以生产性服务业为主导的产业体系，如金融服务机构以及与信息、通信相关的产业主要集中在东京圈，特别是与信息、通信相关的软件事务所仅东京就占了近40%。

其次，在制造业内部，部分传统制造业向先进制造业转化。一些国际大都市又成为高级生产与制造业中心，高新技术制造业用地比重逐步上升，如多伦多的ICT产业在整个北美地区颇具竞争力，洛杉矶的航空航天业、首尔的软件制造业等成为大都市的重要支撑产业（表5-3）。

1975—1998年不同年份纽约、伦敦和东京制造业和服务业就业分布　表5-3

城市	行业	1977年	1985年	1996年
纽约	制造业	21.9	15.4	9.0
	第三产业	63.7	73.8	80.3
	批发部分	19.4	20.2	19.3
	FIRE	15.9	17.3	17.0
	服务业	28.4	36.3	44.1
伦敦	制造业	22.0	16.0	8.4
	第三产业	73.0	78.5	88.5
	批发部分	13.5	20.5	15.4
	FIRE	9.9	18.2	11.7
	服务业	49.6	39.8	61.4
东京	制造业	25.1	22.0	16.9
	第三产业	54.5	59.8	62.8

续表

城市	行业	1977年	1985年	1996年
东京	批发部分	27.5	28.4	26.1
	FIRE	6.4	6.1	6.7
	服务业	20.6	25.3	30.0

资料来源：左学金等. 世界城市空间转型与产业转型比较研究. 北京：社会科学文献出版社，2011。

3. 组织方式：弹性专业化与模块网络化

（1）弹性专业化

弹性专业化的概念最早是由皮埃尔和赛伯提出来的。弹性专业化是高技术条件下出现的一种全新的专业化分工形式，与过去大批量生产、标准化生产时代的刚性专业化形成对比。弹性专业化是指企业运用全能性机器和训练有素的、适应能力强的劳动力，进行多样的、自身不断变化的专门化产品集合式生产，主要行为主体是中小型企业以及它们之间形成的网络化。

弹性专业化具有极强的快速反应能力，小批量、多品种、零库存、低成本和短周期是其主要特征。他们认为，企业与企业之间在竞争基础上的分工协作，企业与上、下游企业进行密切的交流，促进了区内产业链上各环节的创新，乃至整个弹性生产综合体的创新和发展。新产业区灵活性和专业化的生产方式、组织结构以及弹性劳动力，可以对不稳定和不确定的外部环境变化做出快速的反应；新产业区中网络结构的产业组织可以获得学习上的优势，有利于形成区域文化，促进产业结构新的调整和变化。

（2）模块网络化

模块化生产网络是一种新的产业组织形态。随着模块化生产方式的兴起，模块化生产网络作为以产品的可模块化为前提，通过编码化信息的交流与传递，并利用契约，将生产和组装模块的企业连接起来所形成的开放式网络生产体系，是产业组织形态演进的一种新趋向（图5-4）。斯金特（2002）的研究指出，模块化生产网络在空间上的集中与分散是相容的，并且有互相增强的趋势。跨国公司总部及其内嵌在各种专业化产业集群中的分支机构通过组织接近整合地理接近，在全球范围内重新建立战略体系，将分布在不同地区的企业或企业集群连接成一个有机的整体，这样模块化生产网络就突破了有形疆界，既可以是地理位置相互毗邻的产业集群地，也可以是跨地区、跨国界的网络组织，从而具有全球化的特征。

模块化分为企业内部的模块化及企业外部的模块化。

1）企业内部的模块化

随着产品和价值的模块化，其内部的各主体在组织上呈现出模块化趋势。从产品生产或服务提供价值链上的一个个战略经营单元变为自主经营、自负盈亏、自我约束和自我发展的集束式组织。在实践中，企业集团的集束式组织的出现来自于美国的通用电气公司发起的“通用革命”。经过基于能力整合的模块化变革，通用电气公司按企业核心能力重新划分的集束式组织共有11个，其中10个进入了2003年的全球销售收入500强。

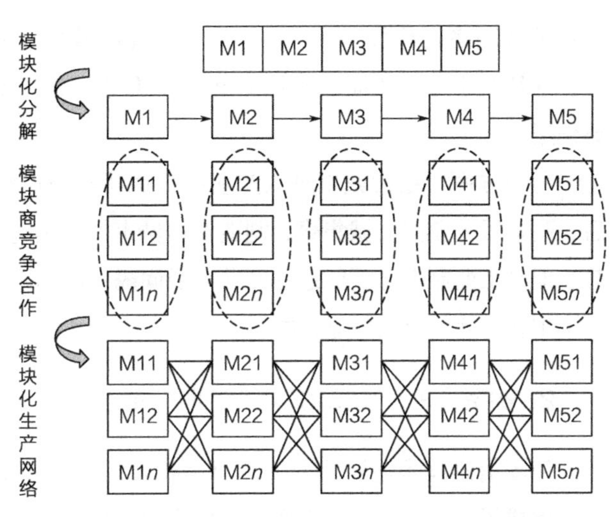

图5-4　模块化生产网络的形成过程

2）企业外部的模块化

根据波特（2000）的解释，簇群是指在某一特定领域内相互联系、在地理位置上集中的公司和机构的集合。模块簇群化的网络组织是指大量的模块供应商和模块集成商集聚于某一特定的地理空间，共同从事模块化产品或服务产品的设计、制造和整合。如意大利皮革业群、印度班加罗尔软件业群、美国加利福尼亚制酒业群、中国河北清河县羊绒业群和浙江诸暨大唐袜业群等。

5.2.2　产业转型对城市空间结构的影响

1. 形态：“大分散，小集中”

集聚与扩散是现代城市发展过程中形成的一个基本的空间经济运动原则。弗里德曼的产业空间发展空间一体化理论，实际上也是工业革命以来城市空间与郊区空间、近郊空间一体化过程中，集聚—分散—再集聚—再分散的形象展示。中国台湾学者唐富藏通过对区域空间结构演变过程的研究，认为区域空间结构的演变一般要经过早期发展的集中阶段、集中后分散阶段和分散后地方中心成长阶段3个阶段。全球化和信息化推动生产方式与经济模式的转变，进而城市的产业空间结构形态将从集聚走向分散，但分散中又有集聚。

后福特主义时期，由于市场的不确定性和技术的快速变化，生产的水平和垂直分化以及不同规模企业之间的网络化是节约交易费用的有效制度形式，便捷的交通和通信系统使地理位置不再是企业竞争优势的来源，跨国公司在全球和区域范围内呈现分散网络化趋势。同时在一定的地理区域内，创造性的成果（如生产性服务业）往往产生于群体面对面的交流中，“集聚生产”对企业的生产竞争优势起着重要作用。

另一方面，在大城市进入产业结构优化与城市空间结构重组的后工业化阶段后，高端服务业向主城集聚，制造业向城市外围集约性扩散，是一种不可阻挡的趋势。但是工业制造业不能遍地开花，要间隔一定的距离，同一类型的高新技术企业要集中在一起，形成产业集群。

2．类型：多元多层次的产业空间单元

伴随信息技术与网络经济的进一步发展，以知识为基础的新经济形态正在兴起，促成了一些“新产业空间”的出现和区域经济格局的形成。随着产业结构的调整、功能重组、规模扩张的进程进一步加速，以经济技术区、中央商务区、新型商业区、大学城、跨国公司制造基地的设立为代表的城市新产业空间大量涌现，对原有城市空间格局产生了很大影响。不同类型、不同主题的产业空间通过集聚—扩散—升级—再集聚—再扩散构成开放的新产业价值链，直接推动城市空间品质的提升，使城市空间告别摊大饼的同质化模式，实践多元化扩张模式。如上海浦东新区、苏州新加坡工业园和新城建设、南京河西新城建设。

同时，不同附加值的产业在空间的集聚分布表现为规律性的动态平衡，按产业的不同各类用地布局显现出明显的区位特征。研发机构和部门往往倾向于大学和科研机构的密集区，生产加工基地则倾向于交通便利、土地便宜且产业配套能力强的区域，展示销售区域往往集中在城市的门户和窗口地区。新产业空间是以新的生产方式或新的产业组织模式为基本特征，与我国传统计划经济建设繁荣传统工业空间相区别的空间类型。新产业空间中最具代表性的热点类型包括高科技产业园、创意产业园和总部经济园区。

3．统筹：城乡一体、区域统筹的产业空间布局

自20世纪80年代以来，世界大城市普遍出现了大郊区化的产业相对松散布局和远程扩散的趋势，“如何处理好城市与区域之间的产业发展联系”越来越成为城市产业空间布局规划的关注核心。国际大城市或大都市区的产业空间布局基本是在城乡一体化的空间中，通过产业关联、产业链整合以及产业内部联系和地域外部环境相互作用与协调而形成相对稳定的区域产业体系，空间上呈现连绵一体化趋势。从世界城市群的发展来看，区域联合、区域调整是区域融合的主要路径，城乡一体、区域统筹是产业空间布局的重要思路。

5.3　武汉现状产业发展与空间分布

5.3.1　经济发展现状

（1）经济总量增速快、排名呈回升态势

①GDP总量增长速度快。2008—2013年GDP的年均增长率为17.13%。通过武汉与其他主要城市（北京、上海、广州、深圳、苏州等）经济指标的横向对比可以看出，武汉相比均落后（图5-5）。2008年以前，武汉GDP的增速均慢于其他城市，特别是1997—2007年，发展速度缓慢。2008—2013年，武汉GDP增速明显领先于其他城市，目前正处于经济发展的加速期（图5-6）。

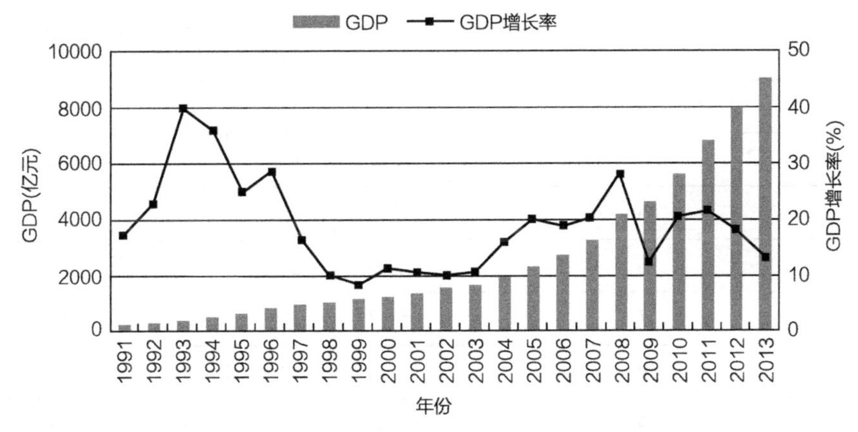

图5-5　武汉历年GDP及增长率变化情况（1991—2013年）
资料来源：武汉统计年鉴2013。

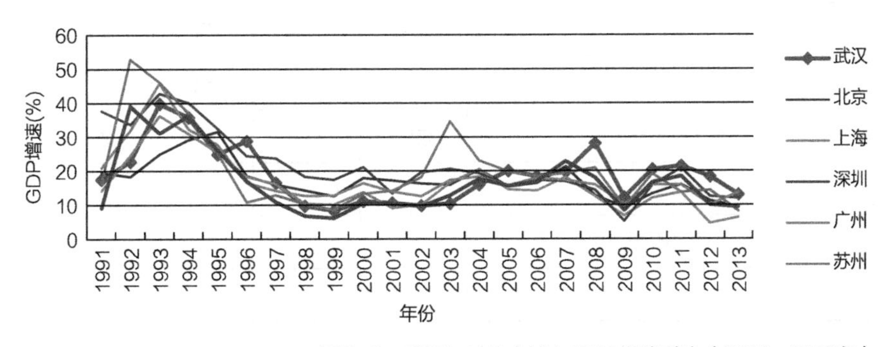

图5-6　武汉与其他大城市GDP增速对比（1991—2013年）

②总量排名有回升态势。自1980年以来，GDP排名呈“U字形”发展态势，近年来有逐步上升的趋势。受国际金融影响，2007年武汉占全国GDP比重出现下降，武汉在全国GDP排名也出现下滑。2011年初，武汉市提出工业倍增计划，工业经济

实现快速发展，进一步促进了GDP的增长。

③收入达到中等发达国家和地区水平。2013年武汉地区GDP达到9051.27亿元，在15个副省级城市中居第4位，在全国GDP排名第9位（表5-4），人均GDP达到79158.40元，折合12781.50美元，达到中等发达国家和地区水平。经济学研究中普遍认为，人均GDP=10000美元是一个重要的发展临界点，也是城市与区域发展的关键时期。它不仅标志着地区经济已达到中等收入国家的水平，而且也预示着城市发展开始发生结构性的变化并进入相应的转型期。

武汉在全国GDP排名 表5-4

排名	1980年	1990年	2005年	2011年	2013年
1	上海	上海	上海	上海	上海
2	北京	北京	北京	北京	北京
3	天津	重庆	广州	广州	广州
4	重庆	广州	深圳	深圳	深圳
5	广州	天津	苏州	天津	天津
6	沈阳	沈阳	天津	苏州	苏州
7	武汉	苏州	重庆	重庆	重庆
8	青岛	成都	杭州	杭州	成都
9	大连	杭州	无锡	无锡	武汉
10	成都	哈尔滨	青岛	成都	杭州
11	哈尔滨	青岛	宁波	武汉	无锡
12	南京	大连	南京	青岛	青岛
13	苏州	武汉	佛山	佛山	南京
14	杭州	南京	成都	大连	大连
15			大连		佛山
16			沈阳		
17			武汉		

（2）投资拉动占主导，制造业已成为投资主体

①投资占GDP比重超过60%。2000—2012年间，固定资产投资总值和社会消费品零售额逐年增加，但固定资产投资占GDP比重逐年上升，社会消费品零售额占GDP比重呈下降态势（图5-7、表5-5）。2000—2006年，消费比重一直高于投资比

重。2012年，固定资产投资占GDP比重达到63%，这说明投资拉动已成为武汉经济增长的主要驱动因素（图5-7）。

②制造业所占比重一直最高，是武汉市投资的主体。在固定资产投资的行业构成中，制造业所占比重一直最高，达到40%以上，成为武汉市投资的主体（图5-8）。

武汉与其他城市主要经济指标对比（2012年）　表5-5

城市	GDP（亿元）	人均GDP（元）	规模以上工业总产值（亿元）	在岗职工工资（元）	固定资产投资（亿元）
武汉	8003.82	79079.75	8840.00	48942.00	5031.00
北京	17801.00	87091.00	15405.80	84742	6462.00
上海	20101.33	84444.11	31548.41	56300	5254.38
广州	12950.08	105909.37	15000.00	63752	3758.39
深圳	13551.00	122779.83	20884.10	55143	2314.43
苏州	12011.65	112743.10	28650.00	57622	5266.49
南京	7201.57	88243.72	11405.12	60422	4683.45

注：人均GDP按常住人口来算

资料来源：各城市统计年鉴。

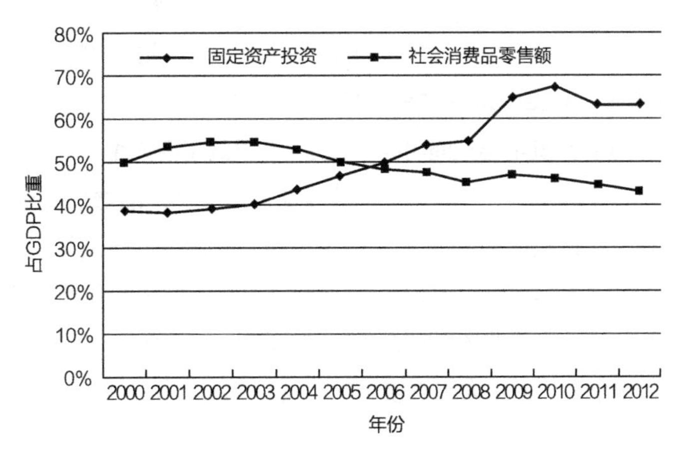

图5-7　武汉固定资产投资与社会消费品零售额占GDP比重（2000—2012年）

（3）经济密度呈现显著的内高外低

经济密度指每单位土地的经济总量，亦指每单位土地经济活动的地理密度，表示单位面积土地上经济效益的水平，一般以地均GDP、地均资本等指标表示。

武汉市的经济密度整体呈现内高外低的分布特点（图5-9），外围以工业为主导的区域地均GDP低，内城以第三产业为主导的区域地均GDP高，且差距较大，发

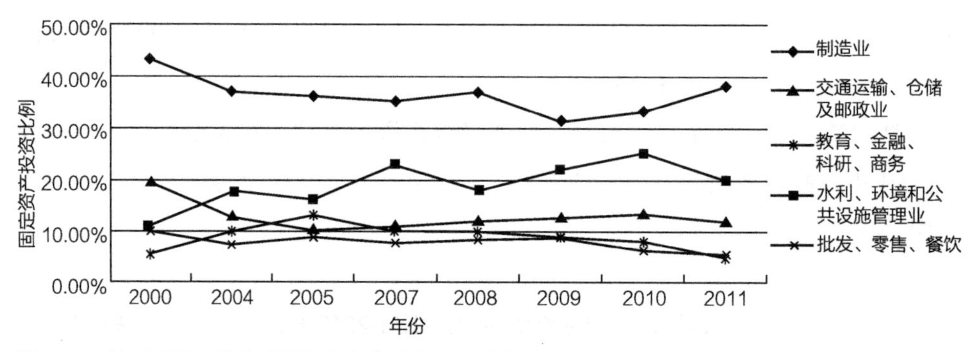

图5-8 武汉分行业固定资产投资构成（2000—2012年）

展不平衡。在武汉市14个行政区中，江汉区“异军突起”，地均GDP为19.95亿元/km²，而最低值在北部黄陂区，地均GDP为0.17亿元/km²。

经济密度的分布与产业结构有直接联系。究其原因，江汉区2012年第三产业增加值占其GDP总量的88%，第三产业比重大，而第三产业的附加值高，对于经济的贡献率更大。以黄陂区为代表的外围以工业为主导的地区，靠土地空间的快速粗放扩张来实现GDP的增长，增长方式粗放，地均产值偏小。

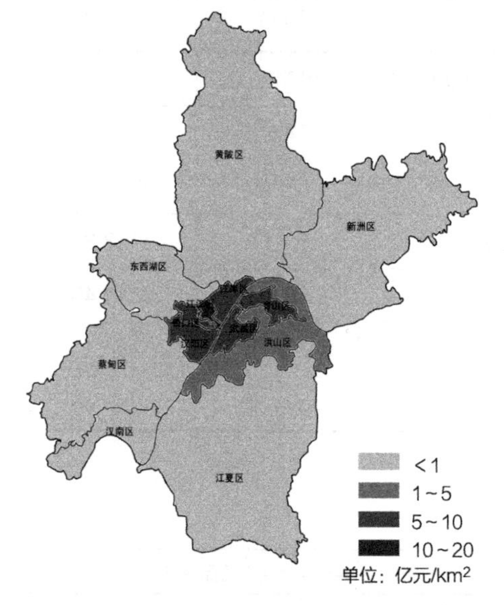

图5-9 武汉经济密度的空间分布图（2012年）

（4）GDP与空间用地增长具有明显的正相关性

城市空间与经济有很强的互动作用，经济的增长对城市空间生产的需求，造成城市建设用地不断增长。武汉市1990—2012年建设用地与GDP的相关系数为0.961（表5-6），相关性十分显著（相关系数>0.95表示显著相关）。这说明武汉市经济增长与建设用地的拓展存在紧密的正相关性，经济的增长促进城市规模的不断扩大，而城市规模的扩大也直接导致建设用地的增长（图5-10）。

武汉市1990—2012年建设用地与GDP的相关性分析　　表5-6

项目		GDP（亿元）	建设用地（km²）
GDP（亿元）	Pearson 相关性	1	0.961**
	显著性（双侧）		0.000
	N	23	23

续表

项目		GDP（亿元）	建设用地（km^2）
建设用地（km^2）	Pearson 相关性	0.961**	1
	显著性（双侧）	0.000	
	N	23	23

**在0.01 水平（双侧）上显著相关。

从历年城市空间增长来看，从中心向外围无序转移，产业空间分散，产业结构未发生明显变化。2000年以前，武汉市的城市空间扩张主要集中在主城区。拓展方向主要沿长江、汉江以及主要的城市主干道延伸，其中向西沿东西湖大道拓展，向西南沿318国道拓展，向南沿武咸公路、解放大道拓展，向东沿珞瑜拓展。2000—2006年，土地开发重心加速转向外围城区。空间发展沿“六轴一环”由内向外推移，金银湖、沌口、关山、流芳等开发最大。2006年以后，武汉中心城区外围六大新城组群建设用地增长迅猛，依托主城区边缘生长，进一步助长城市蔓延，建设面积从2006年的214km²增长到2012年的563km²，城市空间各方向均衡拓展，没有明显的集聚空间，产业空间布局分散，产业结构并未有明显变化（图5-11）。

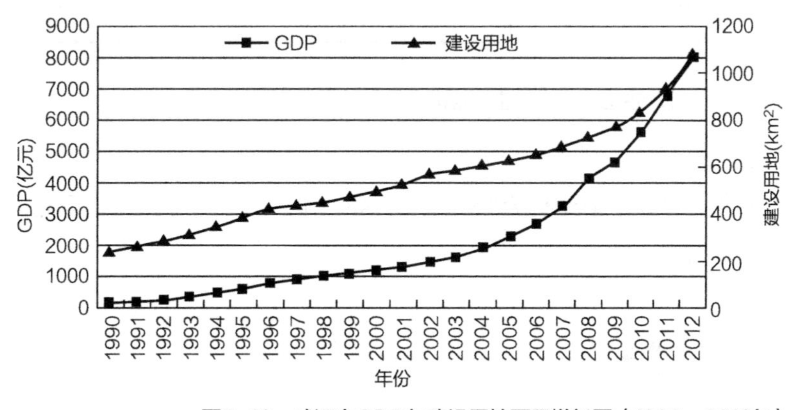

图5-10　武汉市GDP与建设用地面积增长图（1990—2012年）

5.3.2　产业结构分析

1．三产结构

①第二、三产业交替演变，近期交织并进。1980—1998年，武汉产业结构为“二、三、一”。1998年，武汉三产比重为7.6：44.9：47.5，第三产业比重首次超过第二产业，形成了“三、二、一”的产业格局。1998—2010年，产业结构一直保持为“三、二、一”。近年来，在工业倍增计划的刺激下，工业发展呈现抬头趋势，

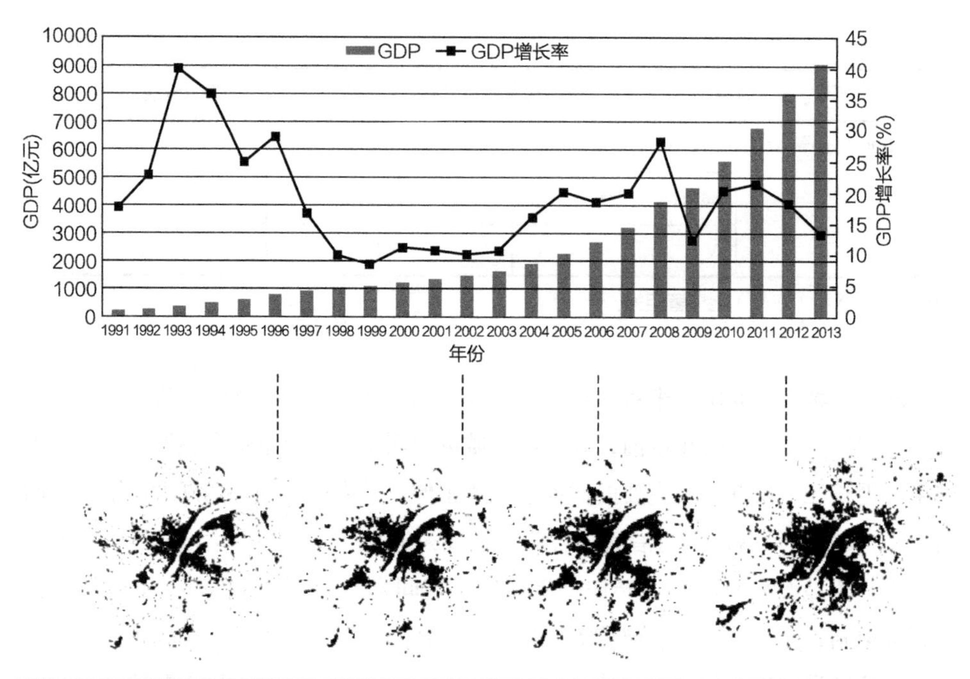

年份	人口(万人)	人均GDP(元)	建成区面积(km²)	三产结构
1996	5799	10923	280	9.2:46.8:44
2002	5665	19377	342	6.2:43.3:50.5
2006	5702	30833	440	4.3:45:50.7
2012	1012	79079.75	520	3.8:48.2:48

图5-11　武汉经济发展与城市空间结构

2012年，武汉产业结构为3.8∶48.2∶48，第二、三产业结构比重趋同，处于交织并进发展阶段（图5-12）。

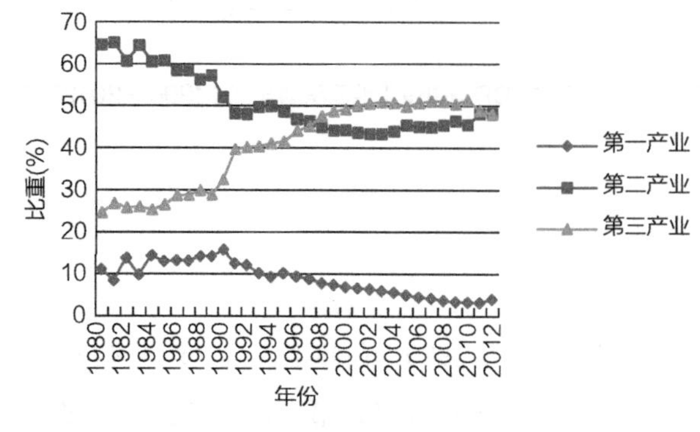

图5-12　武汉市三产结构比重图（1980—2012年）
资料来源：武汉历年统计年鉴。

②产业结构高度化水平低。与其他主要城市对比来看（图5-13），2012年，北京、广州、上海、深圳四市第三产业比重明显超过第二产业；而武汉、苏州、南京等城市第二、三产业比重比较接近。与发达城市相比，武汉第三产业比重并不高，不能体现武汉作为中部地区区域性中心城市的重要地位。武汉产业结构高度化水平在国内城市并不领先。

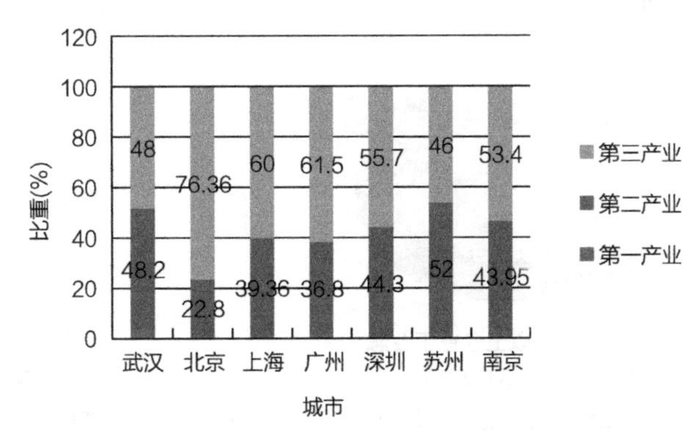

图5-13　主要城市产业结构比较（2012年）
资料来源：武汉历年统计年鉴。

2．制造业：大型国有企业支撑下的重工业主导

①国有企业数量不多，但经济贡献率较高。2012年，武汉规模以上国有企业共40家，占规模以上企业总数的1.7%；但工业总产值达1798亿元，占17.3%（图5-14）；主营业务收入3646.25亿元，占37.7%；与其他城市相比，武汉国有企业的主营业务收入明显较高（图5-15）。这些国有企业均历史悠久，名气大，实力强。如东风本田汽车有限公司、武汉钢铁（集团）公司、中国石化销售有限公司华中分公司、湖北中烟工业有限责任公司、三环集团公司、烽火通信科技股份有限公司。

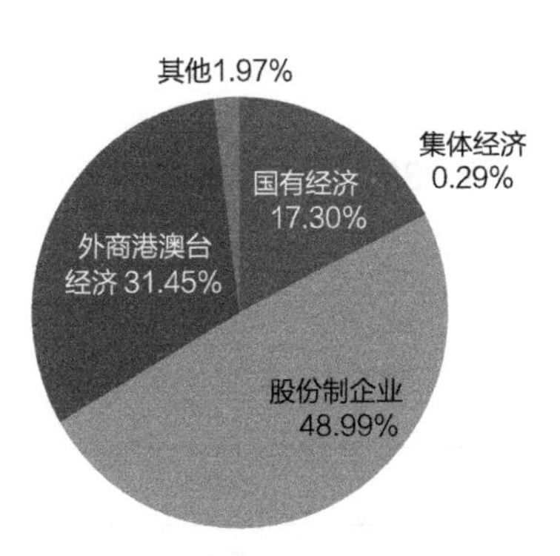

图5-14　规模以上企业工业总产值分类构成

资料来源：武汉市经济和信息化委员会2013年产业统计数据。

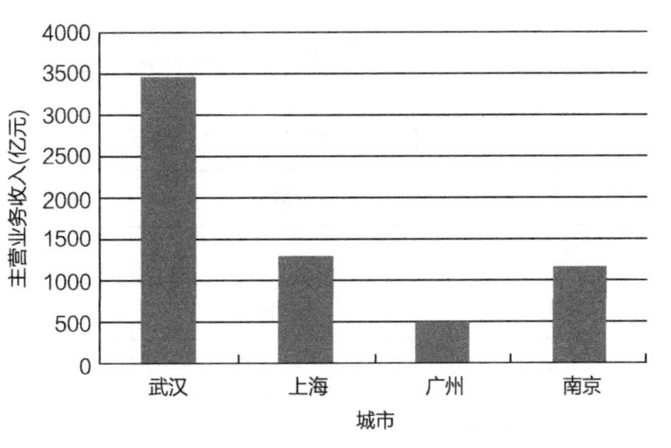

图5-15　规模以上国有企业主营业务收入比较（2012年）

资料来源：武汉市经济和信息化委员会2013年产业统计数据。

②制造业结构具有明显的重化工特征。2013年，武汉规模以上企业工业总产值构成中，重工业所占比重为76.97%，具有明显的结构优势。

③初步形成11个重点产业，6个千亿元产业。武汉11个重点产业总产值占规模以上企业总产值的98.07%（2013年）。规模以上企业总数为2015家，工业总产值为10193亿元，企业个均总产值为5.06亿元。能源环保、钢铁及深加工、汽车及零部件企业个均总产值相对较高。装备制造、汽车及零部件企业数量最多（图5-16～图5-18、表5-7）。

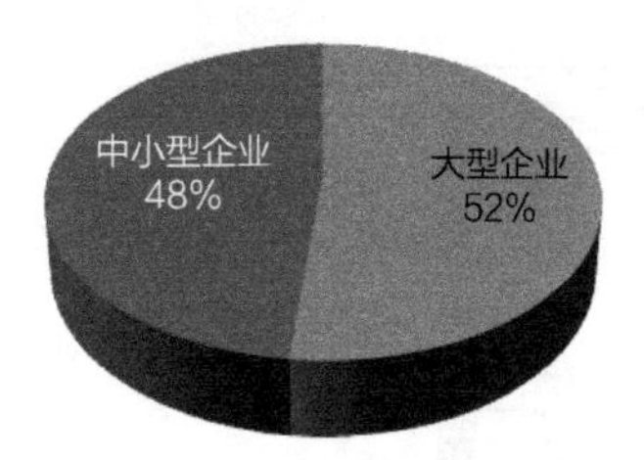

图5-16 规模以上企业工业总产值分类构成（2013年）

资料来源：武汉市经济和信息化委员会2013年产业统计数据。

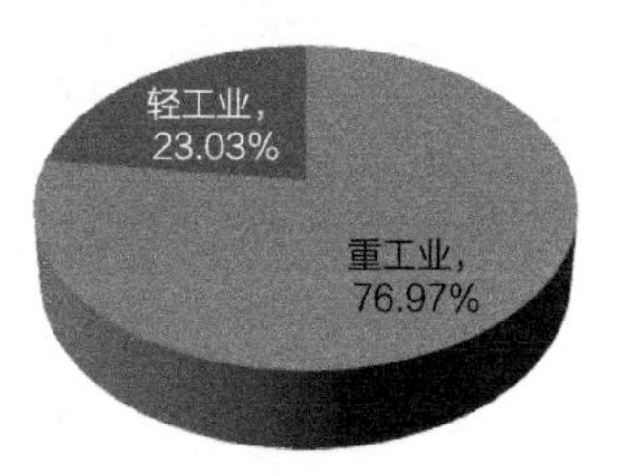

图5-17 规模以上企业工业总产值类型构成（2013年）

资料来源：武汉市经济和信息化委员会2013年产业统计数据。

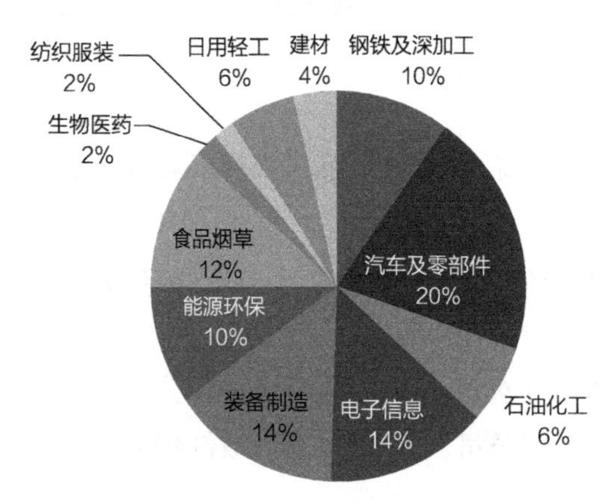

图5-18 规模以上企业工业总产值产业构成（2013年）

资料来源：武汉市经济和信息化委员会2013年产业统计数据。

11个重点产业规模以上企业数量及工业总产值（2013年） 表5-7

产业类型	企业数量（家）	工业总产值（亿元）	个均总产值（亿元）
汽车及零部件	231	2069.58	8.96
电子信息	190	1418.99	7.47
装备制造	528	1480.09	2.80
食品烟草	196	1210.22	6.17
能源环保	78	1005.01	12.88
钢铁及深加工	108	1003.21	9.29

续表

产业类型	企业数量（家）	工业总产值（亿元）	个均总产值（亿元）
石油化工	133	659.86	4.96
日用轻工	150	563.11	3.75
建材	209	387.93	1.86
生物医药	82	212.16	2.59
纺织服装	110	182.80	1.66
合计	2015	10193	5.06

资料来源：武汉市经济和信息化委员会2013年产业统计数据

3．生产性服务业：基础总量滞后，增速平缓，发展潜力大

在信息技术革命和经济全球化的推动下，“经济服务化”和“服务知识化”已经成为经济发展的主要特征。各种介于第二、三产业之间的中间需求性服务业，也成为后福特经济社会的新兴产业主体，它们包括第二产业中附加值较高的部分，如上游的研发设计和下游的营销、结算（包括总部经济），以及由此衍生的售后服务、会展等功能性中心；一些高附加值、少污染、具有核心技术的新兴制造业，如通信电子、医疗器械、环保材料制造等产业；还包括第三产业中物流、培训、广告；而且也包括以IT产业为代表的数字网络产业，如电子商务、软件业等。这种广泛的“制造业服务化”现象，其核心是为保持制造业生产过程中的连续性、促进制造业生产技术进步、产业升级和提高生产效率、提供保障服务的环节分化，其本质是制造业向服务业延伸，向“微笑曲线”两端延伸，以获得增值效益，故而也被形象地称为“2.5产业”。“2.5产业”的核心是生产性服务，是指那些作为商品或其他服务生产过程的投入而发挥作用的服务，因此归根结底属于第三产业。尽管目前国内外学术界尚无统一界定，但根据Sassen的定义以及中国国家标准工业分类，中国的生产性服务业包括“交通运输、仓储和邮政业”“信息传输、计算机服务和软件业”“金融业”“房地产业”“租赁和商务服务业”以及“科学研究、技术服务和地质勘察业”六大类。

此次研究对象主要界定为“2.5产业”中与制造业相关的科技研发、会展服务、文化创意、综合物流等产业功能。因此按照上述六大类生产性服务业分类，此次主要研究“交通运输、仓储和邮政业”与“科学研究、技术服务和地质勘察业”。

（1）基础总量滞后，发展水平不足

目前处在初级发展阶段，基础总量偏低。2012年第三产业总值为3843.05亿元，生产性服务业总值为1426.79亿元。与其他大城市相比，基础总量偏低（见图5–19、表5–8）。同时，2005—2012年生产性服务业产值占第三产业生产总值的比重基本维

持在37%～38%（图5-19），与其他大城市生产性服务业的占比仍有差距，生产性服务业发展不足。在六大类主要的生产性服务业行业中，金融业的增长速度最为明显，2005—2012年增幅达529%（见图5-20）。

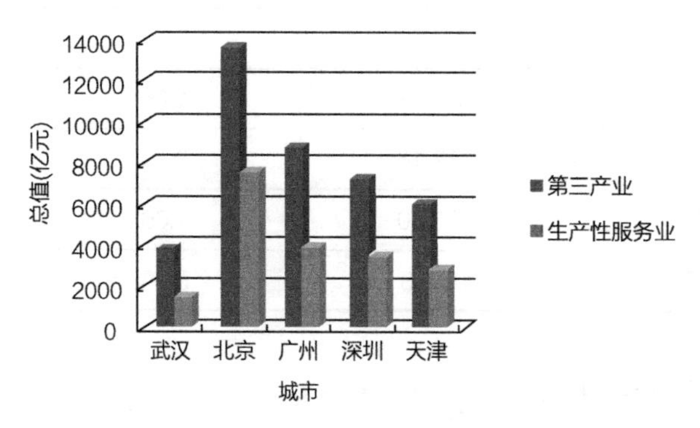

图5-19　第三产业与生产性服务业总值比较

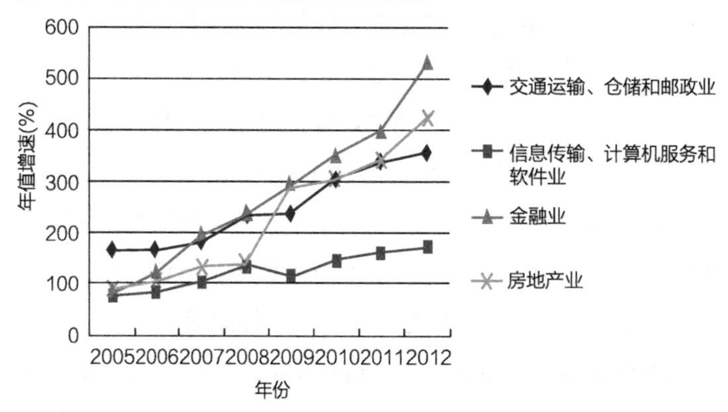

图5-20　武汉生产性服务业各类型产业产值增速

全国主要城市第三产业及生产性服务业总值与占比（2012年）　　表5-8

城市	第三产业（亿元）	生产性服务业（亿元）	占比（%）
武汉	3843.05	1426.79	37.1
北京	13669.90	7584.00	55.5
广州	8616.79	3797.58	44.1
深圳	7206.12	3442.65	47.8
天津	6058.46	2580.09	42.6
重庆	4494.41	1944.95	43.3
成都	4025.26	1856.95	46.1
沈阳	2904.23	1064.55	36.7
青岛	3575.47	1450.17	40.6
济南	2612.61	1098.50	42.0

续表

城市	第三产业（亿元）	生产性服务业（亿元）	占比（%）
大连	2911.67	1398.44	48.0
长春	1847.68	740.09	40.1
杭州	3974.27	1805.23	45.4
宁波	2796.85	1053.47	37.7

资料来源：各城市统计年鉴。

（2）产业增速平缓，发展潜力较大

武汉科技研发具有明显的比较优势。经测算，武汉市2012年生产性服务业在第三产业中的区位熵为1.03，说明武汉市生产性服务业比全国平均水平有微弱的比较优势，但不明显。6个行业中，仅“科学研究、技术服务和地质勘察业”比较优势明显，区位熵达到了1.58，与武汉科教资源大市的地位相匹配。而其他行业则基本处于全国平均水平，区位熵均在1左右（表5–9）。

2012年武汉市生产性服务业区位熵　　表5–9

指标名称	区位熵
生产性服务业	1.03
交通运输、仓储和邮政业	0.93
信息传输、计算机服务和软件业	1.04
金融业	0.99
租赁和商务服务业	0.99
科学研究、技术服务和地质勘察业	1.58

总部经济发展能力位于全国第Ⅱ能级。总部经济不仅能够促进产业向价值链高端环节延伸，也能够带动相关生产性服务业发展，进而推动产业结构优化升级，提升城市能级。据《中国总部经济发展报告2013—2014》对全国35个主要城市总部经济发展能力的评价结果显示，全国35个主要城市总部经济发展能力呈明显的梯度差异，可划分为4个能级，第Ⅰ、Ⅱ能级的城市已经成为我国大型企业总部聚集的重要区域，其中武汉位于第Ⅱ能级（图5–21）。2010年，总部在武汉的企业共有7家进入综合排名中国500强，分别是东风本田汽车有限公司、武汉钢铁（集团）公司、中国铁路武汉局集团有限公司、湖北中烟工业有限责任公司、中国葛洲坝集团有限公司、武汉商联（集团）股份有限公司、九州通医药集团股份有限公司。2010年中

国有54家企业进入世界500强，中部6省只有武汉的东风本田汽车有限公司、武汉钢铁（集团）公司2家进入世界500强企业，仅次于拥有30家的北京、3家的上海，与深圳共同排名第3位。

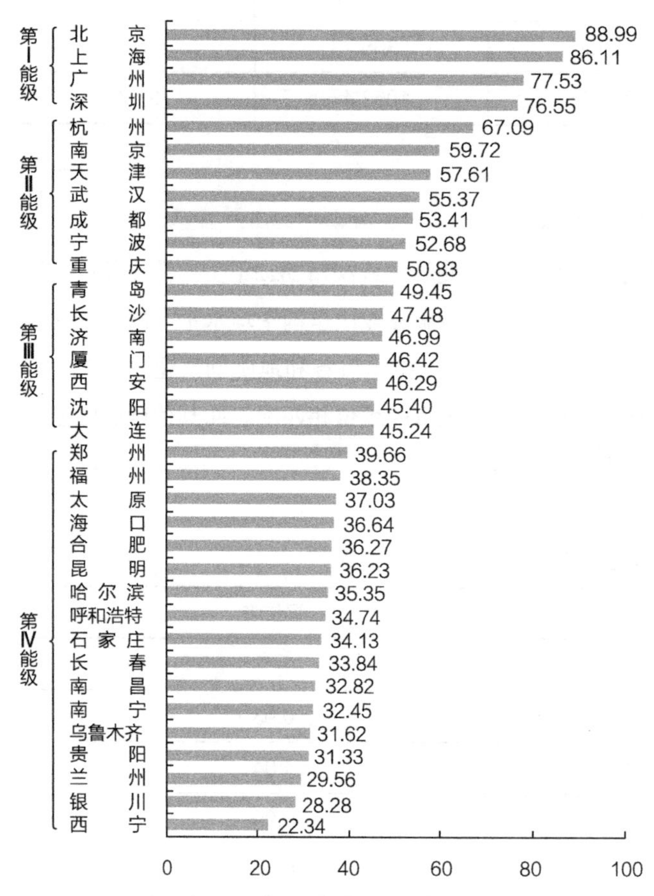

图5-21　全国各城市总部经济发展能力能级图

资料来源:《中国总部经济发展报告（2013—2014）》。

5.3.3　产业空间分布特征

1．总体特征：第三产业内聚与第二产业外扩的圈层式分布

武汉市的工业用地大致呈现“服务业-工业”由内向外的圈层布局，工业有从中心城区向三环线以外迁移的趋势，服务业有向中心城区集聚的趋势。为了更加直观地分析20世纪90年代以来武汉城市产业空间分布的情况，以武汉20世纪90年代以来的土地开发重心为圆心，分别以5km、10km、15km、20km、25km、30km、35km为半径，将研究范围划分为7个同心圆带；然后再按N、NNE、E、SSE、S、SSW、W、NNW8个方向将同心圆割成8个均等的扇形，建立扇形圆周系统

（图5–22）。依照扇形圆周系统，旧城的范围基本上在半径为5km的圆内，中心城区在半径为15km的圆内，外围组团位于半径为15～35km的圆环内。从空间上看，武汉市区产业整体呈现工业外拓、服务业内聚的趋势。武汉市的工业产业分布“疏密”有致，从中心到外围逐渐变密，在西北的吴家山、金银湖、古田组团，西南的沌口、四新组团，东北的武钢、阳逻组团及东南的关山、流芳、纸坊组团4个方向集中；而商业、金融、商务、信息咨询等现代服务业则主要集中在中心城区。

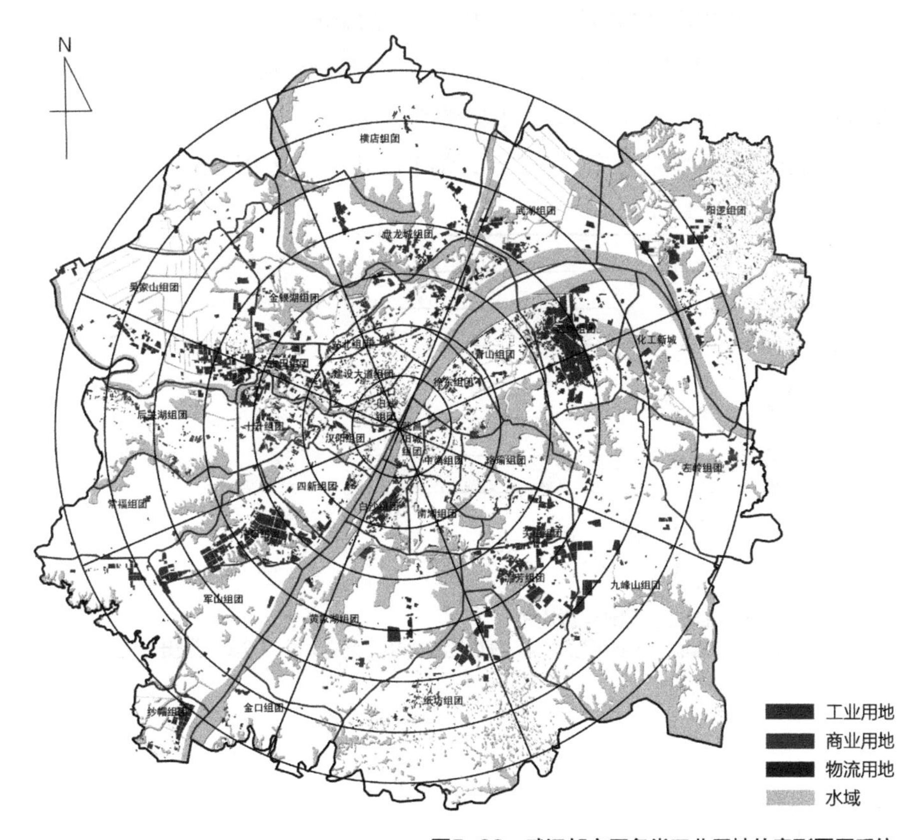

图5–22　武汉都市区各类工业用地的扇形圆周系统

2．工业用地空间分布特征：结构偏高，圈层外移

（1）工业用地数量结构显著偏高

2011年，武汉市域工业用地面积188km^2，占城镇建设用地总面积的24%。据国际经验分析，国外综合性城市在工业化高级阶段的工业用地比重一般为15%～17%，发达国家城市一般为5%～10%。武汉工业用地面积占建设用地总面积的比重超过国外综合性城市的1倍左右。但与我国发达城市相比，工业用地增长仍具有潜力（图5–23）。

（2）工业用地呈圈层布局，外移趋势明显

武汉都市区工业用地呈圈层布局特点，三环线以外成为主要的工业空间承载地

（见图5-24）。

①中心城区工业用地大幅减少。中心城区工业用地从1993年的14.84km²削减到2011年的4.5km²，占建设用地总面积的比例削减了28%。同时，中心城区用地零散，仍保留有一定规模的化工、纺织、机车、机械等污染较重的制造业企业，其中，青山区作为武汉老工业基地，现在仍保留武汉钢铁（集团）公司、中国一冶集团有限公司、中国石油化工股份有限公司武汉分公司、武汉青山热电等大型国有企业，对武汉城市中心区功能的整体提升有一定的影响。

②三环线以外工业用地持续增长。工业外移趋势明显。工业用地从1993年的49.94km²增长到2011年的148km²，占比增加50%。

③都市区外围零星分布。2011年，都市区外围工业用地面积为4.3km²，零星分

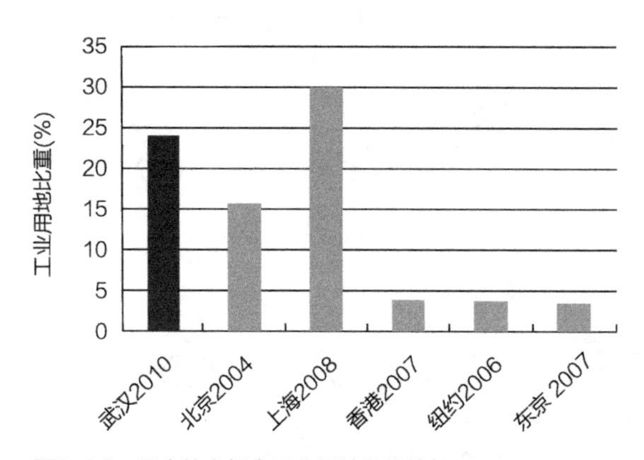

图5-23　国内外大都市工业用地结构比较
资料来源：石忆，邵范华．产业用地的国际国内比较分析．北京：中国建筑工业出版社，2010.

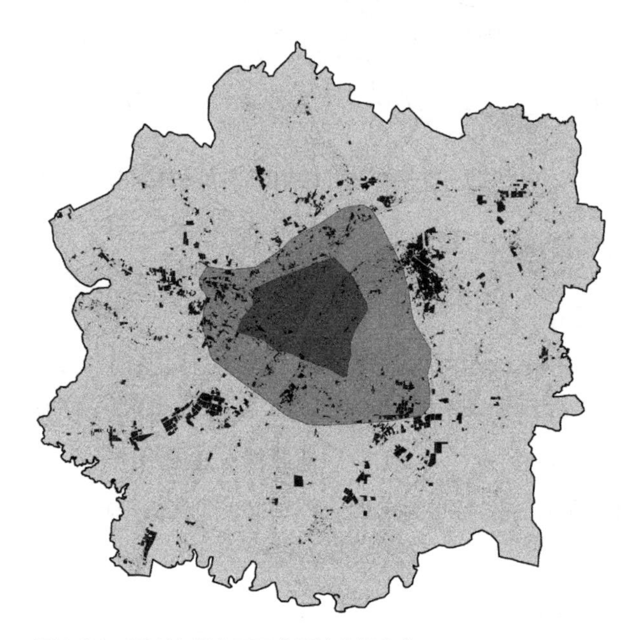

图5-24　2011年都市区工业用地空间分布

布在郗城、纱帽和前川（表5-10）。

1993—2011年武汉市都市区工业用地面积分布 表5-10

圈层类型	1993年工业用地		2011年工业用地	
	面积（km^2）	占比（%）	面积（km^2）	占比（%）
中心圈层（二环线以内）	14.83	29.7	4.5	2.4
中间圈层（二环线与三环线之间）	19.71	39.5	30.3	16.5
外围圈层（三环线以外）	15.40	30.8	148.9	81.1
合计	49.94	100	183.7	100

（3）园区化程度不高，地均效益低

园区"小而散"，规模化发展水平不高（图5-25）。6个远城区和3个中心城区的现状已建工业用地面积均不超过10km^2（图5-26），都市区内远城区工业园区达到24个，工业用地建成规模低于2km^2的工业园区达到一半以上（图5-27）。

各工业园区地均效益低，差异较大（表5-11、表5-12）。2011年，武汉市地均工业产值为38.5亿元/km^2，远低于五大中心城市65亿元/km^2的平均水平，位列15个副省级城市的第7位，与其他发达城市相比相差甚远（图5-28），苏州、天津、香港的地均工业产值分别在2006年、2007年、2007年超过了80亿元/km^2。国家级开发区贡献率较高，全市3个国家级开发区，占全市工业总产值的63%，其中东湖自主创新示范区与武汉经济技术开发区以24%的工业用地创造了54%的工业产值。2012年，东湖自主创新示范区地均工业产值为182亿元/km^2，是全国高新区综合排名第4位（88），武汉经济技术开发区在国家级开发区中排名第14位（90）。同时，武汉远城区的地均工业产值仅为23.4亿元/km^2，中心城区为35亿元/km^2，产业等级过低，效率低下，与高新区及经济技术开发区差距较大（图5-29）。

3．工业企业空间分布特征

（1）研究方法

以武汉市经济和信息化委员会提供的微观企业数据为基础，数据包含全市2164家规模以上企业的企业名称、街道编码、所在行业编码和工业总产值。以11个"新城/片区"为空间分析单元，运用企业地理学方法，通过对产业最为微观的组织单元——企业的空间行为进行研究，从微观层面分析11个产业的空间分布特征和企业组织形式。以规模以上企业数量及工业总产值的空间分布作为本次研究的切入点，研究各产业类型的空间区位以及分布特征（图5-30）。

武汉各开发区现状工业用地面积和地均工业产值（2012年） 表5-11

开发区	地区	现状工业用地面积（km^2）	现状地均工业产值（亿元/km^2）	主导产业	空间依托
国家级开发区	东湖自主创新示范区	16.5	182	光电子信息、生物医药、高端装备制造、节能环保	
	武汉经济技术开发区	22.8	74	汽车、电子电器、印刷包装、食品饮料、生物医药、新能源	
	吴家山经济技术开发区	14.0	36		
新型工业化示范园区	新洲	8.99	24.1	钢材深加工、桥梁钢结构、重型装备制造、新材料、服装纺织	新洲新型工业化示范园区、古龙重装基地、双柳工业园、邾城工业园
	江夏	13.08	27.9	装备制造、光电子信息、新能源汽车	江夏新型工业化示范园区、金口开发区、庙山开发区、藏龙岛科技园
	汉南	3.91	15.3	装备制造、新能源汽车	汉南新型工业化示范园区、湘口工业园
	蔡甸	7.78	38.5	汽车及零配件、电子信息、汽车相配套产业	蔡甸新型工业化示范园区和蔡甸城关工业园
	东西湖	15.48	23.9	食品及烟草加工、机电物流、节能环保、新能源	东西湖新型工业化示范园区、径河工业园、金银潭工业园
	黄陂	11.69	17.1	临空装备制造、高科技机电加工、日用轻工、生物医药	黄陂新型工业化示范园区、盘龙城开发区、武湖工业园、前川工业园
	青山	4.83	45.3	环保科技、船舶制造、钢铁深加工	青山工人村工业园、船舶工业园、环保科技园、北湖工业园
	洪山	3.12	40.1	生物医药、机械装备、电力、节能环保	洪山新型工业化示范园区
	汉阳	3.51	55.8	烟草食品、生物医药、精细包装印刷	黄金口工业园区、南太子湖共建区

资料来源：《武汉都市发展区1+6空间发展战略实施规划》（2013）。

武汉市工业用地效益　　表5-12

年份	城市建设用地（km^2）	工业用地（km^2）	地均工业产值（亿元/km^2）	工业从业人员（万人）
1993	—	49.94	11.56	—
2011	1356.6	183.7	38.13	180

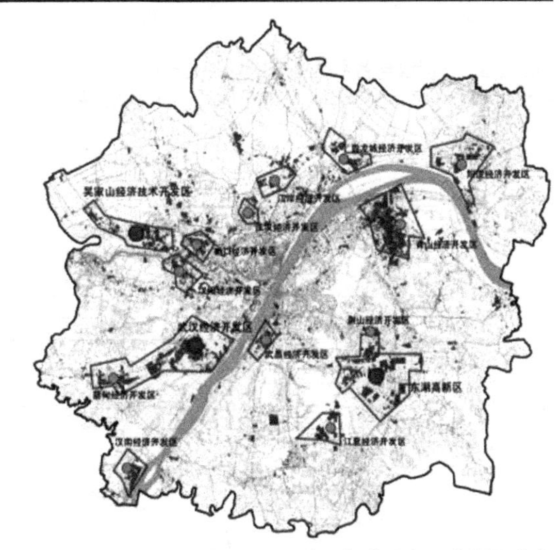

图5-25　武汉都市区各工业园区分布

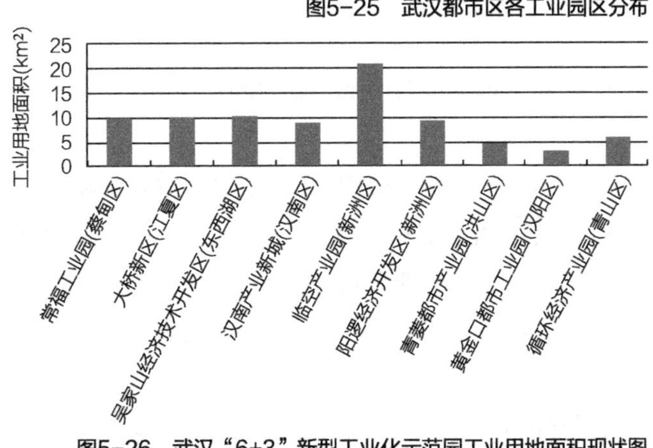

图5-26　武汉“6+3”新型工业化示范园工业用地面积现状图

资料来源：《2013年度武汉工业手册》。

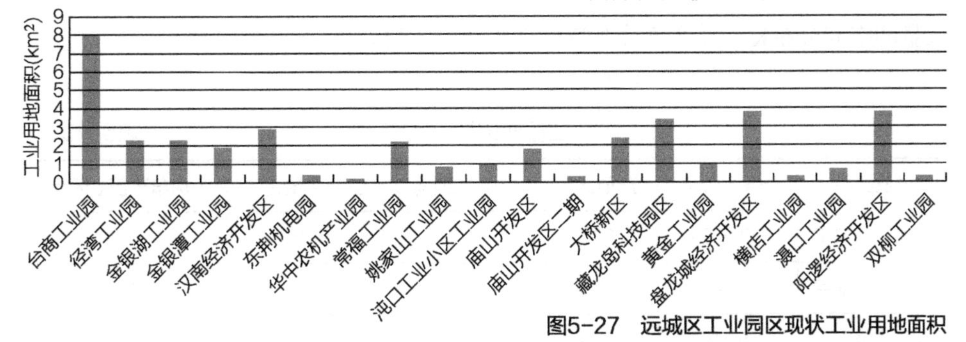

图5-27　远城区工业园区现状工业用地面积

资料来源：《武汉都市发展区1+6空间发展战略实施规划》（2013）。

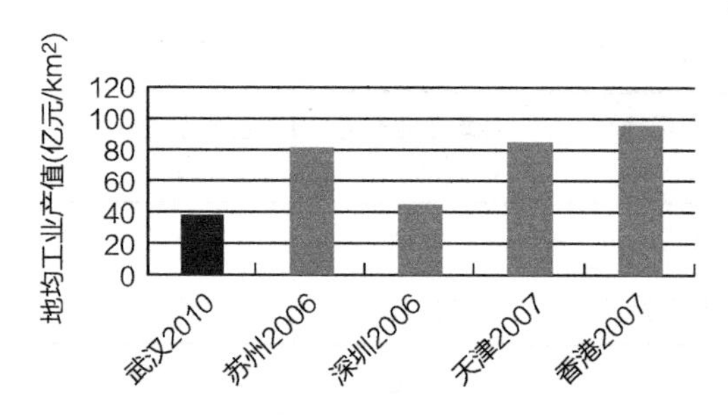

图5-28　武汉与各发达城市地均工业产值比较
资料来源：石忆，邵范华．产业用地的国际国内比较分析．北京：中国建筑工业出版社，2010.

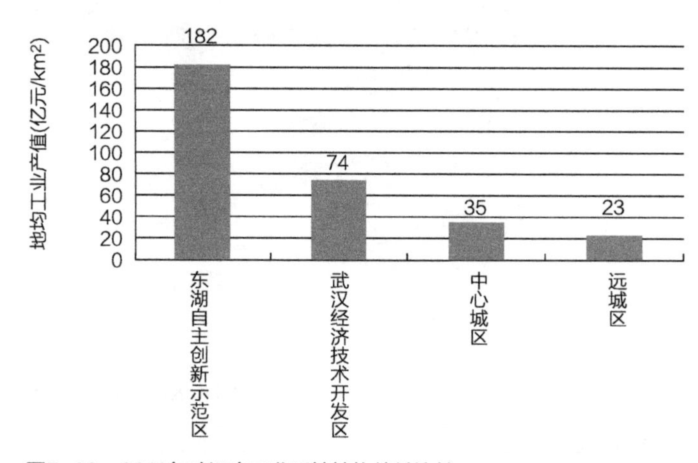

图5-29　2012年武汉市工业用地地均效益比较

11个空间分析单元分别为：主城区、空港新城、临港新城、东西湖片区、黄陂北片区、郑城片区、东湖高新片区、纸坊片区、江夏南片区、沌口-纱帽片区、蔡甸新城。11个重点产业分别为：钢铁及深加工、石油化工、装备制造、汽车及零部件、电子信息、能源环保、生物医药、食品烟草、纺织服装、日用轻工、建材。为方便研究，将11个产业分为资本密集型（钢铁及深加工、石油化工、装备制造、汽车及零部件）、知识密集型（电子信息、能源环保、生物医药）及劳动密集型（食品烟草、纺织服装、日用轻工、建材）三大类。下面分别对三大类11个产业的企业数量的空间分布特征及产值分布特征进行分析（表5-13）。

武汉工业企业行业结构（2013年）　　表5-13

产业类型	产值（亿元）	产值比重	企业数量（家）	企业数量比值	个均总产值（亿元）
钢铁及深加工	1003.21	10%	108	5.4%	9.29
汽车及零部件	2069.58	20%	231	11.5%	8.96
石油化工	659.86	6%	133	6.6%	4.96

续表

产业类型	产值（亿元）	产值比重	企业数量（家）	企业数量比值	个均总产值（亿元）
电子信息	1418.99	14%	190	9.4%	7.47
装备制造	1480.09	14%	528	26.2%	2.80
能源环保	1005.01	10%	78	3.9%	12.88
食品烟草	1210.22	12%	196	9.7%	6.17
生物医药	212.16	2%	82	4.1%	2.59
纺织服装	182.80	2%	110	5.5%	1.66
日用轻工	563.11	6%	150	7.4%	3.75
建材	387.93	4%	209	10.4%	1.86

资料来源：武汉市经济和信息化委员会。

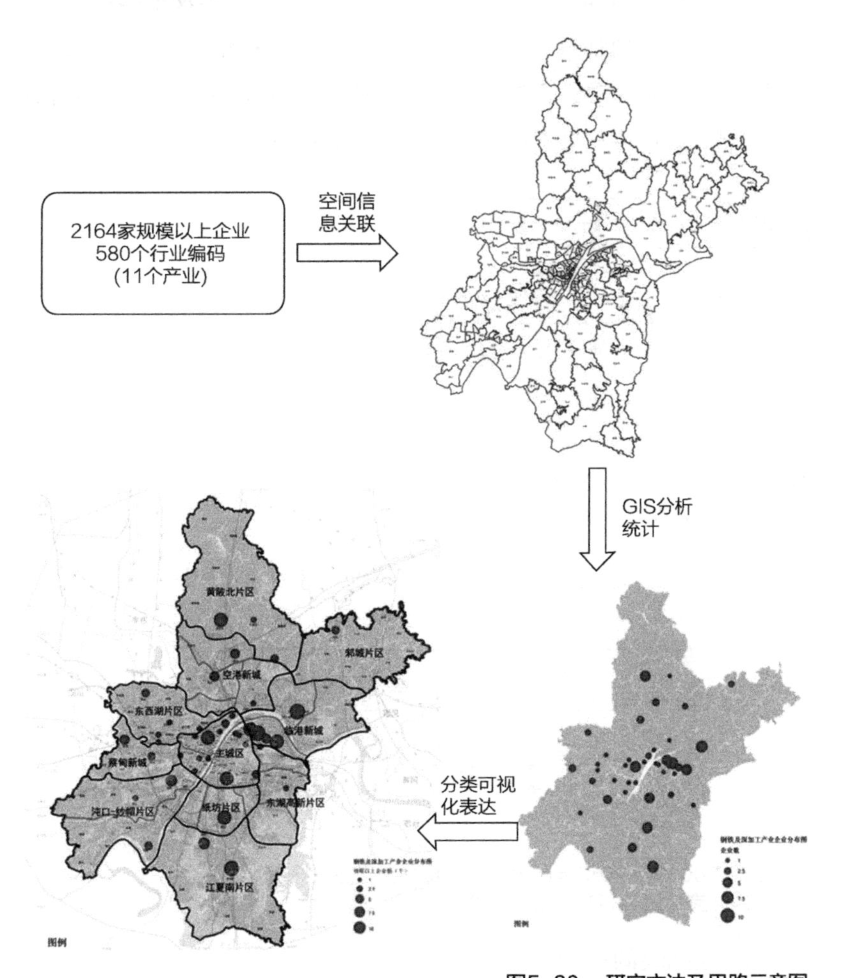

图5-30　研究方法及思路示意图

（2）工业企业概况

2013年武汉市工业总产值为10394.07亿元，其中11个重点产业工业产值为10192.99亿元，占全市的98.07%。规模以上企业2164家，其中11个重点产业规模以上企业总数为2015家，占总企业数量的93.11%。从企业个均总产值来看，能源环保、钢铁及深加工、汽车及零部件产业相对较高；纺织服装、建材、生物医药、装备制造等产业相对较低。从企业数量来看，装备制造、汽车及零部件企业数量最多。

对比5年前的工业发展情况，2008年武汉规模以上企业2153家，规模以上企业工业总产值为4338.28亿元。2013年武汉规模以上企业2164家，规模以上企业工业总产值为10394.07亿元。

可以看出，2013年规模以上企业数量并未增加，而规模以上企业工业总产值是2008年的2.5倍，企业的规模效益在增长。其中，汽车及零部件、装备制造的企业数量及工业总产值都有明显的增长。从产值构成来看，钢铁及深加工产业与汽车及零部件产业有所调整，钢铁及深加工产业占比明显下降，汽车及零部件产业占比增大，其他行业的占比趋于稳定（图5-31～图5-33）。

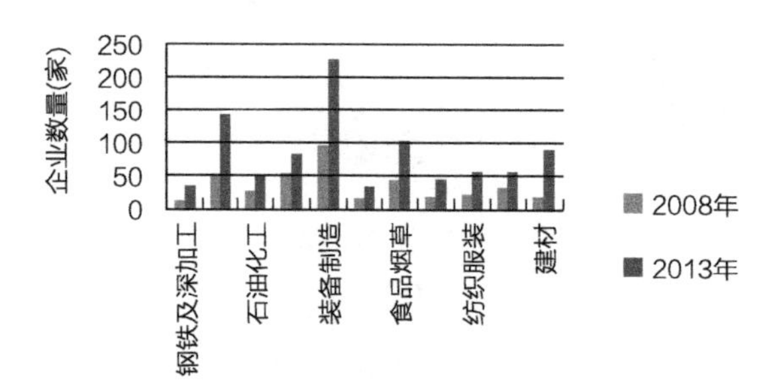

图5-31　2008年、2013年分行业过亿元的企业数量
资料来源：武汉市经济和信息化委员会。

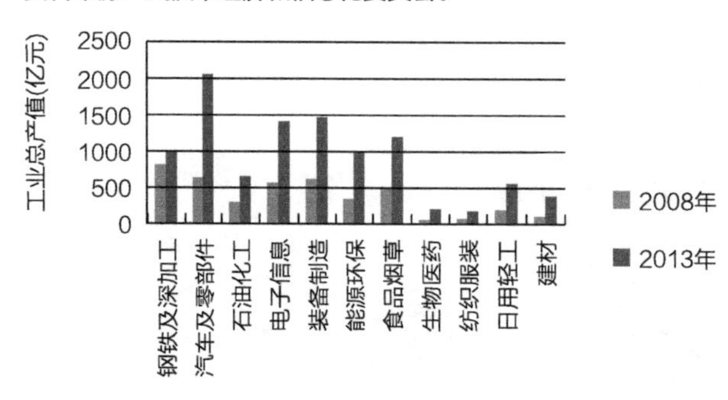

图5-32　2008年、2013年分行业规模以上企业工业总产值
资料来源：武汉市经济和信息化委员会。

（3）企业空间分布特征

1）总体呈面状、带状、散点状相结合的特征

从企业的空间分布来看，武汉的企业空间分布依据产业特征呈现出面状、带

状、散点状相结合的特征。传统重化工（如钢铁及深加工、石油化工、装备制造等）主要沿江临港集聚布置，同时由于历史原因，在主城呈点状分散布置，规模小，产值低；传统轻工业主要分布在长江以北，分布相对分散，以中小企业为主，未形成明显的规模集群效应；新型战略产业（生物医药、能源环保、电子信息）有较强的区位指向性，产业布局的空间集中度高，主要集中在东湖高新技术开发区呈面状集聚。以国家级开发区（东湖自主创新示范区、武汉经济技术开发区、吴家山经济技术开发区）为载体的产业布局有较高的空间集中度和专业化水平，而其他市级开发区、乡镇工业园企业分布零散，缺乏统筹规划，未来要加强产业的板块化管理，促进产业集群化发展。因此，汽车及零部件、电子信息、钢铁及深加工、装备制造等行业产业集群态势初显，其余产业分布零散，未来要加强产业布局与交通的一体化联运。

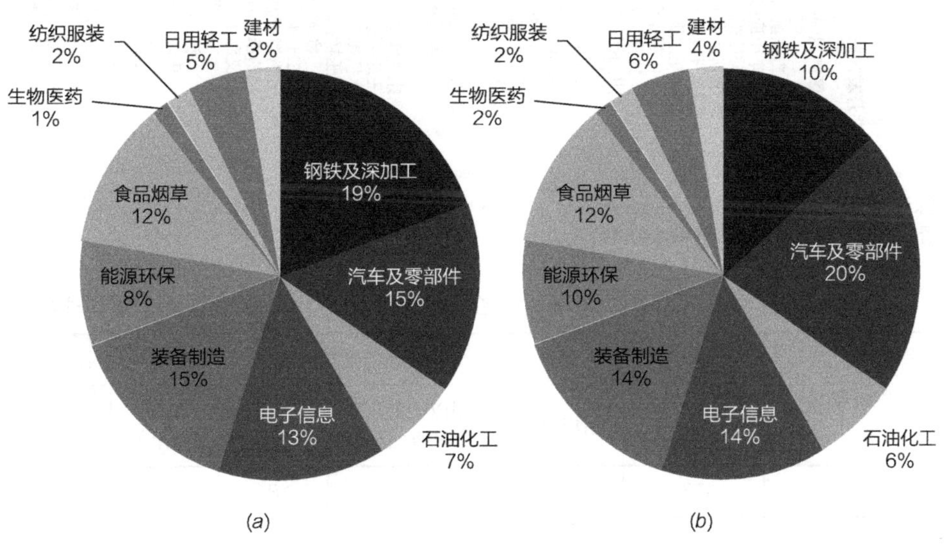

图5-33 2008年、2013年分行业企业工业总产值构成
（a）2008年；（b）2013年
资料来源：武汉市经济和信息化委员会。

2）郊区化现象明显，三环线周边成为企业的主要空间集聚地

三环线外围成为工业企业的主要空间承载地，工业总产值较高，形成以重工业为主的大型企业群，未来企业区位选择有进一步扩散的趋势。主城区（三环线以内）的工业产值并不高，广泛分布小型工业企业和都市工业园。三环线以外的企业数量、工业总产值、工业用地面积等指标在全市域的占比均在80%以上（表5-14），工业企业的郊区化现象明显。

按照“主城—三环线周边—外围”，企业分布的数量和产值均呈现“散—密—疏”的特点，其中主城点多低效、三环线周边集聚成片、外围稀疏分散。具体来说，传统重化工企业由于历史原因，在主城仍呈散状分布；三环线周边成为工业企

业的主要空间集聚地，企业数量和产值均比较高；市域外围企业分布稀疏零散。

3）空间集聚度不足，高度分散化

分析武汉187个乡镇街道的2164家企业分布情况（图5–34），可以看出，除了东湖开发区关山办事处（225家）、沌口办事处（189家）、纱帽办事处（104家）、纸坊办事处（93家）外，其他各街道的企业分布斜率相对平缓，说明企业分布相对分散，空间集聚度不足。

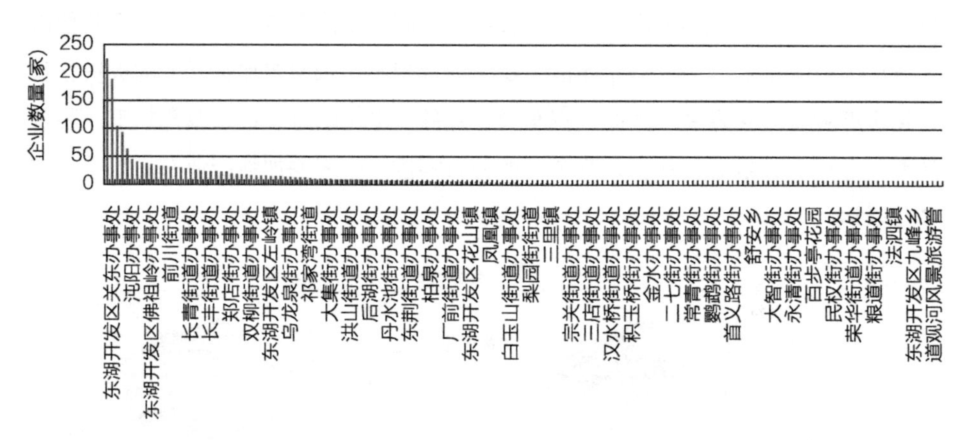

图5–34　武汉各街道企业数量分布图
资料来源：武汉市经济和信息化委员会。

分区域规模以上企业分布情况　表5–14

区域范围	2013年企业数量		2013年工业总产值		2011年工业用地	
	规模以上企业数量（家）	占比（%）	规模以上企业工业总产值（亿元）	占比（%）	面积（km²）	占比（%）
二环线以内	73	3	780.32	8	4.5	2.4
二环线与三环线之间	238	11	1289.60	12	30.3	16.5
三环线以外	1853	86	8324.17	80	148.9	81.1
合计	2164	100	10394.07	100	183.7	100

资料来源：武汉市经济和信息化委员会。

（4）资本密集型企业分布特征

1）钢铁及深加工

空间依托：从空间分布的区位来看，钢铁及深加工产业主要分布在临港新城、江夏南、主城区。

分布特征：钢铁及深加工企业总体分布零散，集聚度不高，主要呈沿江临港带状分布；另外，由于历史原因，在主城区分布着较为零散的企业（见图5–35、图5–36）。

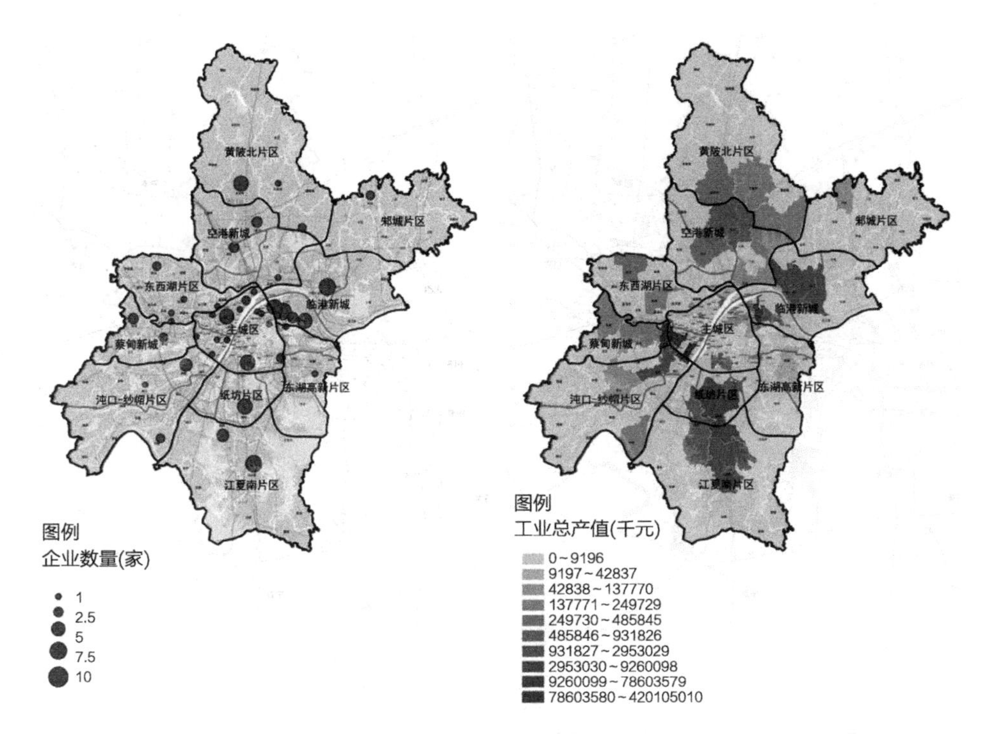

图5-35　钢铁及深加工规模以上企业数量分布图（2013年）　图5-36　钢铁及深加工规模以上企业工业总产值分布图（2013年）

（企业数量：108家；工业总产值：1003．21亿元）

代表企业：武汉钢铁（集团）公司。

2）石油化工

空间依托：临港新城、空港新城、东西湖片区、东湖高新片区、沌口-纱帽片区、江夏南、主城区。

分布特征：石油化工产业总体呈现出分散分布特征，沿江临港带状布局，沿三环线呈链状集中分布，主城区分布的企业较多（图5-37、图5-38）。

代表企业：中国石油化工股份有限公司武汉分公司、中韩（武汉）石油化工有限公司。

3）装备制造

空间依托：主城区、东湖高新片区、纸坊片区、临港新城。

分布特征：分布点多面广；东湖高新片区与纸坊片区空间集中度较高（图5-39、图5-40）。

代表企业：武昌造船厂集团有限公司、武汉凯迪电力股份有限公司。

4）汽车及零部件

空间依托：沌口-纱帽片区。

分布特征：在沌口-纱帽片区空间集中度高，集群态势初显，专业化程度高（图5-41、图5-42）。

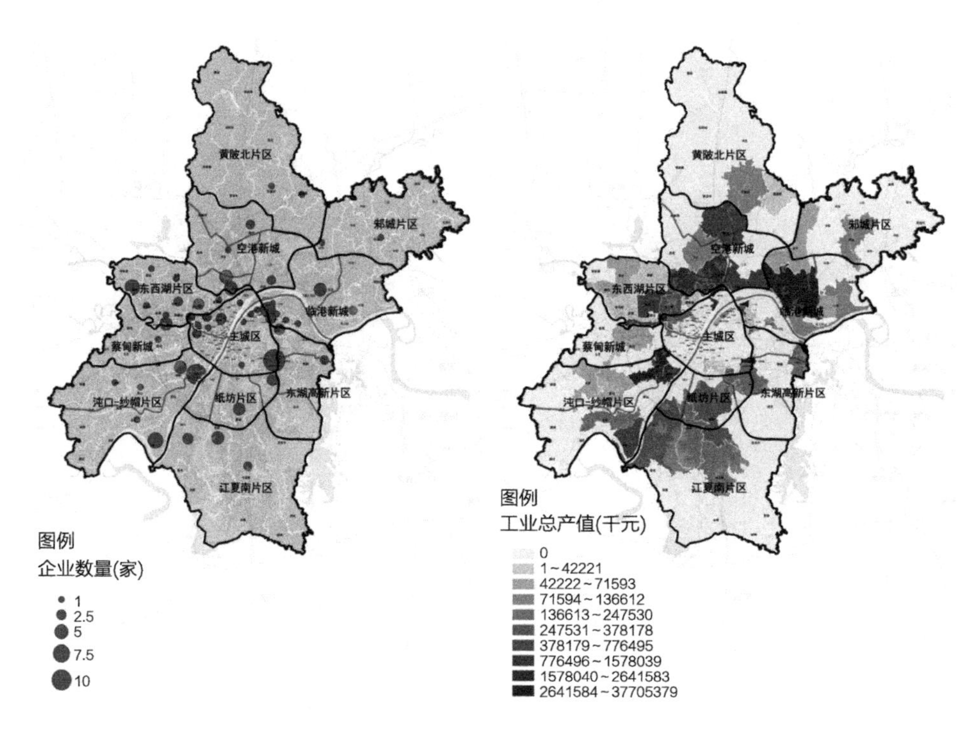

图5-37 石油化工规模以上企业数量分布图（2013年）

图5-38 石油化工规模以上企业工业总产值分布图（2013年）

（企业数量：133家；工业总产值：659. 86亿元）

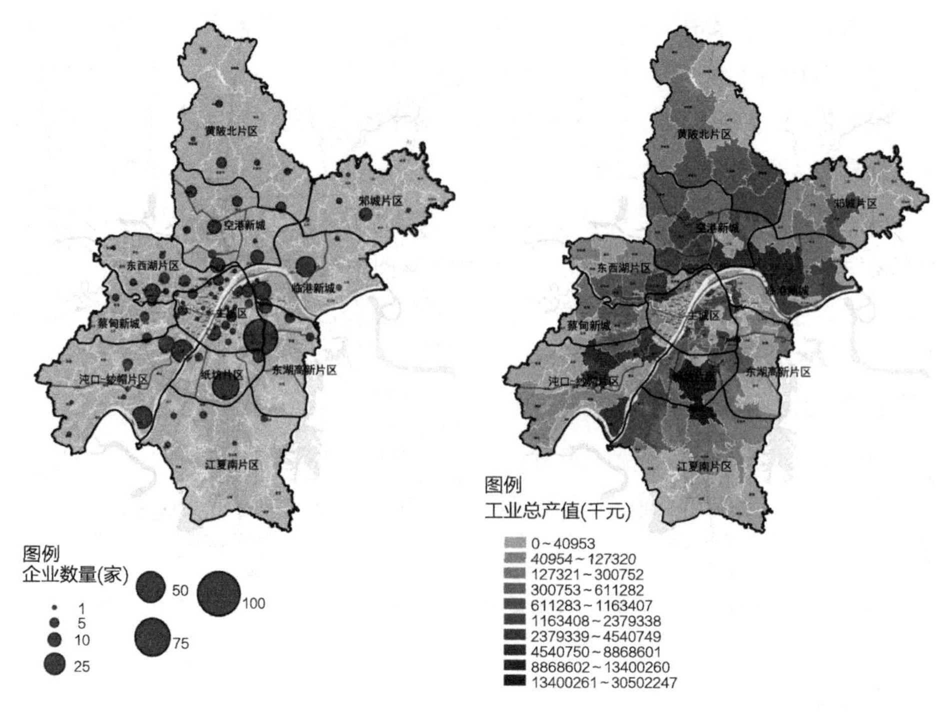

图5-39 装备制造规模以上企业数量分布图（2013年）

图5-40 装备制造规模以上企业工业总产值分布图（2013年）

（企业数量：133家；工业总产值：659. 86亿元）

代表企业：神龙汽车有限公司、东风本田汽车有限公司。

5）小结

产业类型：钢铁及深加工、石油化工、装备制造、汽车及零部件。

分布特征：汽车及零部件在沌口-纱帽片区形成了较明显的产业集群，产业集中度高。钢铁及深加工、石油化工、装备制造有明显的沿江临港的趋向性，但由于历史原因，在主城零散分布。

组织形式：纵向一体的产业组织方式，单个企业完成制造和销售产品系列所涉及的许多交易和作业程序，以大型企业为主，均质度高、专业化强。以钢铁及深加工产业为例，青山区与江夏区是其主要的空间承载地，同时武汉钢铁（集团）公司作为武汉最大的钢铁公司，2013年工业产值占武汉钢铁行业工业总产值的78%，大多数钢铁公司实际上为武汉钢铁（集团）公司的子公司，规模小。

（5）知识密集型企业分布特征

1）电子信息

空间依托：东湖高新片区。

分布特征：东湖高新片区空间集中度高，产业集群态势明显（图5-43、图5-44）。

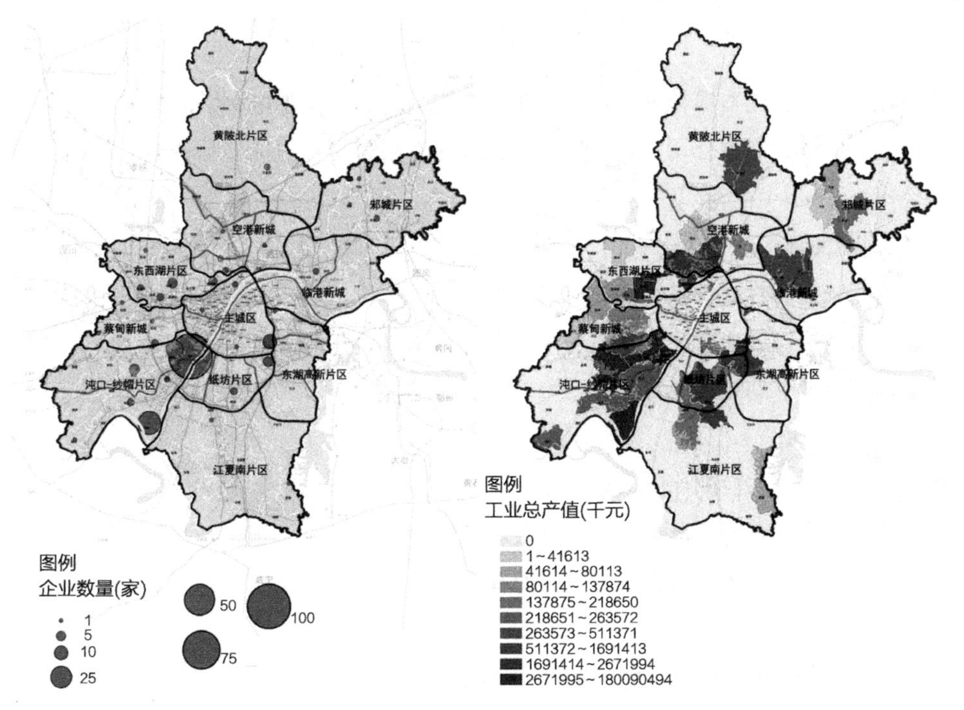

图5-41　汽车及零部件规模以上企业数量分布图（2013年）

图5-42汽车及零部件规模以上企业工业总产值分布图（2013年）

（企业数量：231家；工业总产值：2069. 58亿元）

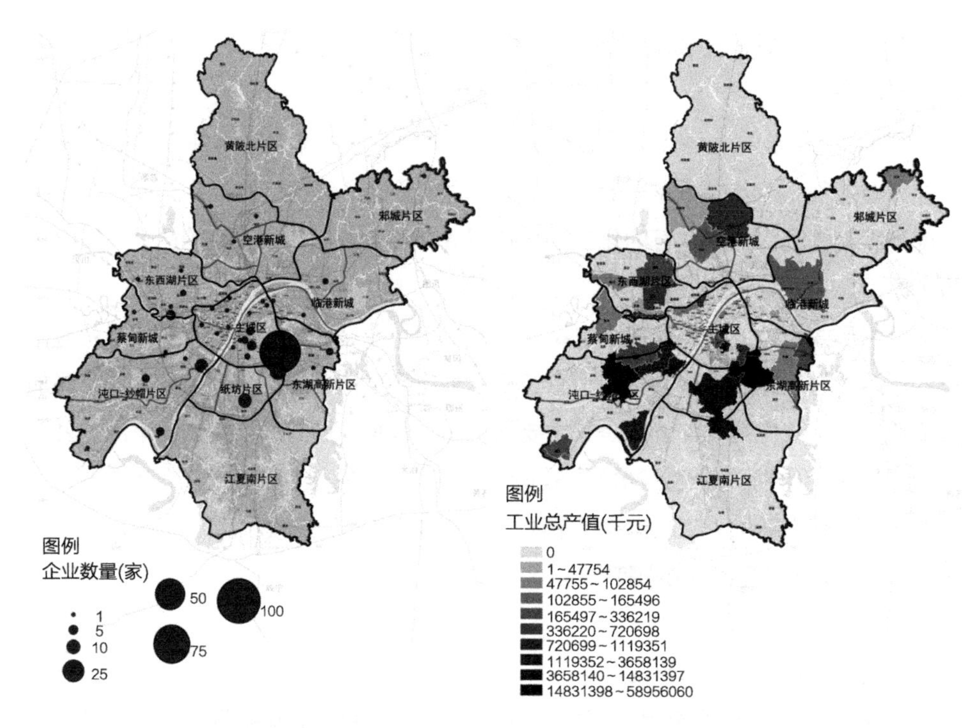

图5-43　电子信息规模以上企业数量分布图（2013年）

图5-44　电子信息规模以上企业工业总产值分布图（2013年）

（企业数量：190家；工业总产值：1418. 99亿元）

代表企业：鸿富锦精密工业（武汉）有限公司、武汉邮电科学研究院、联想移动通信（武汉）有限公司、烽火通信科技股份有限公司、冠捷显示科技（武汉）有限公司。

2）能源环保

空间依托：临港新城、空港新城、东湖高新片区。

分布特征：集中在长江北部地区（图5-45、图5-46）。

代表企业：湖北省电力公司。

3）生物医药

空间依托：东西湖片区、东湖高新片区。

分布特征：企业总量少、空间分布均匀分散（图5-47、图5-48）。

代表企业：武汉人福医药集团股份有限公司。

4）小结

产业类型：电子信息、能源环保、生物医药。

分布特征：电子信息、生物医药在东湖高新片区集中度高，能源环保在东湖高新片区和长江北部片区集中度高。

组织形式：以中小型企业为主，大多数工业企业的生产有时只是在产业链的某

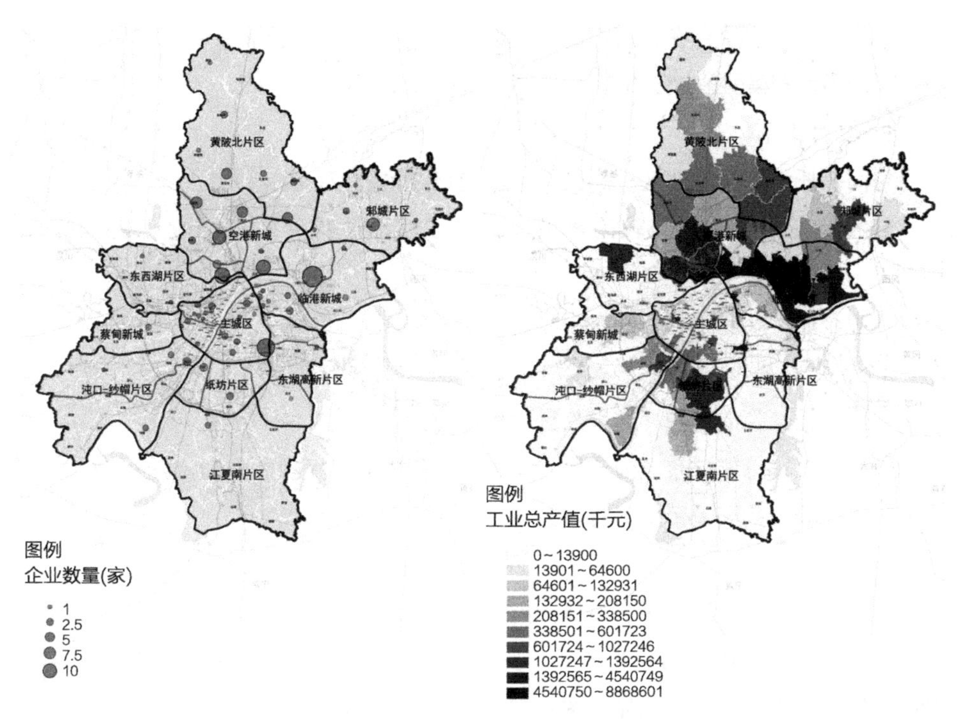

图5-45　能源环保规模以上企业数量分布图（2013年）　　图5-46　能源环保规模以上企业工业总产值分布图（2013年）

（企业数量：190家；工业总产值：1418．99亿元）

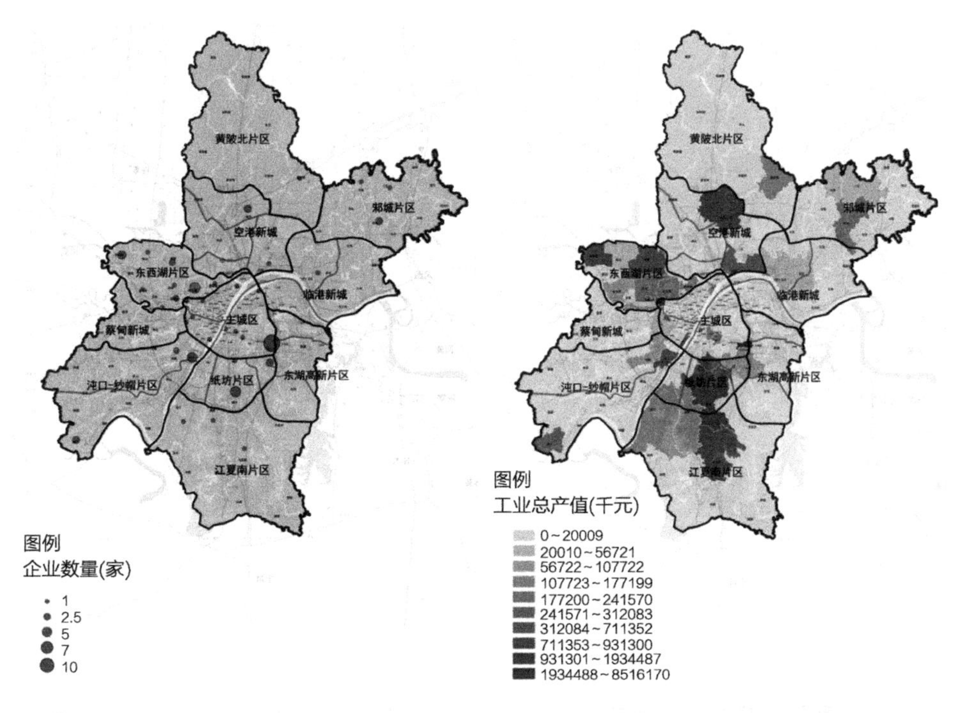

图5-47　生物医药规模以上企业数量分布图（2013年）　　图5-48　生物医药规模以上企业工业总产值分布图（2013年）

（企业数量：82家；工业总产值：212．16亿元）

一环节，与周边企业存在着密切的经济联系。

（6）劳动密集型企业分布特征

1）食品烟草

空间依托：东西湖片区、蔡甸新城、沌口–纱帽片区。

分布特征：总体分布较为零散，长江以西地区集聚较多企业（图5–49、图5–50）。

代表企业：湖北中烟工业有限责任公司。

2）纺织服装

空间依托：临港新城、郑城片区、主城区。

分布特征：总体分布较为零散，集中在长江以北地区（图5–51、图5–52）。

代表企业：武汉爱帝集团有限公司。

3）日用轻工

空间依托：东西湖片区、沌口–纱帽片区。

分布特征：总体分布较为零散，长江以北地区分布较多，东西湖片区、沌口–纱帽片区空间集中度较为明显（图5–53、图5–54）。

代表企业：格力电器（武汉）有限公司、美的集团武汉制冷设备有限公司、武

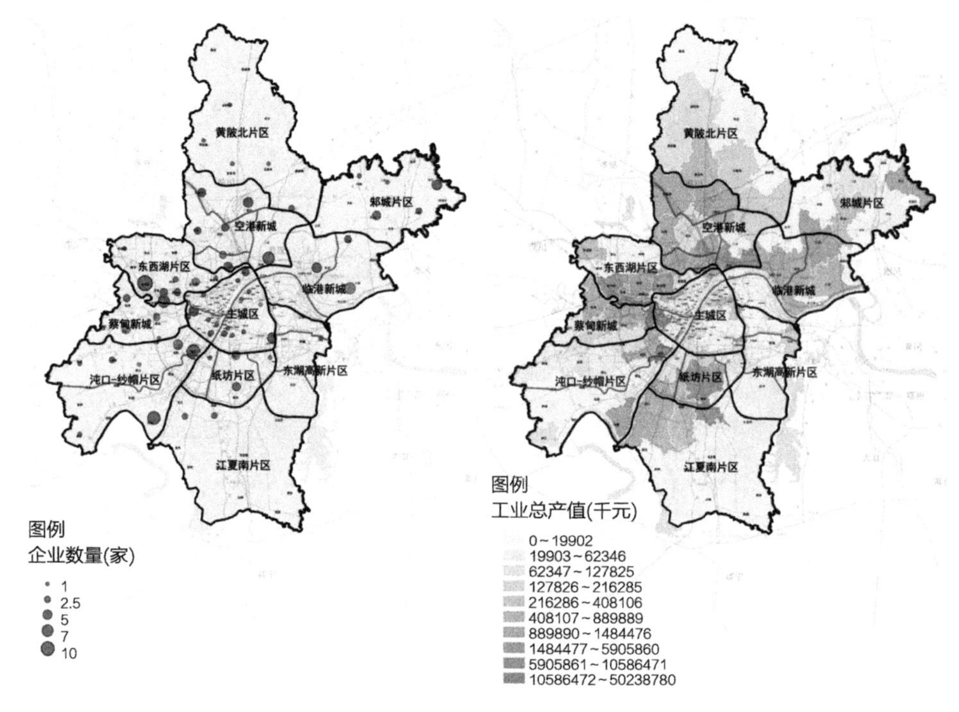

图5–49　食品烟草规模以上企业数量分布图（2013年）

图5–50　食品烟草规模以上企业工业总产值分布图（2013年）

（企业数量：196家；工业总产值：1210．22亿元）

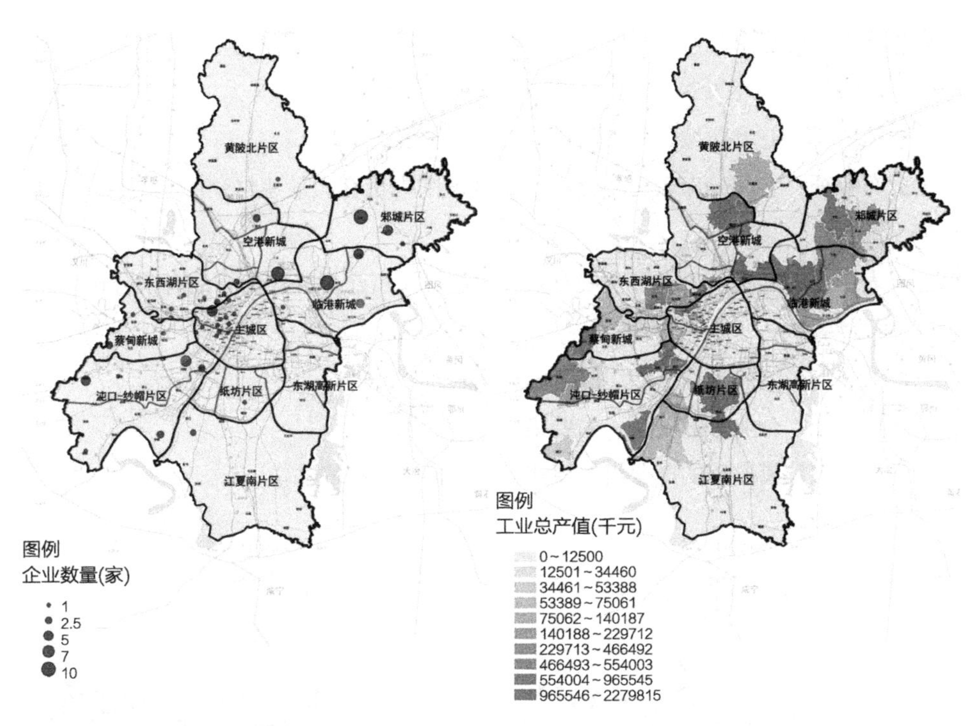

图5-51　纺织服装规模以上企业数量分布图（2013年）　　图5-52　纺织服装规模以上企业工业总产值分布图（2013年）

（企业数量：110家；工业总产值：182. 8亿元）

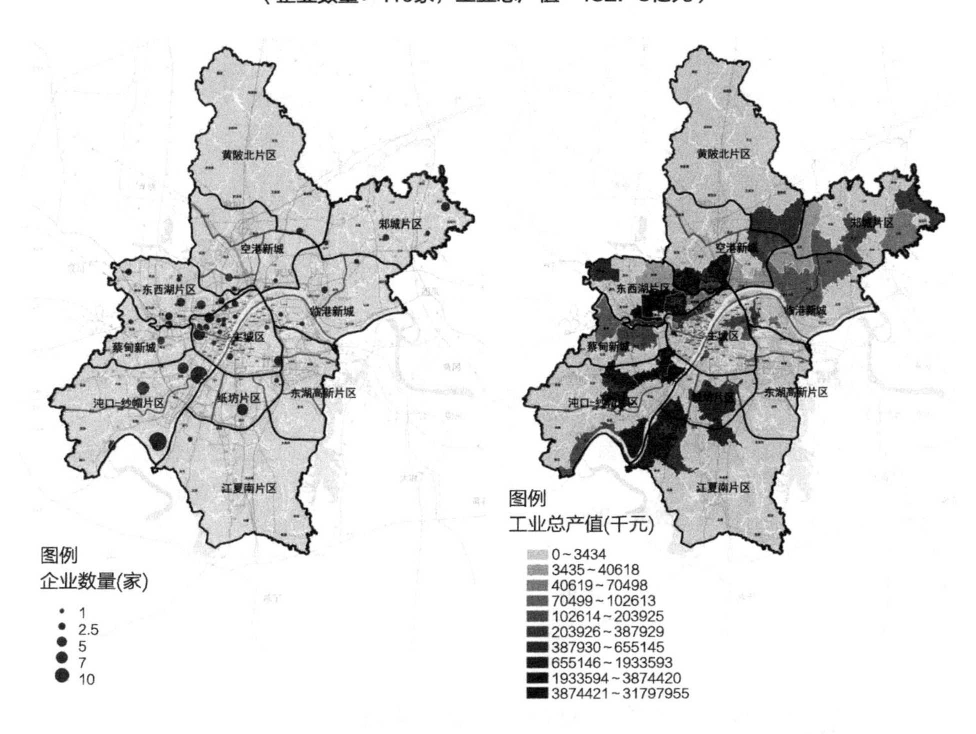

图5-53　日用轻工规模以上企业数量分布图（2013年）　　图5-54　日用轻工规模以上企业工业总产值分布图（2013年）

（企业数量：150家；工业总产值：563. 11亿元）

汉海尔电器股份有限公司。

4）建材

空间依托：空港新城、临港新城、三环线沿线。

分布特征：空间分布较为均衡，主城区范围内仍有大量建材企业（图5-55、图5-56）。

代表企业：武汉金牛经济发展有限公司、武汉市江夏区江南石油有限公司。

5）小结

产业类型：食品烟草、纺织服装、日用轻工、建材。

分布特征：企业分散度高，主要集中在长江以北。

组织形式：离散型的产业组织模式，企业间无直接联系。

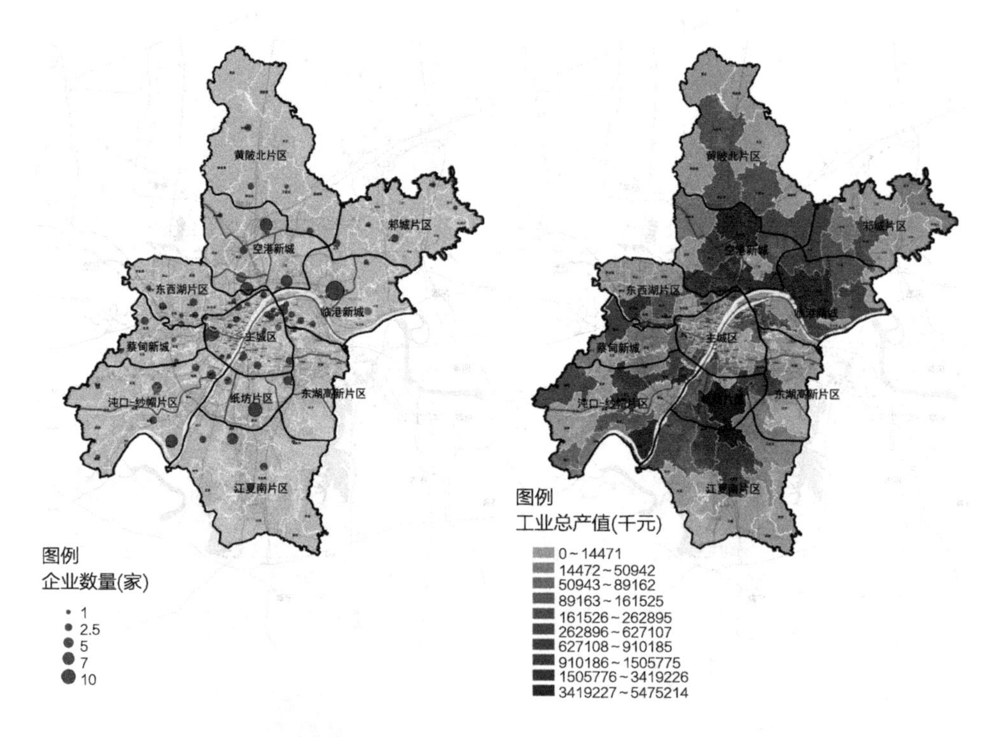

图5-55　建材规模以上企业数量分布图（2013年）

图5-56　建材规模以上企业工业总产值分布图（2013年）

（企业数量：209家；工业总产值：387．93亿元）

4．生产研发性服务业空间分布

（1）企业技术中心

武汉拥有国家级企业技术中心24个。如武汉钢铁（集团）公司技术中心、武昌船舶重工有限责任公司技术中心等。技术中心在空间分布上一般依托企业就近布置（图5-57）。每个企业独自完成从设计—研发—生产—销售的全过程，体现武汉企业

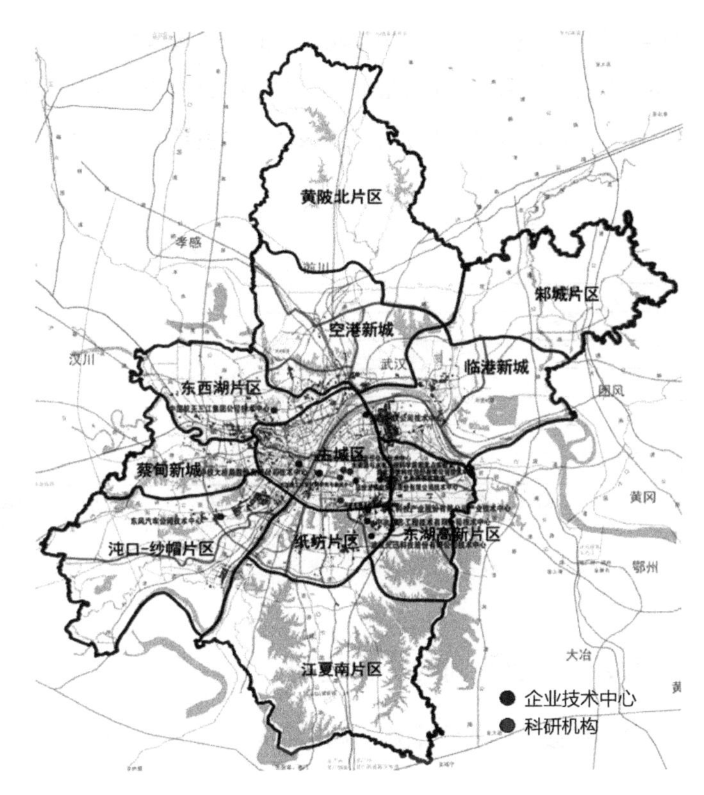

图5-57　企业技术中心及科研机构分布图

在产业组织模式上的垂直一体化特征。

（2）科研机构

武汉共有78家国家级科研机构及79所普通高校，主要布置在洪山区、武昌区及东湖高新片区、纸坊片区。大多选择环境优美、依山临湖的区位。具有依托高校、环境优美的特点。

5.4　武汉市经济发展及产业空间变化趋势

5.4.1　未来经济模式阶段划分

武汉目前正处于工业化中后期。2012年，武汉产业结构出现历史性转折，第二产业和第三产业的产值占比分别为48.2%、48%，第二产业与第三产业处于交织并进发展时期。根据武汉目前的发展态势，推进工业倍增计划和四大工业板块，可判断武汉的工业发展还有一轮上升期以完成武汉市的工业化进程。

根据国际经验，从工业化后期到后工业化时期转型需要10～20年的时间，完成服务高端化转型大概需要20～40年的时间（表2-2）。初步判断武汉将在2020年出现“拐点”，进入后工业化发展时期。2020—2030年为后工业化的纵深发展时期。2030年以后，进入创新发展时期，知识经济占主导（图5-58）。

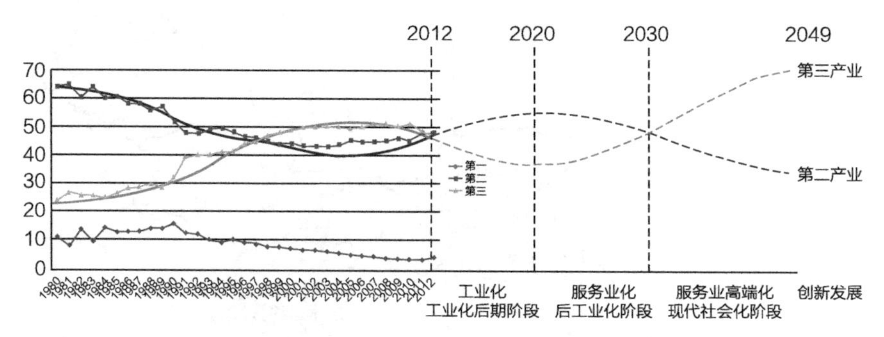

图5-58 武汉城市发展阶段模拟

5.4.2 产业空间的变化趋势

1．阶段一：主城外围板块化集聚（2014—2020年）

（1）产业发展特征

初步判断，第二、三产业产值占GDP比重在2020年出现“拐点”，第二产业比重在达到最高值后出现连续下降。此时完成工业化进程，进入后工业化时期。此阶段为工业化中后期向工业化后期过渡阶段，工业仍将是该时期发展的重点，面临工业的“二次增长”，以大企业带动的实体经济仍是主要的发展方式，产业发展特征为工业加速、服务强化。

（2）生产组织方式

该阶段仍以重化工产业为主导，如钢铁、化工、汽车等产业，福特模式下的批量化、刚性生产方式仍占主导。四大工业板块背景下形成的产业集聚区将推动经济快速发展，形成以大型企业为主、均质度高、专业化极强的生产组织形式。

（3）产业空间趋势

中心城区“退二进三”，对主城区内部的大量工业用地进行功能置换。四大板块产业空间在外围新城与远城区呈板块化集聚，外围副中心迅速成长。

2．阶段二：服务业主城集聚与制造业区域外溢（2020—2030年）

（1）产业发展特征

从2020年开始，第二产业比重连续下降，第三产业比重持续上升。至2030年，再一次出现第二产业与第三产业的交织。该阶段为后工业化纵深发展时期，制造业与服务业双轮驱动，呈现制造业结构性调整及服务业分化转型特征。这一时期发展最快的领域是第三产业，特别是新兴服务业，如金融、信息、广告、公用事业、咨询服务等。

（2）生产组织方式

产业集聚区内开始出现垂直解体，大型企业与中小企业结合，由垂直一体化的大企业所支配，在其周围环绕着大量较小或较弱的供应商、相关企业及不相关企业，核心企业与区域外部的竞争者、顾客、供应商等有大量联系，在区域内供应商通过长期契约和承担义务与核心企业联系密切（如轮轴式产业集群模式）。

（3）产业空间趋势

武汉及近域城市整体成长，形成多中心空间结构，外围新城功能完备。其中，生产网络价值高端的服务业向城市中心集聚，生产研发类服务业在外围衍生，传统制造业加快外迁步伐，形成以近域为主体的产业对接圈，并在武汉周边形成三大产业聚集带，呈连绵一体化态势（图5-59）。三大产业聚集带包括：①以武汉东湖高新技术开发区为主要辐射极，推进光电子信息、钢材制造及新材料、生物工程及新医药、环保等为重点的产业集群，建设黄石、鄂州、黄冈、咸宁产业聚集带；②以武汉经济技术开发区为主要辐射极，推进汽车制造、IT设备、精细化工、轻工食品、出口加工等为重点的产业集群，建设仙桃、潜江、天门市产业聚集带；③以武汉市吴家山海峡两岸科技产业园为主要辐射极，推进汽车零部件、食品工业、农产品加工及盐、磷化工等为重点的产业集群，建设孝感产业聚集带。

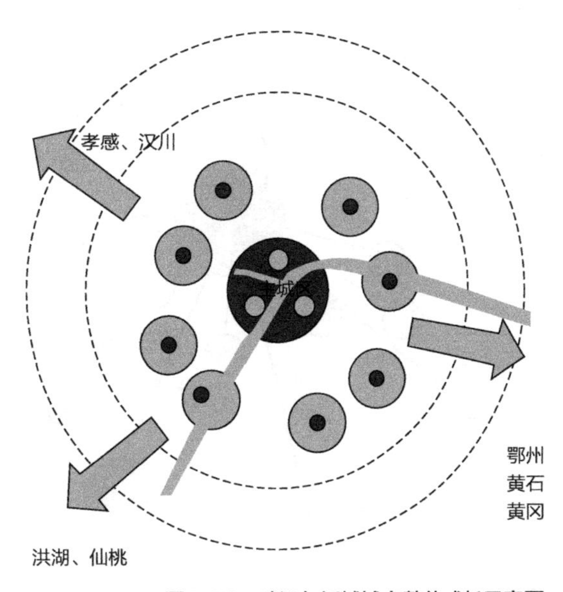

图5-59　武汉与近域城市整体成长示意图

3. 阶段三：经济板块解体重组与区域产业空间网络化（2030—2049年）

（1）产业发展特征

后工业化时期及现代社会时期的交织发展时期，第二产业比重继续下降，第三产业比重继续上升，第三产业比重持续超过第二产业，呈现制造业高端化及服务业综合化和专精化的产业特征。该阶段为知识经济主导发展阶段，以光电子信息为代表的高新技术产业为该时期的主要产业类型，以金融商贸和物流等现代服务业为主导的虚拟经济将成为该时期的主要发展主体，创新驱动是该时期的主要发展动力。

（2）生产组织方式

后福特模式主导下的柔性化生产组织方式将是此时期的主要生产组织方式，创新的网络经济为产业集聚提供了根本的制度保证。以中小企业为主体，在集群内部构成专业化强且高度联系的模块化生产网络，同时强调区域之间的结盟战略及跨区域的不同产业集群的合作，如将集群内的部分活动外包给其他区域。

（3）产业空间趋势

从圈层式的城市空间结构走向“层级+网络化”的区域空间结构（图5-60）。该时期四大工业板块实现解体重组，制造业实现更大范围的区域性转移，形成以150km为半径的产业对接圈和以300km为半径的产业辐射圈。企业之间形成相对复杂的网络联系，实现产业空间模块网络化、产业功能高技术化、混合化（表5-15）。

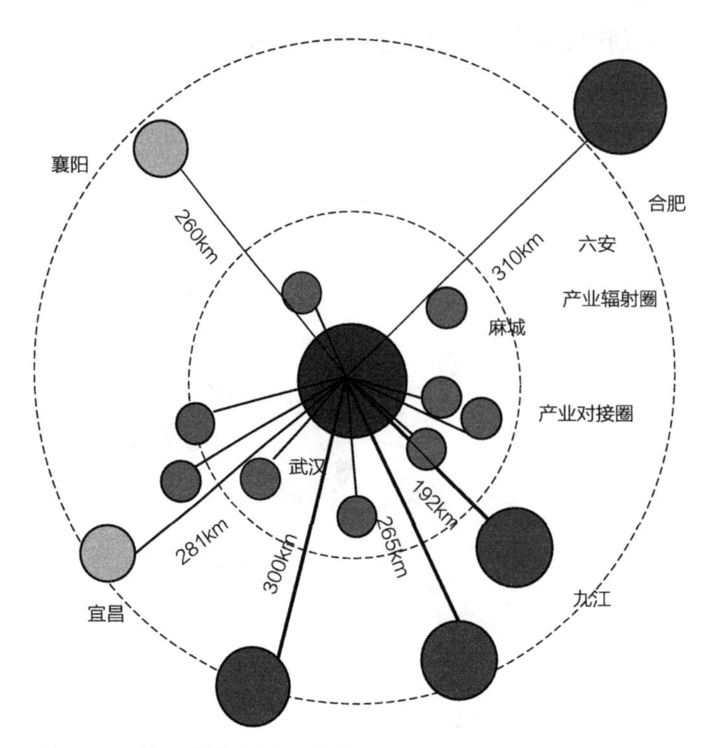

图5-60 武汉区域产业空间网络化示意图

国外主要生产组织方式一览表　　表5-15

生产组织方式	主要特征	主要优点	主要缺点	典型发展轨迹	政策干预
意大利式产业集群	以中小企业为主体，专业化程度高，区域内竞争激烈，合作网络是基于信任的关系而建立的	柔性专业化，产品质量高，创新潜力大	路径依赖，对经济环境和技术突变适应缓慢	停滞/衰退，内部劳动分工变化，部分活动外包给其他区域，轮轴式结构的出现	集体行动形成区域优势，公共部门和私营部门合营
卫星式产业集群	以中小企业为主体，存在着对外部企业的依赖，劳动成本低廉	成本优势，技能/隐性知识	销售和投入依赖外部参与者，有限的诀窍影响了竞争优势	升级，前向和后向工序的整合，提供给客户全套产品或服务	中小企业升级的典型工具（培训和技术扩散）
轮轴式产业集群	大型企业和中小企业的结合，存在着明显的等级制度	成本优势，柔性生产，大企业起重要作用	整个集群依赖少数大企业的绩效	停滞/衰退（如果大企业停滞/衰退）；升级，内部劳动分工变化	大型企业/协会和中小企业支持机构的合作，从而增强了中小企业的实力

5.5　基于产业布局的城市空间概念规划

5.5.1　产业空间布局理念

1. 区域辐射——构建腹地广阔的产业分工

随着生产组织方式的变化及全球化和区域生产垂直分离的推进，产业链形成跨区域的扩散分布，低端的生产性部门倾向于分布在外围，而高端的研发部门及总部则倾向于在少数中心城市集聚。因此，一方面要建立拥有巨大产业链的产业基础，另一方面要依托空港、码头及铁路等物流枢纽，增加对外联系，培育功能性节点城市，并拓展城市的经济影响腹地，强化区域性中心城市地位，构建区域性城市网络。

2. 多元融合——创造和谐共生的产业空间

随着产业结构的调整、功能重组、规模扩张的进一步加速，以大学城、经济技术区、中央商务区、新型商业区、跨国公司制造基地的设立等为代表的城市新产业空间大量涌现，对原有城市空间格局产生了很大影响。因此，依托高效的交通基础设施，围绕产业空间，建立居住与就业、产业与生产研发平衡的空间单元。

3．创新网络——聚焦创新高效的产业高地

区域创新网络是一个以区域为创新主体，政府计划、投资为导向，政策法规为激励，中介服务为桥梁和创新粘结剂，金融机构、大学、科研院所为支撑的有效运行机制（见图5-61）。区域创新网络具有不同于传统产业组织的灵活开放的创新环境，增加了产业获取和有效利用信息与知识的机会。促进高新技术向地方化、专业化方向发展，从而提升区域产业竞争优势。因此，区域创新网络是未来高新技术产业发展的主要组织方式。

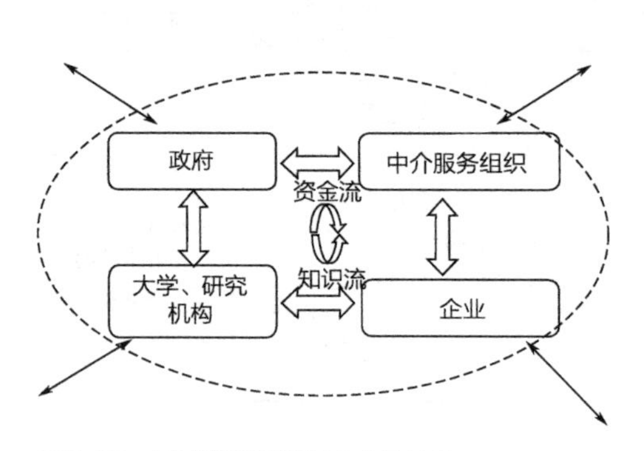

图5-61 区域创新网络行为主体结构

在产业空间布局体系中，重点聚焦“创新转型地区”，在产业转型上发挥核心引领作用。鼓励发展新型战略产业，如光电子信息、能源环保，推动区域创新网络的实施，推动产业区内部生产性服务中心的建设。

5.5.2 产业空间规划的层次构建

规划以“复合式的产业集聚区+模块化的产业单元”的产业空间层次，通过自下而上的空间规划构建多层级网络化的“区域城市”（图5-62、图5-63）。

1．产业集聚区

产业集聚区是指政府统一规划，企业相对比较集中，实现资源集约利用，提高整体效益的区域。它可以包括经济技术开发区、高新技术产业开发区、工业园区、现代服务业园区、科技创新园区、加工贸易园区、高效农业园区等在内的各类开发区和园区。产业集聚区是以若干特色主导产业为支撑，产业集聚特征明显，产业和城市融合发展，产业结构合理，吸纳就业充分，以经济功能为主的功能区。产业集聚区的主要构成因素为：①产业单元；②服务单元；③居住单元；④一体化交通网络。

2．产业单元

产业单元是城市产业空间生长的细胞，在柔性化的生产组织方式下，每个产业

单元内部由若干个专精型产业模块组成。产业单元是由若干个产业模块构成的（图5-64）。

3．产业模块

（1）一种新型的企业组织关系——香港数码港

数码港是香港一个独特的创意数码社区。入驻企业以咨询、科技、电讯、创意为主，充分发挥共享的协同效应。柔性化的组织方式，将数码产业链拆分为若干个产业模块，通过紧密的企业联系构成网络化的组织关系。

（2）一种产业单元内部的功能组织结构——北京中关村联东U谷

联东U谷坐落在北京中关村金桥产业园，主导产业为电子科技、机械制造、汽车配件等。主要功能包括办公研发区、企业定制区、中试生产区、综合服务区。实现生产—研发—销售各个环节的专业化分工。

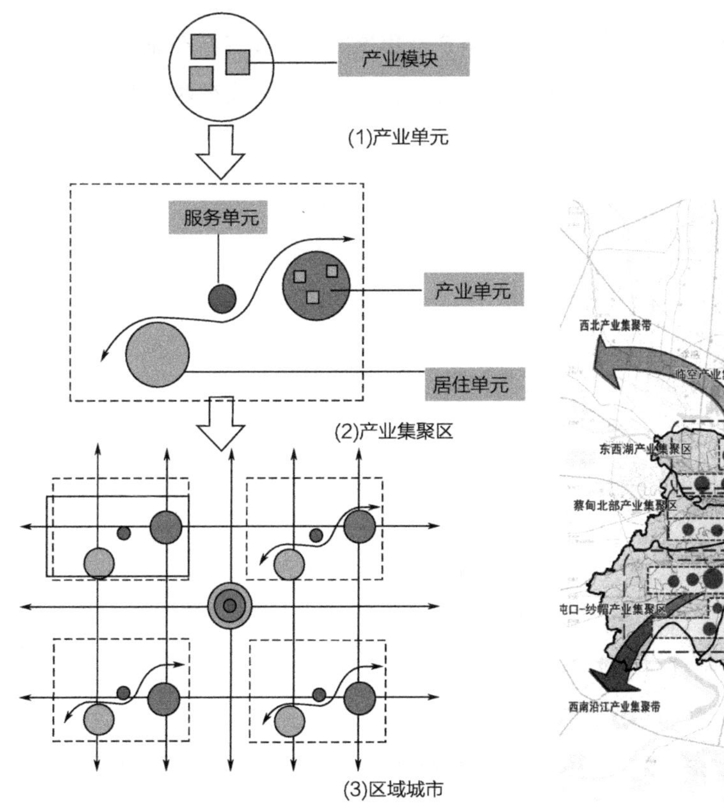

图5-62　武汉产业空间规划的层次构建

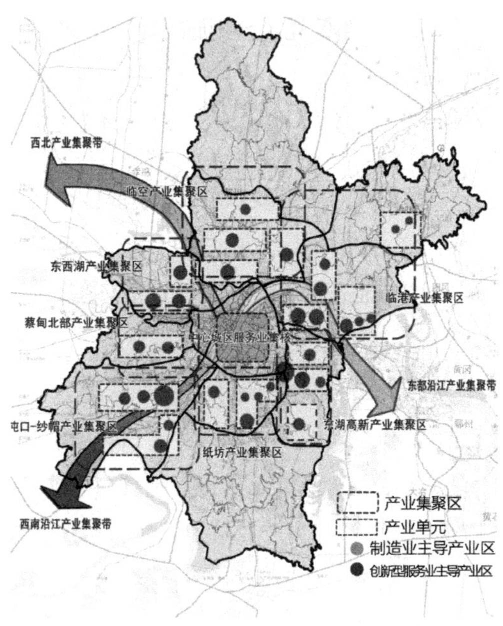

图5-63　武汉产业空间规划布局图

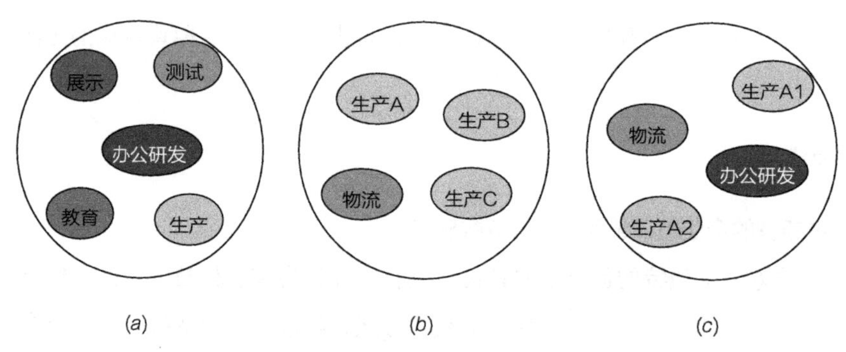

图5-64　武汉未来各产业单元功能模块构成示意图
（*a*）知识密集型；（*b*）劳动密集型；（*c*）资本密集型

5.5.3　产业空间规划布局

1. 产业空间结构

武汉产业空间规划形成“一核三带七区十八园”的产业空间结构（图5-63）。一核是指中心城区服务业集核，三带是指东部沿江产业集聚带、西北产业集聚带及西南产业集聚带，七区是指临港产业集聚区、临空产业集聚区、东湖高新产业集聚区、纸坊产业集聚区、沌口-纱帽产业集聚区、蔡甸北部产业集聚区及东西湖产业集聚区。

2. 产业单元组合规划

（1）临港产业集聚区

1）空间依托

青山区（三环线以外）、新洲区、武汉新港、武汉化工区。

2）主导产业

装备制造、石油化工、节能环保。

3）产业单元（图5-65）

①青山-北湖产业单元：钢铁冶炼、造船、节能环保、石油化工。

②阳逻新城产业单元：港口物流、装备制造。

③江北产业单元：装备制造、节能环保、石油化工。

④郝城-汪集产业单元：装备制造、节能环保。

⑤临港产业服务核：技术研发、产品展示、金融商贸、电子商务、综合物流等生产性服务核。

（2）临空产业集聚区

1）空间依托

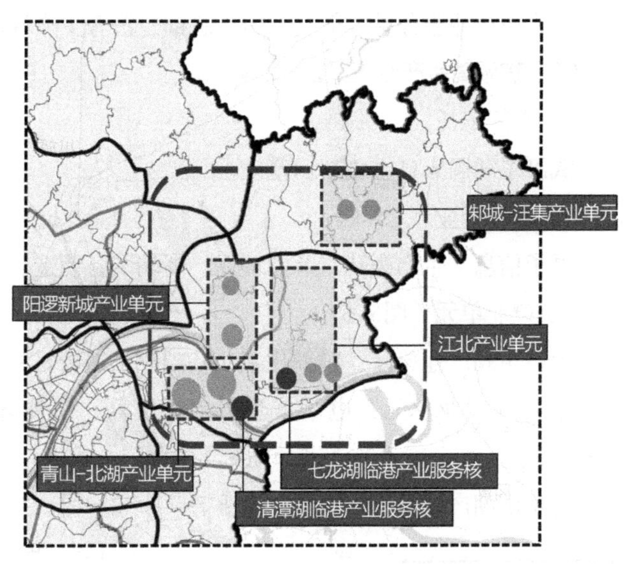

图5-65　临港产业集聚区示意图

黄陂区南部。

2）主导产业

航空物流、临空经济、先进制造业、现代服务业。

3）产业单元（图5-66）

①盘龙城产业单元：航空物流、空港加工、汽车零部件、食品加工、生物医药、精细化工、建材。

②机场片产业单元：临空运输及物流、临空高科技产业。

③武湖片产业单元：节能环保、生物医药、装备制造、食品加工、新型建材。

④前川片产业单元：装备制造、新型建材、航空物流。

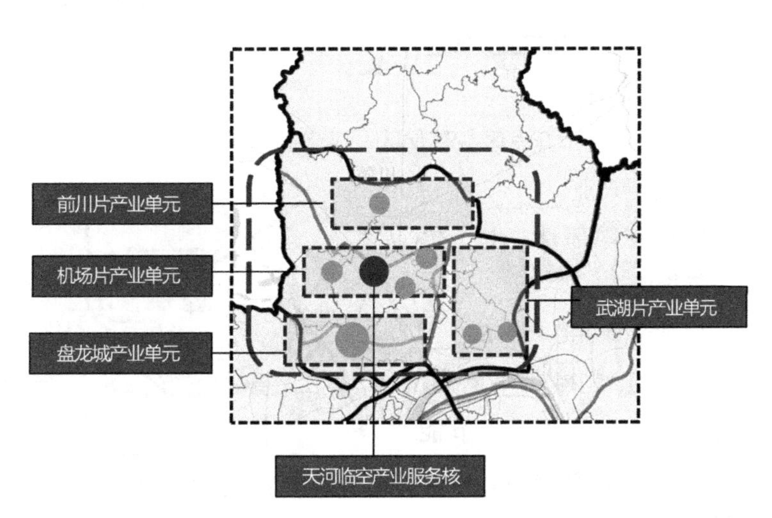

图5-66　临空产业集聚区示意图

⑤临空产业服务核：航空外包、总部经济等生产性服务核。

（3）东湖高新产业集聚区

1）空间依托

武汉东湖国家自主创新示范区。

2）主导产业

电子信息、生物医药、节能环保、高端装备制造、科技研发。

3）产业单元（图5-67）

①严东湖产业单元：精细化工、基础化工、新材料、生物医药。

②光谷产业单元：电子信息、生物医药、节能环保、高端装备制造、科技研发。

③牛山湖产业单元：高端技术服务、生态产业。

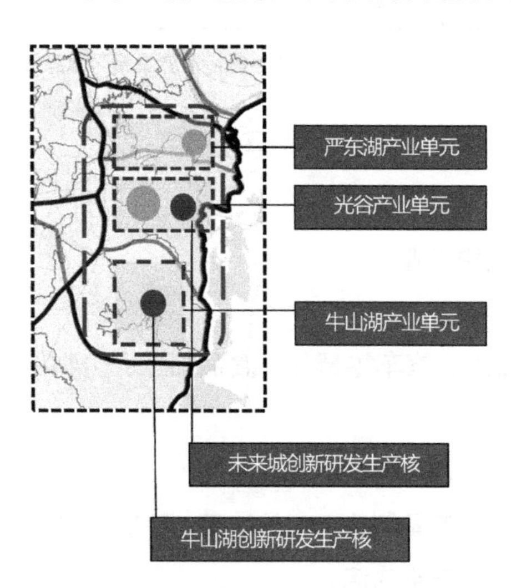

图5-67　东湖高新产业集聚区示意图

（4）纸坊产业集聚区

1）空间依托

江夏区北纸坊新城。

2）主导产业

电子信息、生物医药、节能环保、高端装备制造、科技研发。

3）产业单元（图5-68）

①纸坊新城产业单元：电子信息、生物医药、节能环保、高端装备制造、科技研发。

②金港新区产业单元：汽车及零部件产业、汽车物流和汽车售后服务。

（5）沌口-纱帽产业集聚区

1）空间依托

武汉经济技术开发区、蔡甸区、汉南区。

2）主导产业

汽车及零部件、电子电器、装备制造。

3）产业单元（图5-69）

①沌口-常福产业单元：电子信息、生物医药、节能环保、高端装备制造、科技研发。

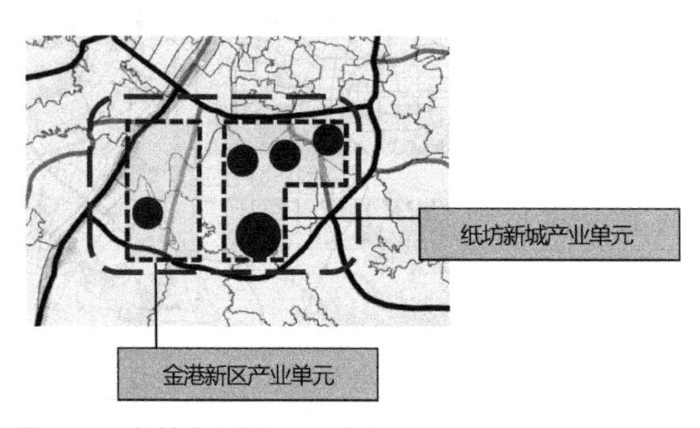

图5-68　纸坊产业集聚区示意图

②军山-纱帽产业单元：汽车及零部件产业、汽车物流和汽车售后服务。

（6）蔡甸北部产业集聚区

1）空间依托

蔡甸区北部。

2）主导产业

汽车及零部件、装备制造、电子信息。

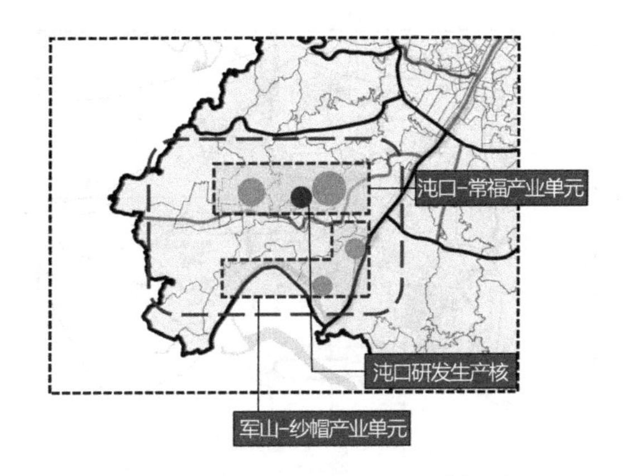

图5-69　沌口-纱帽产业集聚区示意图

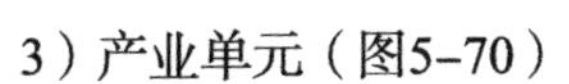
3）产业单元（图5-70）

蔡甸-黄金口产业单元：汽车及零部件、装备制造。

（7）东西湖产业集聚区

1）空间依托

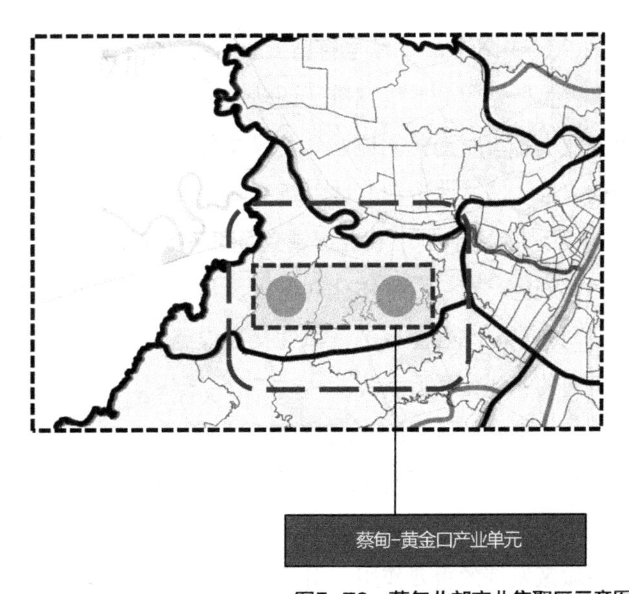

图5-70　蔡甸北部产业集聚区示意图

东西湖区。

2）主导产业

汽车及零部件、电子电器、装备制造。

3）产业单元（图5-71）

①吴家山产业单元：食品加工、生物医药、电子信息、现代物流。

②空港南产业单元：空港服务、科技研发、空港物流。

③金银湖研发生产核：总部经济、技术研发。

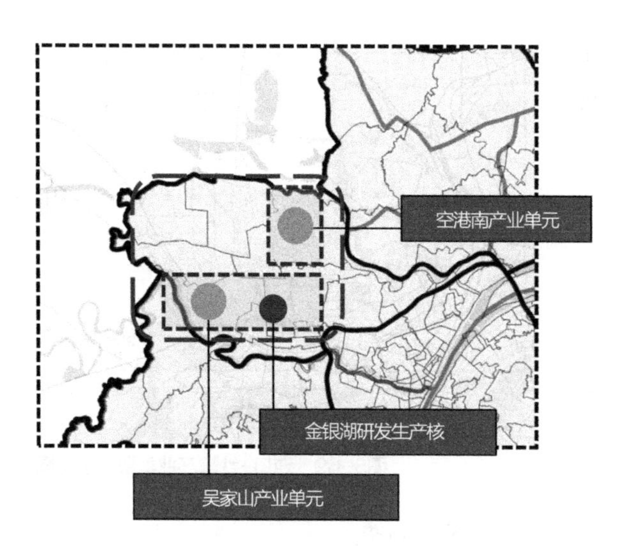

图5-71　东西湖产业集聚区示意图

5.5.4　武汉市产业发展引导策略

（1）“中调外优”，引导存量工业用地升级转型。

以生产性服务业为突破，调整和振兴中心城区产业。中部未来将成为武汉现代服务业、都市时尚休闲体验和楚汉文化汇集的中心区，中调主要内容是：调优用地结构，推动旧城改造和旧城更新；调优产业结构，“退二进三”和优化第三产业。

（2）“内畅外达”，优化区域交通网络支撑体系。

实现港、路、空一体化联运以及与区域交通网络体系协调的产业空间布局。产业空间布局要结合重要的区域性交通设施，根据产业特点进行产业区位的选择，实现交通的一体化联运系统。

（3）核心引领，聚焦创新转型产业高地。

在产业空间布局体系中，重点聚焦“创新型地区”，在产业转型上发挥核心引领作用。一是聚焦“大光谷”地区，重点发展高新技术产业；二是重视都市区工业在主城区发挥的重要作用，引导文化创意产业发展。

（4）控量提效，实现产业用地的精细规划管理。

一方面，严格控制新增工业用地，确保新增工业用地落在工业园区的管控范围内，并适当提高工业开发强度，探索土地出让弹性年期等制度来加强管控力度。另一方面，对于园区外存量工业采取淘汰制和关停劣质企业的退出机制，提高工业用地的产出效率。

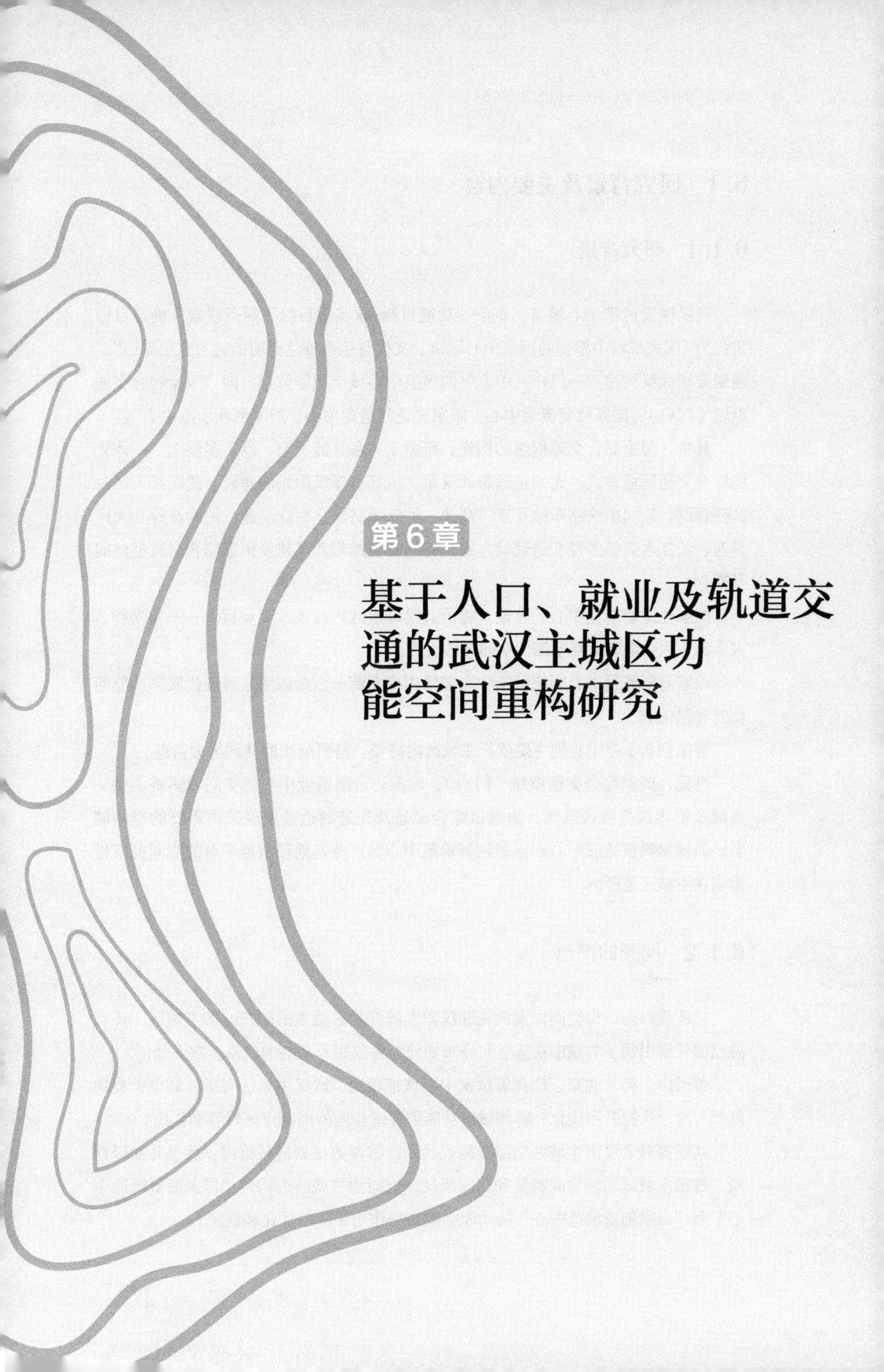

第6章

基于人口、就业及轨道交通的武汉主城区功能空间重构研究

6.1 研究背景及主要内容

6.1.1 研究背景

武汉建设国家中心城市，基于“功能目标+软实力目标”两条线索，确定目标定位为“国家战略中枢型的国家中心城市、文化与生态特色鲜明的魅力宜居城市”。规划要求武汉构建“一门户三中心”的国家中心城市职能体系，即“国家综合交通枢纽（门户）、国家商贸流通中心、国家先进制造业中心、国家创新示范中心”。

其中，国家综合交通枢纽的构建，得益于“水、陆、空、港”多层次、一体化的综合交通运输方式，尤其是随着武汉第二机场、新汉阳站的建设，武汉都市区内2座国际机场、4座铁路车站及京广高速、沪汉蓉高铁、京珠高速、沪渝高速、大广高速、长江水运等多种交通运输方式，将同时支撑起武汉建设国家综合交通枢纽的骨架。

国家先进制造业中心的建设，将由武汉都市区内的四大工业板块——大光谷、大车都、大临港和大临空四大空间载体支撑。

国家商贸流通中心则依赖于中心城区内商业商务、金融服务等现代服务功能的提升和强化。

国家创新示范中心则主要依托主城区内高校、科研院所的共同努力营造。

可见，国家综合交通枢纽（门户）、国家先进制造业中心的空间载体将主要于市域及都市区范围内落实，为城市综合交通及先进制造业发展提供重要的空间储备；而国家商贸流通中心和国家创新示范中心的产业基地和示范平台的空间范围将重点在主城区范围内。

6.1.2 问题的提出

三环线以内城市空间以及武钢和汉阳经济开发区为主的697km^{2}的主城区，现状或已编规划引领下的城市功能空间分布如何？各项服务功能的规模、潜力如何？

与国内上海、北京、广州等国家中心城市相比，武汉主城区有哪些城市中心功能仍需进一步提升和优化？哪些城市功能需要逐步向外围都市区转移和扩散？

这需要对武汉市主城区功能空间现状和已编制的规划进行检讨、反思并加以判断，指出主城区功能空间特征和问题所在，进而为主城区内构建“国家商贸流通中心”和“国家创新示范中心”的功能空间布局作出相应的优化和调整。

6.1.3　研究主要内容

主城区人口分布对城市功能空间的影响。

主城区就业岗位分布对城市功能空间的影响。

轨道交通对城市功能空间的影响。

6.2　主城区人口分布对城市功能空间的影响

城市功能空间包括城市居住、工作、游憩和交通等多项功能的构成和相互关系，为区别于以往“面面俱到、浅尝辄止”的定性研究，本研究主要以主城区内居住人口、就业岗位和轨道交通等数据为基础，进行定量研究，分析这几项最重要的城市功能对主城区功能空间结构的影响，提出空间优化策略和实施路径。

武汉主城区现状功能空间分析在都市区人口与就业中已有部分阐述，本次主城区功能空间检讨分析主要分为现状和规划两个部分。现状人口是结合第六次人口普查数据，以各街道为基础，将人口细分至空间单元，测算2010年主城区人口规模；基于对既有规划成果进行分析，检讨在已有规划的引领下，武汉市主城区功能空间将呈现的问题，并提出优化策略。

现状人口及就业岗位测算是以第六次人口普查数据为基础，结合主城区内各行政区的经济数据测算居住人口总量及就业岗位总量；规划人口及就业岗位测算是以武汉市主城区控制性详细规划总图为依据，测算主城区内居住用地及建筑总量、商业商务用地及建筑总量、工业用地及建筑总量，推算主城区内居住人口总量及就业岗位总量；采用GIS等空间手段，从主城区内居住人口总量及密度分布、就业岗位总量及密度分布等角度，分析既有规划引领下武汉主城区功能空间特征及发展模式。

为探讨居住人口密度及就业岗位密度的空间分布特征，研究在测算主城区内居住人口总量和就业岗位总量的基础上，将总量数据与主城区内84个标准分区单元进行空间匹配，生成空间化的居住人口密度及就业岗位密度分布。

6.2.1　主城区现状居住人口分布

1. 测算方法

根据第六次人口普查数据，得到主城区内每个街道办事处的人口数量；根据每个街道办事处的现状人口数量与街道办事处的边界，计算每个街道的平均人口密度

（图6–1）。

将控制性详细规划标准分区边界图与街道边界图叠合，以标准分区为新的统计单元，根据每个街道的平均人口密度，将每个街道的人口拆解到各个标准分区中进行统计，得到每个标准分区的现状居住人口数量与密度。

图6–1 各街道现状居住人口密度

2. 统计与分析

现状居住人口514.84万人。以标准分区面积作为统计单元，居住人口最多的3个标准分区分别位于汉口中央活动区、青山组团、后湖组团，居住人口数量为22.86万人、21.96万人、17.91万人，平均居住人口数量为6.44万人（图6–2）。居住人口密度最大的几个标准分区分别为青山组团–2、南湖组团–4、花桥组团–1，密度值为2.56万人/km^2、2.37万人/km^2、2.28万人/km^2，平均居住人口密度约为1.08万人/km^2。

不论是在居住人口数量上还是居住人口密度上，汉口中央活动区都明显占主导地位，以9.25%的面积容纳了主城区27.38%的现状居住人口。

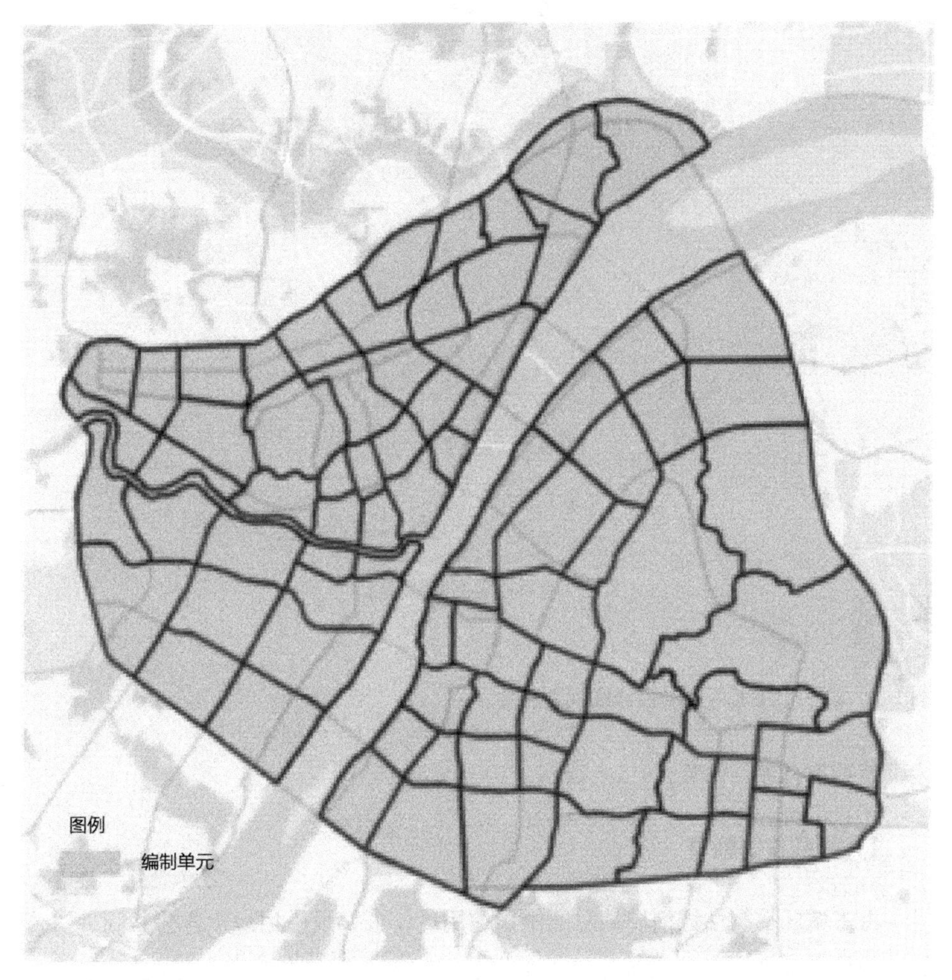

图6-2　武汉市标准分区分布图

6.2.2　主城区规划人口规模分析

以最新的控制性详细规划总图为基础（图6-3），结合控制性详细规划导则确定的基准容积率（图6-4、图6-5），计算出主城区内两大重要功能空间——居住及商业商务空间的用地面积、建筑面积以及工业用地面积，根据人均住宅建筑面积、地均就业岗位数量等指标，测算出主城区内最大的居住人口容量及可提供的就业岗位数量；结合主城区内高校在校师生数量，进而测算出主城区内最大的人口容量。

根据测算出的主城区人口总量与现行总体规划确定的人口规模、发展战略等进行对照，检讨总体规划确定的人口总量与规模是否合理，控制性详细规划确定的开

图6-3　武汉市主城区控制性详细规划总图

发强度是否合理，等等。

1．基础数据整理

将主城区控制性详细规划总图中居住用地、公共设施用地（含公共管理与公共服务用地和商业服务业设施用地）根据建设强度分区细分，分别形成5类强度分区的居住用地、公共设施用地详图（图6-6、图6-7）。

图中显示，主城区内，居住用地以2、3类建设强度为主，4类建设强度用地则集中布局于汉阳经济开发区以及南湖周边地区；公共设施用地则以3类建设强度为主，1、2类建设强度用地则主要布局于武昌和汉口的沿江地区。

主城区内，工业用地主要集中在三环线以外的武钢、武汉经济开发区内，而三环线以内的少量工业用地零散布局于光谷、白沙洲塔子湖和黄埔组团内（图6-8、图6-9）。

根据2014年控制性详细规划导则确定的主城区居住、商业商务及工业建设强度指标，通过GIS辅助工具计算出主城区居住、商业商务及工业等主要用地及建筑面积如下：

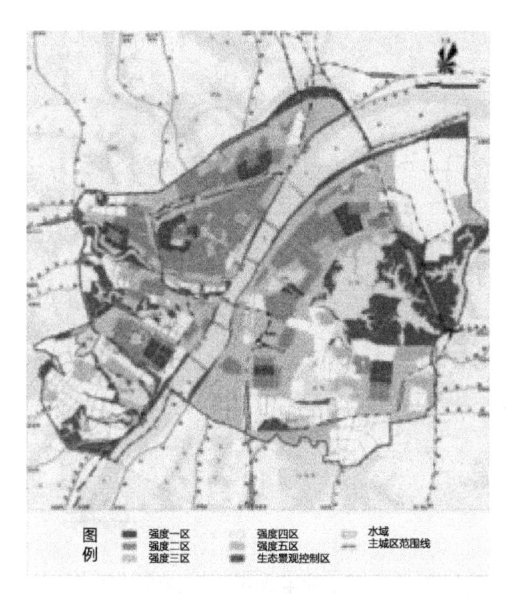

图6-4　主城区居住用地建设强度分区区划图

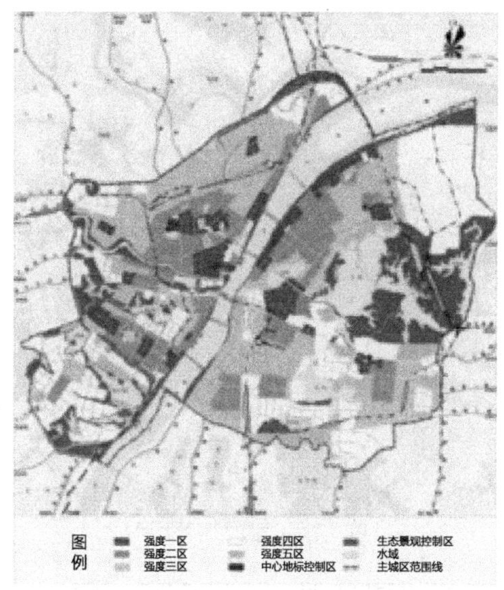

图6-5　主城区公共设施用地建设强度分区区划图

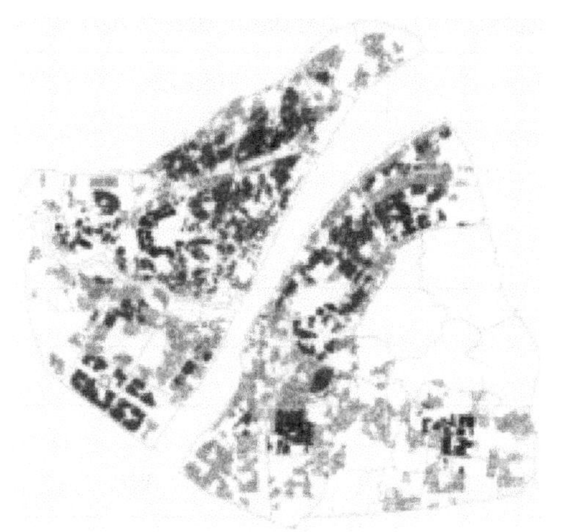

图6-6　主城区居住用地建设强度分区详图

图6-7　主城区公共设施用地建设强度分区详图

一是主城区内居住用地面积约12078.43ha，居住建筑面积约34231.65万m^2（表6-1、表6-2）。

二是主城区内公共设施用地面积约7886.95ha，其中商业商务用地面积约3778.61ha；公共设施建筑面积约26795.76万m^2，其中商业商务建筑面积约14570.95万m^2（表6-1、表6-2）。

三是主城区内工业用地面积约1183.39ha，工业建筑面积约2679.22万m^2（表6-3）。

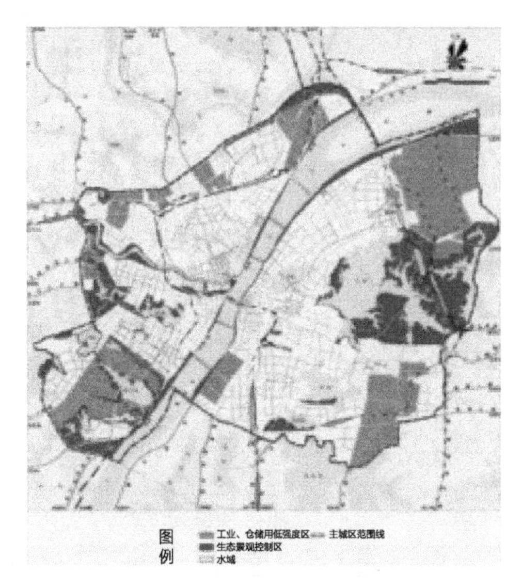

图6-8　主城区工业用地建设强度分区区划图

图6-9　主城区工业用地建设强度分区详图

武汉市主城区居住及商业用地面积一览表　　表6-1

分区	居住用地面积（ha）	公共设施用地面积（ha）	商业商务用地面积（ha）
1区	1143.83	1220.95	976.27
2区	4241.30	1976.63	1130.04
3区	4680.74	2283.61	1065.71
4区	1750.39	1990.91	528.17
5区	262.17	414.85	78.42
合计	12078.43	7886.95	3778.61

武汉市主城区居住及商业建筑面积一览表　　表6-2

分区	居住建筑面积（万m^2）	公共设施建筑面积（万m^2）	商业商务建筑面积（万m^2）
1区	3706.02	6551.31	5198.37
2区	12723.89	7339.74	4302.82
3区	12918.84	7102.38	3449.75
4区	4410.99	4980.43	1442.53
5区	471.91	821.90	177.48
合计	34231.65	26795.76	14570.95

武汉市主城区工业用地及建筑面积一览表　表6-3

工业门类	工业用地面积（ha）	工业建筑面积（万m^2）	地均就业岗位数量（个/ha）
高新工业（关山）	381.65	915.97	120
一般综合工业	801.74	1763.25	80
合计	1183.39	2679.22	—

武汉市主城区居住、商业、工业用地及建筑面积汇总见表6–4。

武汉市主城区居住、商业、工业用地及建筑面积汇总表　表6-4

用地性质	用地面积（ha）	建筑面积（万m^2）
居住	12078.43	34231.65
公共设施	7886.95	26795.76
商业商务	3778.61	14570.95
工业	1183.39	2679.22

2．居住人口统计

（1）以用地规模为基础

根据《城市用地分类与规划建设用地标准》GB50137—2011中规划人均居住用地指标23～36m^2/人，则主城区内可容纳的居住人口规模在525万～336万人。

（2）以人均住宅建筑面积为基础

一是依据人均住宅建筑面积（截至2009年底），中国城市人均住宅建筑面积约30m^2，农村人均住房面积约33.6m^2。则主城区内可容纳的居住人口规模约1141万人。

二是随着城市化进程的加快及人均生活水平的提升，若人均住宅建筑面积按约40m^2（即户均住宅建筑面积120m^2）计算，则主城区内可容纳285.3万户，居住人口规模约856万人。

（3）以户均住宅建筑面积为基础

一是按户均住宅建筑面积100m^2计算，则主城区内可容纳342万户，按户均3人计算，则居住人口规模约1026万人。

二是按户均住宅建筑面积120m^2计算，则主城区内可容纳285.3万户，居住人口规模约856万人。

3．高校人口统计

武汉是我国重要的教育基地，在校大学生数量排名全国第1位，高校数量则仅次于北京，位列全国第2位。据统计，截至2013年，武汉市内包括普通高校、公办专科院校、高等独立院校等各类学校合计约87所，在校生合计105.47万人。

从武汉市高校的空间分布来看，大部分高校和学生集中于主城区内。据统计，位于主城区内的高校数量约66所，占总数的75.86%；在校生总人数82.4万人，占学生总数的78.12%。

具体来讲，主城区内含普通高校18所，公办专科院校2所，高等独立院校12所，民办高校6所，公办职业技术院校17所，其他院校4所，合计59所（主城区内11所高校在校生数量未能获取相关资料，未列入统计），在校生约82.4万人。

教职工4.35万人，其中专任教师约4.25万人，其中教师带眷系数约1.5，则家属约4.25 × 0.5=2.13万人。

据此，主城区内高校在校师生总数约为88.88万人。

4．小结

以2014年主城区控制性详细规划总图为基础数据，根据居住、商业商务建筑面积和工业用地面积统计，结合武汉市主城区高校网站在校师生人数等数据统计得出：

主城区内可容纳945万人，其中居住人口约856万人（按人均住宅建筑面积40m^{2}计算），高校师生及职工家属约89万人；

主城区内可提供约413万个就业岗位，其中：商业商务就业岗位365万个，工业就业岗位11万个，行政办公（公务员）就业岗位7.5万个，文教卫体就业岗位25.7万个，市政交通就业岗位3.9万个。

6.2.3 规划居住人口规模的检讨

1.《武汉市城市总体规划（2010—2020年）》的人口规模预测

（1）基于生态环境容量分析的人口容量预测

根据武汉市城市总体规划人口与建设用地规模预测报告，基于生态环境容量分析的人口容量预测，2020年市域总人口1200万人（见表6–5）。

武汉市人口容量预测一览表　　表6–5

年份	高方案（万人）	中方案（推荐方案）（万人）	低方案（万人）
2005	819	803	787
2010	957	891	825

续表

年份	高方案（万人）	中方案（推荐方案）（万人）	低方案（万人）
2015	1150	1015	879
2020	1442	1200	961

资料来源：《武汉市城市总体规划（2010—2020年）》。

（2）基于不同预测模型的人口容量预测

基于综合增长率法，预测2020年市域户籍人口为942万人；

基于平均增长率法，预测2020年市域户籍人口为934万人；

基于模型回归法，预测2020年市域户籍人口为936万人；

基于逻辑斯蒂法，预测2020年市域户籍人口为917万人。

综合上述4种户籍人口预测方案进行汇总和比较，各模型2020年预测值之间略有差异，多数在933万～942万人之间。考虑到武汉未来人口增长势头仍然较强，以及适当考虑长时段人口增长区间的预留问题，在933万～942万人的范围内取一个折衷值但稍上者，2020年市域户籍人口应为940万人左右，2020年武汉市域流动人口为240万人（表6-6）。

武汉市人口规模和城市化水平预测结果　　表6-6

年份	总人口（万人）	户籍人口（万人）	流动人口（万人）	实际城镇人口（万人）	城镇化率（%）
2010	994	844	150	745	75
2020	1180	940	240	990	84

资料来源：《武汉市城市总体规划（2010—2020年）》。

（3）人口容量小结

武汉市城市总体规划预测2020年市域总人口约为1180万人。从空间分布来看，中心城区与远城区的人口分别为763.06万人和416.94万人，主城区人口约为502万人，主城区人口占市域总人口的42.54%（表6-7）。

武汉市域、中心城区与远城区人口分布一览表　　表6-7

范围	年份	总人口（万人）	户籍人口（万人）	流动人口（万人）
全市	2010	994	844	150
	2020	1180	940	240
中心城区	2010	609.92	468	141.92
	2020	763.06	534	229.06

续表

范围	年份	总人口（万人）	户籍人口（万人）	流动人口（万人）
远城区	2010	383.98	376	7.98
	2020	416.94	406	10.94

资料来源：《武汉市城市总体规划（2010—2020年）》，主城区人口502万人。

（4）总体规划人口规模检讨结论

根据武汉市城市总体规划中主城区人口占市域总人口42.54%的比例，控制性详细规划引导下的武汉主城区人口约为945万人，则主城区以外的都市区与远城区人口总和约为1438万人，未来武汉市域总人口规模约为2260万人（若按总体规划中心城区范围基本等同于主城区范围测算，则主城区以外的都市区与远城区人口总和约为508万人，市域总人口约为1453万人）。

可见，确定城市发展战略、引导城市发展方向的城市总体规划与重在落实上位规划的控制性详细规划之间存在一定程度的脱节，具体表现为：

第一，人口规模总量大大超出预期。

控制性详细规划引导下的人口规模总量（主城区945万人，市域2260万人）远超出总体规划预测的人口规模总量（主城区502万人，中心城区763万人，市域1180万人），在新一轮城市总体规划中，需要对主城区人口发展战略和空间布局提出调整和优化措施。

第二，总体规划确定的主城优化调整的总体思想未能得到较好的落实。

2010版城市总体规划提出主城区优化调整的总体目标，即在主城区内实现“两降三增三保”，其中“降低主城区建筑密度、疏散主城区人口，降低人口密度”的战略思想在控制性详细规划中未能得到有效落实，主城区人口集聚趋势进一步增强，未能实现人口向外围都市区和远郊农村地区疏散。

2．规划居住人口分布的片区分析

根据主城区居住人口总数，结合主城区标准分区单元，将该总量细分至主城区内各标准分区，测算各标准分区的人口密度（图6-10、图6-11），检讨城市规划居住人口分布是否合理。

（1）主城区标准分区划分

依据武汉市主城区标准分区划分规定，结合行政区划边界、城市建设现状、道路系统完整性及规划管理需求，将主城区划分为中央活动区、外围综合组团和东湖风景区三大功能区，其中，中央活动区细分为27个片区，外围综合组团细分为53个组团，东湖风景区细分为4个片区，主城区合计分为84个标准分区（见图6-12）。

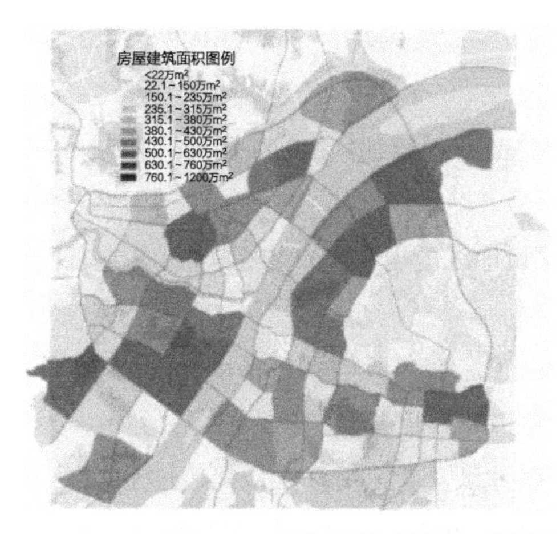

图6-10　主城区居住建筑面积分布图

图6-11　主城区居住建筑面积密度分布图

图6-12　武汉市主城区标准分区图

除去东湖风景区内4个片区外，其他80个标准分区中面积最大的为青山组团-1，达1210.78ha；最小的为新华片区-3，为154.93ha。可见，各片区和组团面积相差较大。

（2）中央活动区

中央活动区内居住建筑总面积约为0.95亿m^2，可容纳约237.71万人，平均人口密度约23125人/km^2（表6–8）。具体来讲：

一是从三镇的人口总量来看，武昌、汉口地区的居住人口均在100万人左右，汉阳地区人口较少，仅38万人左右。

二是从标准分区单元的人口密度来看，各标准分区的人口密度都超过了1万人/km^2。尽管都位于中央活动区内，但各片区人口密度差异却较为显著，其中，人口密度最高的3个片区——花桥片区、新华路片区、汉正街片区–2都超过了3万人/km^2，分别达到了4.24万人/km^2、3.28万人/km^2、3.10万人/km^2；人口密度最低的3个片区——江汉关片区、汉正街片区–1、首义片区–2均在1万人/km^2左右。

三是从三镇的人口总量与密度关系来看，尽管汉阳地区人口总量较低，但该地区人口密度却接近汉口地区，超过了武昌地区。

中央活动区居住用地、建筑面积及人口统计一览表　　表6–8

片区名称	标准分区面积（ha）	居住用地面积（ha）	建筑面积（万m^2）	居住人口（万人）	人口密度（人/ha）
汉口片汇总	4392.52	1421.36	4219.45	105.49	240.16
汉阳片汇总	1599.17	538.73	1506.33	37.66	235.50
武昌片汇总	4287.59	1322.41	3782.44	94.56	220.54
中央活动区汇总	10279.28	3282.50	9508.22	237.71	231.25

（3）外围综合组团

外围综合组团内居住建筑总面积约为2.84亿m^2，可容纳约710.25万人，平均人口密度约13561人/km^2（表6–9）。具体来讲：

一是从三镇的人口总量来看，汉口与汉阳地区外围的居住人口分别接近200万人，而武昌地区外围的居住人口接近400万人。

二是从标准分区单元的人口密度来看，人口密度参差不齐，但人口密度最高值与最低值均位于武钢组团内，其中武钢组团–5人口密度达到了48379人/km^2，武钢组团–1则只有138人/km^2，这一显著的空间分布特征，一方面是由于部分标准分区以工业用地为主造成的，如武钢及沌口的产业组团，另一方面是由于分区面积过小、用地性质过于单一造成的，如武钢组团–5分区面积较小，且全部为居住用地。排除偶然因素，后湖组团–5、南湖组团–5和青山组团–4为人口密度最高的3个分区，分别达到了44896人/km²、44625人/km²、39550人/km²，最低的3个分区为南湖组团-8、十升组团-2、珞瑜组团-2，人口密度仅为2160人/km²、4957人/km²、6083人/km²。

三是从三镇的人口总量与密度关系来看，武昌地区人口总量最大，但人口密度最低，原因在于东湖风景区、武钢等大型组团内居住人口较少；汉阳和汉口地区人口密度与人口总量基本保持较为均衡的水平。

外围组团居住用地、建筑面积及人口统计一览表　表6-9

组团名称	标准分区面积（ha）	居住用地面积（ha）	建筑面积（万m²）	居住人口（万人）	人口密度（人/ha）
汉口组团汇总	8745.44	2310.04	6689.72	167.24	191.23
汉阳组团汇总	11769.92	2516.81	6770.34	169.26	143.81
武昌组团汇总	31857.54	5443.24	14949.82	373.75	117.32
外围综合组团汇总	52372.90	10270.09	28409.88	710.25	135.61

（4）主城区标准分区居住人口密度

主城区内84个标准分区总居住人口945万人，其中高校师生总数88.88万人，总面积475.6km²，平均人口密度约19853人/km²（图6-13）。具体来讲：

一是从中央活动区、外围综合组团以及东湖风景区3个标准分区单元的人口总量来看，外围综合组团集中了主城区内大部分居住人口，约占主城区总人口的75%；而中央活动区的人口密度则比外围综合组团的人口密度高出1万人/km²。

二是从标准分区单元的人口密度来看，外围综合组团之间的人口密度差异较大；中央活动区的人口密度则相对均衡，2万人/km²的分区达17个，占中央活动区分区总数的65%。

3．规划居住人口分布的空间圈层分析

主城区内居住人口的空间分布不均衡。主城区内三道环线之间居住人口总量由内向外依次增加（表6-10）。总体来讲：

第一，三道环线内人口密度差距不是太大，一环线与二环线之间是人口最为稠密的地区，约2.9万人/km²，二环线与三环线之间人口密度最低，约为1.64万/km²。

第二，就业岗位密度由中心向外围依次减小，且由中心向外围减小幅度不断增大。一环线以内是就业岗位密度最高的区域，地均就业岗位数量近2.4万个/km²，约为二环线与三环线之间区域的4倍之多。

图6-13　主城区居住人口密度分布图

第三，强核心、弱边缘，潜力大。从三道环线内人口密度与就业岗位密度的空间分布及其相互关系来看（图6-14），一环线以内区域职住比较高，城镇功能较完善；二环线与三环线之间人口密度与就业岗位密度分布均处于低水平。一环线与二环线之间职住比为0.56，接近于均衡状态；而二环线与三环线之间职住比较低，由此可见，该区域是未来主城区城镇功能完善、空间优化的重点区域。

主城区三道环线内人口与就业岗位分布一览表　　表6-10

圈层	居住建筑面积（万m^2）	商业建筑面积（万m^2）	环面积（ha）	人口（万人）	就业岗位数量（万个）	人口密度（人/ha）	就业岗位密度（个/ha）	职住比
一环线以内	2753.08	2626.57	3529.84	68.83	83.66	194.99	237.02	1.22
一环线与二环线之间	9469.33	4902.04	8195.93	236.73	133.55	288.84	162.95	0.56

续表

圈层	居住建筑面积（万m²）	商业建筑面积（万m²）	环面积（ha）	人口（万人）	就业岗位数量（万个）	人口密度（人/ha）	就业岗位密度（个/ha）	职住比
二环线与三环线之间（主城区内）	23513.03	7151.54	35829.74	587.83	195.78	164.06	54.64	0.33
汇总	35735.44	14680.15	47555.51	893.39	413.00	187.86	86.84	0.46

从主城区内居住人口密度空间分布来看（图6-15），密度较高的几个标准分区，如江北的新华、后湖、归元、四新，江南的杨园、南湖、月亮湾-2等组团的空间布局呈现两个特征：

一是高密度组团基本集中在10km圈层内；

二是高密度组团呈沿江带状布局；关山片区是主城区内唯一位于10～20km圈层内的人口密度片区。

可见，人口居住的向心格局仍然较为明显，而随着大光谷的建设，鲁巷副中心的发展日益成熟，关山地区的人口吸引力正在增大。

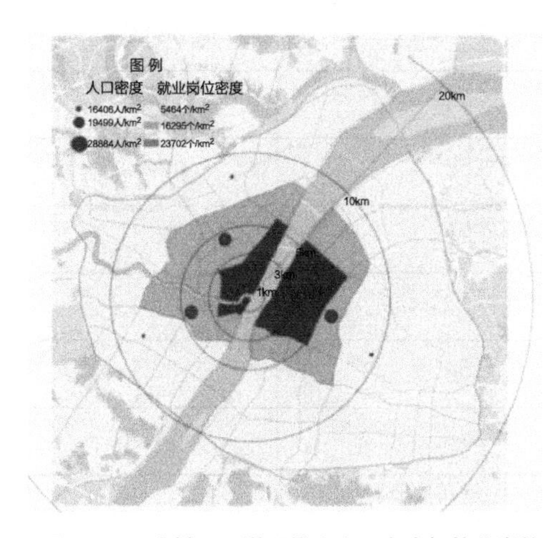

图6-14　主城区三道环线内人口密度与就业岗位密度匹配图

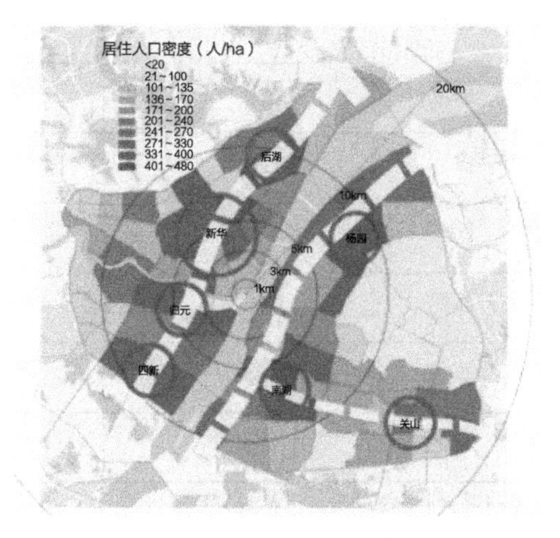

图6-15　主城区内居住人口密度空间分布图

6.3　主城区就业岗位分布对城市功能空间的影响

6.3.1　主城区现状就业岗位分布

1．测算方法

本研究将就业岗位分为第二产业就业岗位与第三产业就业岗位两种。

（1）现状第二产业就业岗位的测算方法

将武汉市的11个重点产业作为行业分类标准，对现状工业用地进行分类。参照《西咸新区总体规划》设定的各重点产业就业岗位密度（表6–11），将工业用地面积与就业岗位密度相乘，得到主城区现状第二产业就业岗位分布（图6–16）。将现状第二产业就业岗位分布与武汉市标准分区叠加，得到各编制单元的第二产业就业岗位（图6–17）。

各重点产业就业岗位密度　表6–11

类别	劳动年产值（万元/人）	地均就业岗位数量（万个/km^2）	人均占地（m^2/人）
电子	14.3	2.43	41.2
汽车	12.3	1.03	97.1
机械	6.3	0.72	138.9
化工	11.3	0.79	126.6
冶金	4.6	1.84	54.3
建材	7.9	0.26	384.6
家电	4.8	1.75	57.1
食品	8.3	0.58	172.4
医药	6.7	1.28	78.1
印刷	3.6	1.72	58.1
服装	3.7	2.54	39.4
其他	5.0	0.58	172.4

资料来源：《西咸新区总体规划》。

（2）现状第三产业就业岗位的测算方法

将武汉市第三产业生产总值（2863.07亿元）除以武汉市第三产业从业人员（241.02万人），得到武汉市第三产业人均生产值（11.88万元/人）；假设第三产业人均生产值与人均GDP成正比，得到江岸区、江汉区、硚口区、武昌区、青山区、汉阳区的第三产业人均生产值（13.48万元/人）；假设以上主城区（三环线以内）的第三产业生产总值等于分区（以上6区以及洪山区的一半）GDP减去规模以上企业工业增加值，主城区（三环线以内）规模以上企业工业增加值按照工业用地在全市工业用地的占比，得到主城区（三环线以内）

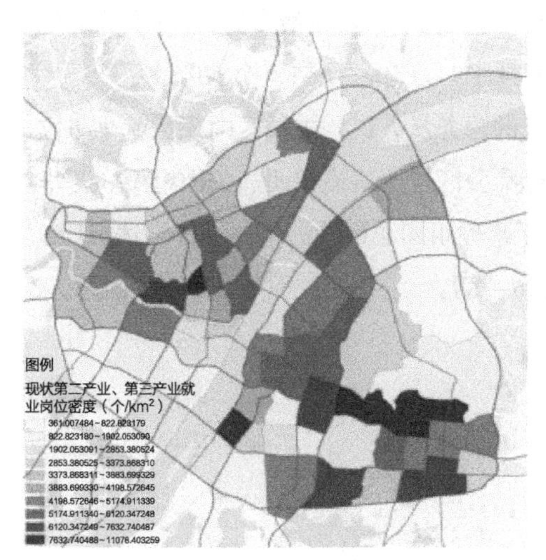

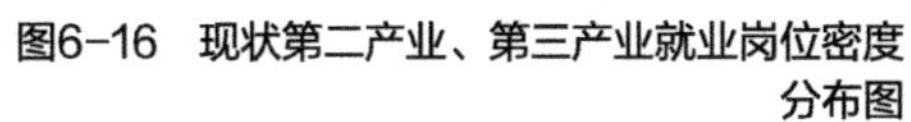
图6-16　现状第二产业、第三产业就业岗位密度分布图

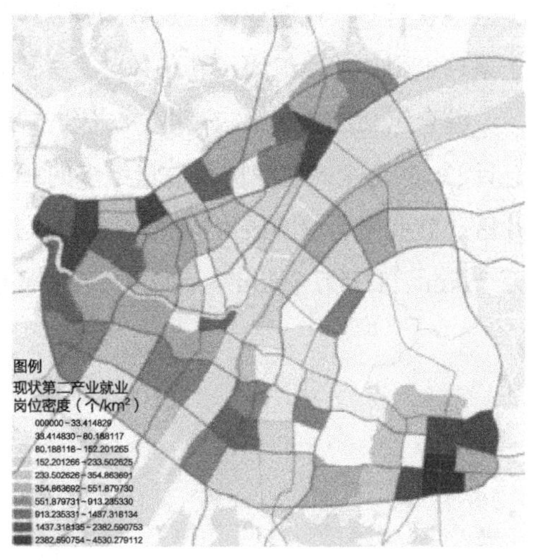

图6-17　各编制单元现状第二产业就业岗位密度分布图

的规模以上企业工业增加值（349.44亿元）、主城区（三环线以内）的第三产业生产总值（2450.90亿元）。将该主城区（三环线以内）的第三产业生产总值（2450.90亿元）除以第三产业人均生产值（13.48万元/人），得到第三产业从业人员181.75万人①。

另外，武汉市主城区有公务员7.5万人。

2．统计与分析

现状第二产业就业岗位总数为41.25万个。以标准分区面积作为统计单元，第二产业就业岗位数量最多的3个标准分区位于关山组团、古田组团，分别为4.77万个、2.93万个、1.74万个。绝大部分标准分区的第二产业就业岗位数量少、密度低。数据显示，在80个标准分区中，第二产业就业岗位数量超过8000个的标准分区仅有5个，密度超过1500个/km^{2}的标准分区仅有7个，其中密度最大的标准分区位于关山组团，密度为0.82万个/km^2。第二产业就业岗位数量较多、密度较大的标准分区位于关山组团、十升组团、古田组团，其中关山组团更为集中，其他地区的第二产业就业岗位在数量、密度上均处于较低水平。现状第二产业就业岗位在主城区内呈碎片状分布。

---

① 数据来源：《2011年武汉市统计年鉴》、《2013年度武汉工业经济统计手册》。

现状第三产业就业岗位总数为181.75万个。就业岗位数量最多的3个标准分区位于珞瑜组团、关山组团、新华片区，分别达到11.94万个、11.51万个、9.84万个。

综合第二产业和第三产业，以及7.5万人的公务员人口，主城区内现状就业岗位总计230.50万个。就业岗位数量最多的3个标准分区位于珞瑜组团、关山组团和新华片区，就业岗位密度最大的3个标准分区位于珞瑜组团、白沙洲组团，分别达到1.69万个/km^2、1.34万个/km^2、1.32万个/km^2（图6–18）。

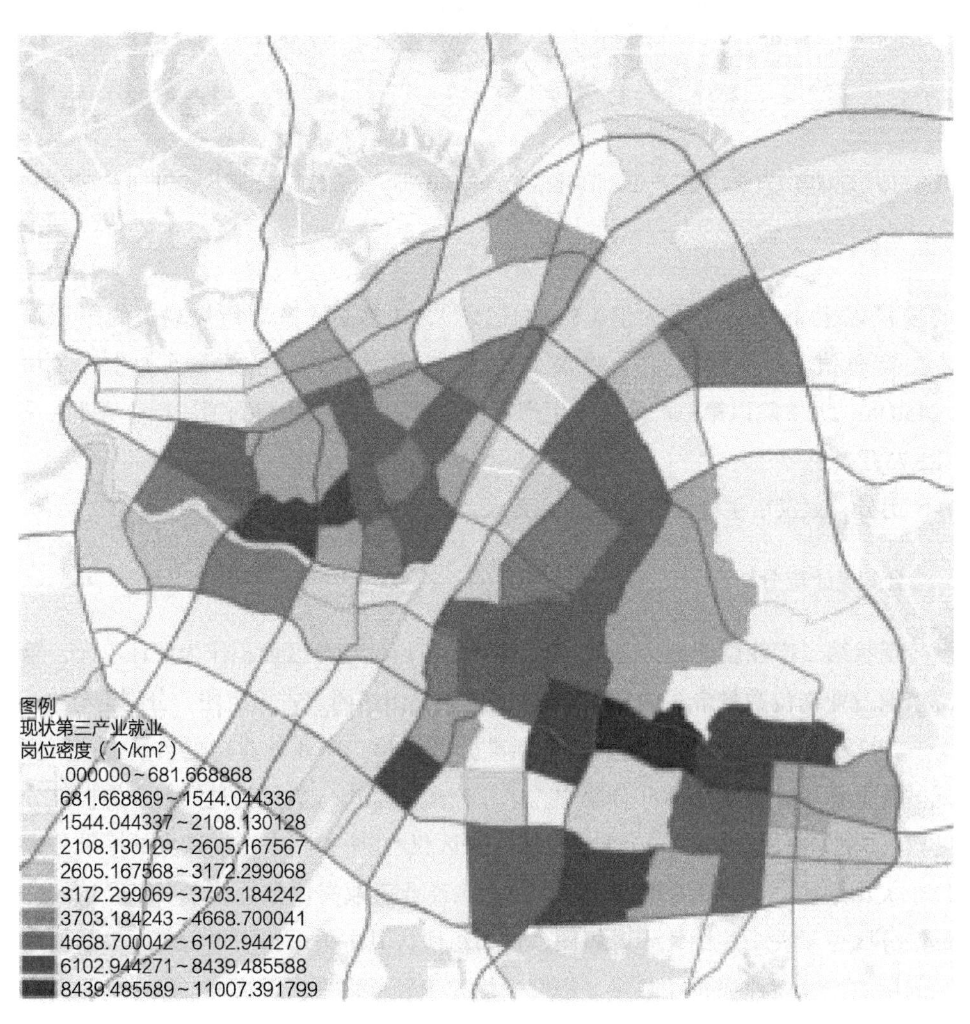

图6–18　编制单元现状第三产业就业岗位密度分布图

6.3.2　主城区规划就业岗位分析

1. 就业岗位统计

为便于统计，本研究假设主城区内可提供就业岗位的用地主要包括商业商务用地及工业用地；文教卫体等行政办公就业岗位数量根据相关统计年鉴统计。根据主城区控制性详细规划，结合各类用地地均就业岗位数量，统计主城区内总体可容纳就业岗位数量。

（1）商业商务建筑就业岗位

统计资料显示，每40m^{2}商业商务建筑可提供1个就业岗位，则武汉市主城区内商业商务建筑可提供365万个就业岗位。

（2）工业建筑就业岗位

根据主城区内工业用地面积、不同用地面积地均就业岗位数量测算，主城区内工业用地可容纳11万个就业岗位（表6–12）。

武汉市主城区内工业用地就业岗位一览表　　表6–12

工业门类	工业用地面积（ha）	工业建筑面积（万m^2）	地均就业岗位数（个/ha）	可提供就业岗位数量（个）
高新工业（关山）	381.65	915.97	120	45798
一般综合工业	801.74	1763.25	80	64139
合计	1183.39	2679.22		109937

（3）文教卫体就业岗位

文教卫体就业岗位总数，采取《2013年武汉市统计年鉴》相关数据进行综合分析（表6–13）。

武汉市文教卫体就业岗位一览表　　表6–13

<table>
<tr><th rowspan="2">分类</th><th rowspan="2">岗位类型</th><th colspan="3">从业人员总数（人）</th></tr>
<tr><th>市域</th><th colspan="2">主城区</th></tr>
<tr><td rowspan="2">教育设施</td><td>教职员工数（中小学）</td><td>194022</td><td>60%</td><td>116413</td></tr>
<tr><td>其中：专任教师</td><td>134032</td><td></td><td></td></tr>
<tr><td>体育设施</td><td>—</td><td>2719</td><td>90%</td><td>2447</td></tr>
<tr><td rowspan="2">医疗卫生设施</td><td>医护员工总数</td><td>85477</td><td>70%</td><td>59833</td></tr>
<tr><td>其中：卫生技术人员</td><td>68253</td><td></td><td></td></tr>
</table>

续表

分类	岗位类型	从业人员总数（人）		
		市域	主城区	
文化设施	产业机构和表演机构	38030	90%	34277
总计		320248		212970

据统计，武汉市文教卫体从业人员总数约32.02万人。假设教育、体育、医疗卫生及文化设施从业人员位于主城区的比例分别按60%、90%、70%、90%计算，则主城区内此类从业人员约有21.3万人；主城区内高校教职工总数约4.4万人。则主城区内文教卫体岗位总数约25.7万个。

（4）行政办公就业岗位

根据相关资料，现阶段我国公务员与社会人员的比例为1：122。本研究取1：100的比值，结合2013年武汉市常住人口总数978万人，则公务员总数约为10万人。假设约有75%的公务员位于主城区办公，则主城区内公务员总数约为7.5万人。

（5）市政交通设施就业岗位

相关资料显示，武汉市环卫工人总数约为0.5万人左右。

根据交通设施统计，武汉公交集团（含地铁）约提供2.4万个就业岗位；长途运输方面，根据武昌站铁路职工约1440人，估测铁路站场职工总数约0.5万人，29个长途客运站职工总数约为0.5万人，即交通站场设施就业岗位总数约为3.4万个。

市政交通设施提供就业岗位总数约为3.9万个（表6–14）。

主城区就业岗位一览表　　表6–14

岗位门类	岗位数（万个）	小计	合计
商业商务	365	376	413
工业	11		
文教卫体	25.7	37	
行政办公	7.5		
市政交通	3.9		

2. 分片区就业岗位统计

（1）中央活动区

根据前文逻辑，中央活动区内的就业岗位主要由商业商务设施提供。据统计，中央活动区可提供就业岗位约133.66万个（表6–15）。具体来讲：

一是从三镇的就业岗位总量来看，汉口地区的就业岗位数量最多，达70.73万个，而汉阳地区最少，仅12.04万个，相差近6倍。

二是从就业岗位密度来看，汉口地区的就业岗位密度也是最高的，为汉阳地区的2倍多；就业岗位密度最高的两个片区——江汉光片区、汉正街片区–1都超过了3万个/km^2，分别达到了33789个/km^2、31086个/km^2，也是中央活动区内仅有的2个超过3万个/km^{2}的片区；就业岗位密度最低的两个片区——首义片区–2和晒湖片区–1均在5000个/km^{2}以下。

中央活动区商业商务用地、建筑面积及就业岗位统计一览表　　表6–15

片区名称	标准分区面积（ha）	用地面积（ha）	建筑面积（万m^2）	就业岗位数量（万个）	就业岗位密度（个/ha）
汉口片汇总	4392.52	633.61	2829.09	70.73	161.02
汉阳片汇总	1599.17	138.36	481.68	12.04	75.29
武昌片汇总	4287.59	458.13	2035.67	50.89	118.69
中央活动区汇总	10279.28	1230.10	5346.44	133.66	130.03

（2）外围综合组团

外围综合组团内就业岗位包括两个部分，一部分仍由商业商务设施提供，另一部分则由工业设施提供。

1）商业商务设施就业岗位统计

据统计，外围综合组团商业商务设施可提供就业岗位约230.31万个（见表6–16）。具体来讲：

一是从三镇的就业岗位总量来看，汉口地区的就业岗位数量最少，而汉阳和武昌地区相接近，均为85万个左右。

二是从就业岗位密度来看，南低北高（图6–19）。武昌地区的就业岗位密度最低，不足汉口地区的一半，而汉阳地区最高，达到7153人/km^2。

外围组团商业商务用地、建筑面积及就业岗位统计一览表　　表6–16

组团名称	标准分区面积（ha）	用地面积（ha）	建筑面积（万m^2）	就业岗位数量（万个）	就业岗位密度（个/ha）
汉口组团汇总	8745.44	708.85	2248.59	56.21	64.28
汉阳组团汇总	11769.92	700.42	3367.47	84.19	71.53
武昌组团汇总	31857.54	977.82	3596.33	89.91	28.22
外围综合组团汇总	52372.90	2387.09	9212.39	230.31	43.98

图6-19 外围综合组团商业商务建筑面积密度分布图

2）工业设施就业岗位统计

武汉主城区工业建筑主要布局于关山、白沙洲以及塔子湖地带（见图6-20）。据统计，外围综合组团工业用地可提供就业岗位约11万个（表6-17）。

外围组团工业用地、建筑面积及就业岗位统计一览表　表6-17

组团名称	用地面积（ha）	建筑面积（万m^2）	就业岗位数量（万个）
汉口组团汇总	589.46	1345.10	4.72
汉阳组团汇总	1352.36	1765.39	2.11
武昌组团汇总	4128.52	5796.92	13.56
外围综合组团汇总	6070.34	8907.41	20.39

因此，外围综合组团就业岗位总数约为250.70万个。

（3）标准分区就业岗位统计

主城区内84个标准分区总面积约529.73km^2，就业岗位总数约为413万个，平均

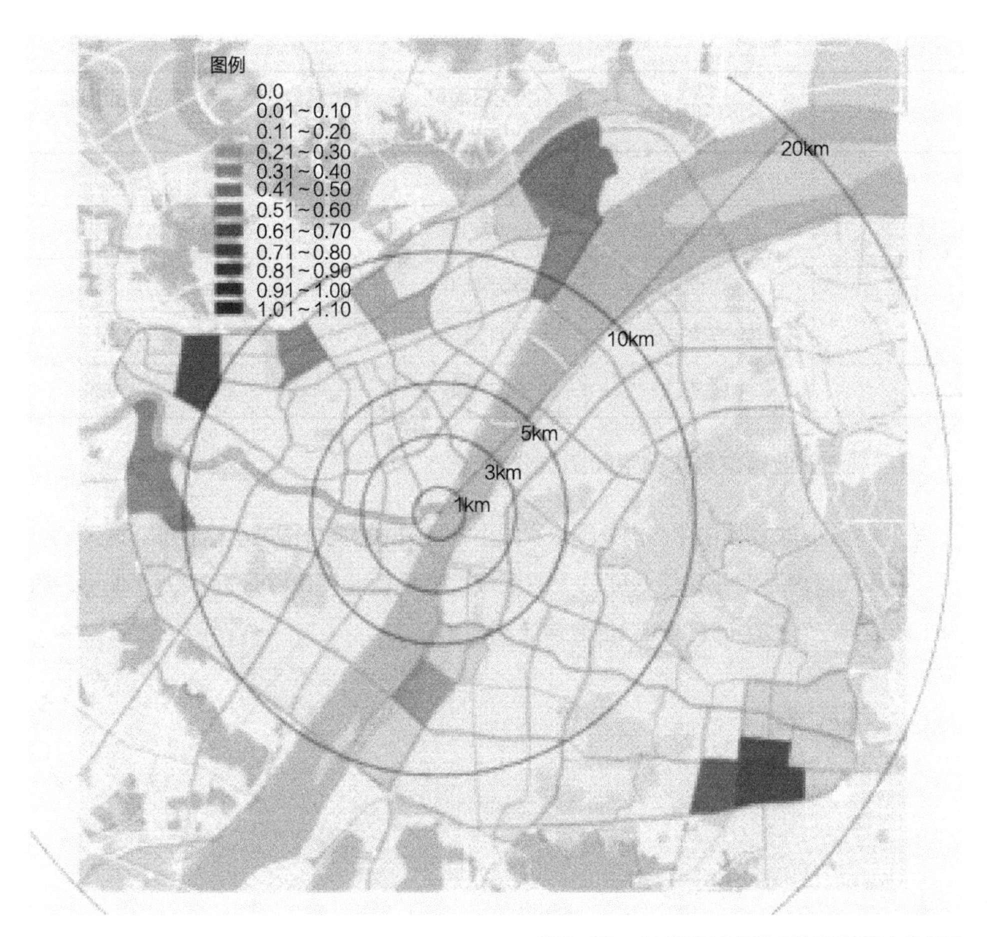

图6-20　主城区工业用地建设面积密度分布图

就业岗位密度约7796个/km²（表6-18）。具体来讲：

从中央活动区与外围综合组团的就业岗位总量来看，外围综合组团与中央活动区的比例约为6:4，但两者之间的就业岗位密度相差较大，中央活动区的就业岗位密度超过了1万/km²，达到了13003个/km²，而外围综合组团的就业岗位密度则为6104个/km²。

武汉市主城区各标准分区就业岗位统计一览表　表6-18

分区	片区/组团名称	标准分区面积（ha）	就业岗位数量（万个）	就业岗位密度（个/ha）
中央活动区	汉口片汇总	4392.52	70.73	161.02
	汉阳片汇总	1599.17	12.04	75.29
	武昌片汇总	4287.59	50.89	118.69
	中央活动区汇总	10279.28	133.66	130.03

续表

分区	片区/组团名称	标准分区面积（ha）	就业岗位数量（万个）	就业岗位密度（个/ha）
外围综合组团	汉口组团汇总	8745.44	56.58	64.70
	汉阳组团汇总	5632.93	84.56	150.12
	武昌组团汇总	23534.20	90.28	38.36
	外围综合组团汇总	37912.57	231.42	61.04
	主城区汇总	52972.99	413	77.96

3．规划就业岗位分布的空间圈层分析

（1）就业岗位密度由中心向外围依次减小，且由中心向外围减小幅度不断增大

一环线以内是就业岗位密度最大的区域，地均就业岗位数量近2.4万个/km^2，约为二环线与三环线之间区域的4倍之多（图6-21）。

图6-21　主城区就业岗位密度分区图

（2）强核心、弱边缘，潜力大

从三道环线人口密度与就业岗位密度的空间分布及其相互关系来看，一环线以内区域职住比较高，城镇功能较完善；二环线与三环线之间人口密度与就业岗位密度分布均处于低水平。一环线与二环线之间职住比为0.56，接近于均衡状态；而二环线与三环线之间职住比较低，由此可见，该区域是未来主城区城镇功能完善、空间优化的重点区域。

6.3.3　小结

从主城区内就业岗位密度空间分布来看（图6–22），就业岗位高密度地区除了汉口中央活动区与武昌中央活动区外，外围的鲁巷、杨春湖、四新地区和后湖、古田、南湖地区也是就业岗位密度较高的区域。其中鲁巷、四新和杨春湖是总体规划确定的城市副中心；而古田、后湖和南湖片区不仅就业岗位密度较高，且都位于10km半径的圈层范围内，对照人口密度分布图，后湖和南湖地区的人口密度同样较

图6–22　主城区就业岗位密度空间分布图

高，故后湖和南湖两处区域在新一轮规划中应在城镇功能完善和空间结构优化方面作出相应的调整。

6.4 规划职住关系的检讨

测算思路：为测算各分区居住人口与就业岗位是否匹配或职住是否均衡，在各标准分区数据基础上，分析各分区的职住比，即各分区的就业岗位密度与居住人口密度比重；为使研究成果更具指导性和可操作性，根据各分区的区位条件和职能特色，采取归并处理，以更大的区域视角判别地区的职住是否均衡，进而推测地区功能是否完善，为后期空间结构优化、功能调整提供基础依据。

分析方法：首先，将居住人口密度与就业岗位密度相叠加，直观反映两者之间的匹配度；其次，将研究分区的居住人口密度进行归一化处理，用就业岗位密度与居住人口密度进行定量比较，假设浅色柱体为单位比例1，深色柱体为就业岗位密度占居住人口密度的比重，深色柱体低于浅色柱体，则表示就业岗位密度小于居住人口密度，高出则相反。

关于职住比的理想值：去除居住人口中老年人和儿童等非劳动人口以及跨区域就业人口等因素的影响，职住比以0.5～0.6为理想状态，即区内职住平衡；通常分区单元基于一定功能因素逐步合并，即单元面积越大，则分析成果越合理。

6.4.1 基于标准分区职住比分析

标准分区的居住人口密度与就业岗位密度的比值关系分析（图6–23）：

5km圈层范围内居住人口密度较高的片区较少，仅有新华片区–1、汉正街片区–2、归元寺片区和月亮湾片区–2等少数分区，但该区域内的标准分区就业岗位密度普遍较高，如江汉关片区、汉正街片区–1、月亮湾片区–1、洪山片区等。因此，从该圈层内空间分布关系来看，居住人口密度普遍低于就业岗位密度。从职住比的柱状图的定量关系分析可以看出，该区域内标准分区的职住比普遍大于或接近于1。

在5～10km圈层范围内，则集中了居住人口密度较高的片区，同时也是就业岗位密度较高的分区集中地，从职住比的柱状图的定量关系分析可以看出，该区域内标准分区的职住比普遍小于1，但各分区的职住比相差较大。

在10～20km圈层范围内，居住人口密度较高的分区主要是关山组团–2等少量组团，相应的就业岗位密度也与居住人口密度成正态分布。

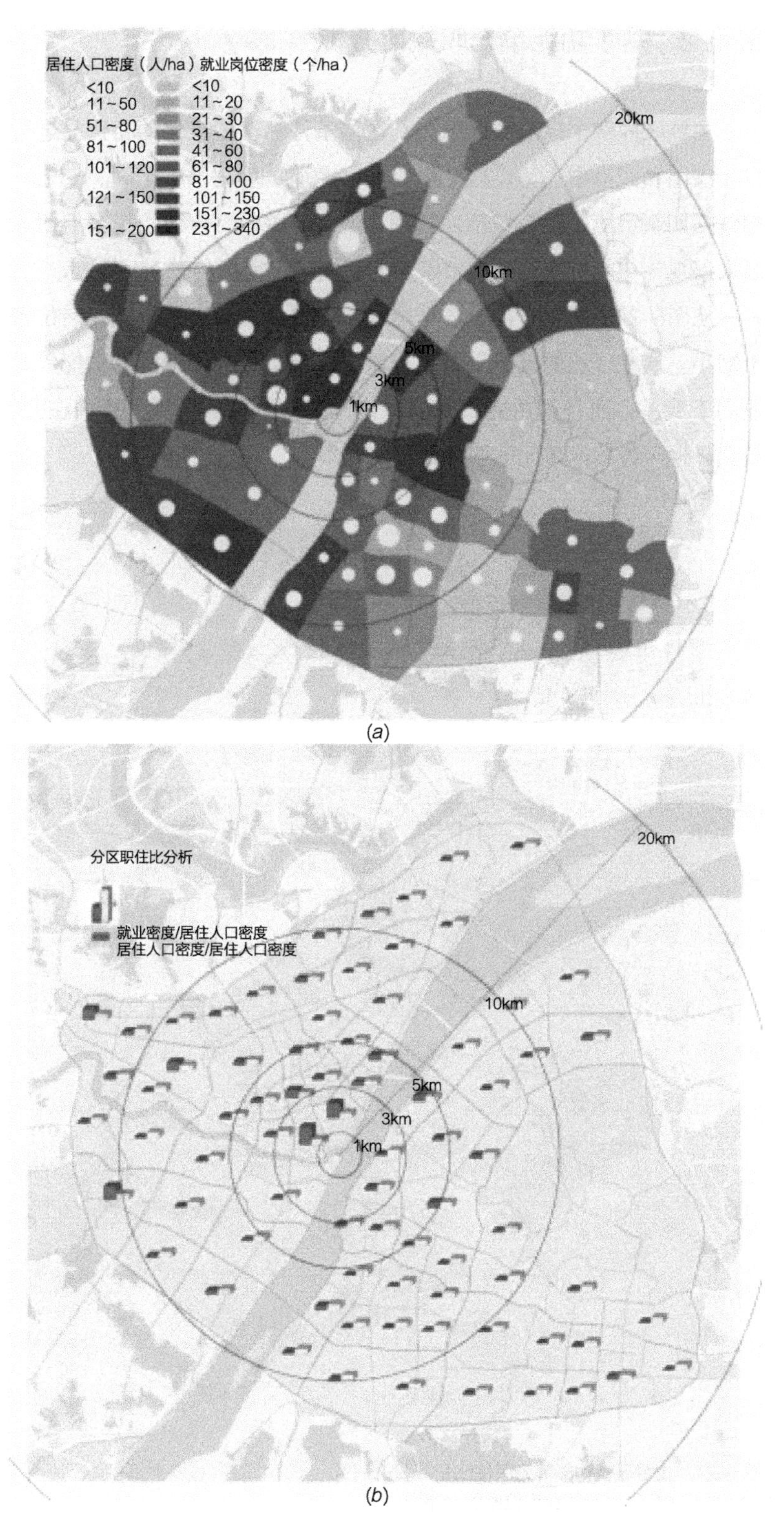

(*a*)

(*b*)

图6-23　主城区各标准分区职住比分析图
（*a*）居住人口密度与就业岗位密度分布图；（*b*）职住比分析图

6.4.2 基于功能单元职住比分析

主城区内84个标准分区根据其区位条件和功能定位的相似度进行合并，分为汉口、汉阳和武昌中央活动区。汉口包括黄埔、后湖、塔子湖、二七、古田组团；汉阳包括四新组团；武昌包括白沙洲、南湖、关山、青山、杨园组团。从大的空间分区来审视各功能单元居住人口密度与就业岗位密度的关系。

从图6-24中可以看出，各功能单元的居住人口密度、就业岗位密度的差距都趋于缩小。从职住比的定量分析可以看出，汉口、汉阳地区的功能单元职住比不仅明显高于武昌，而且其功能单元的职住比的值也更加合理，集中在0.5～0.8之间，即较武昌地区各功能单元的职住比更加均衡。

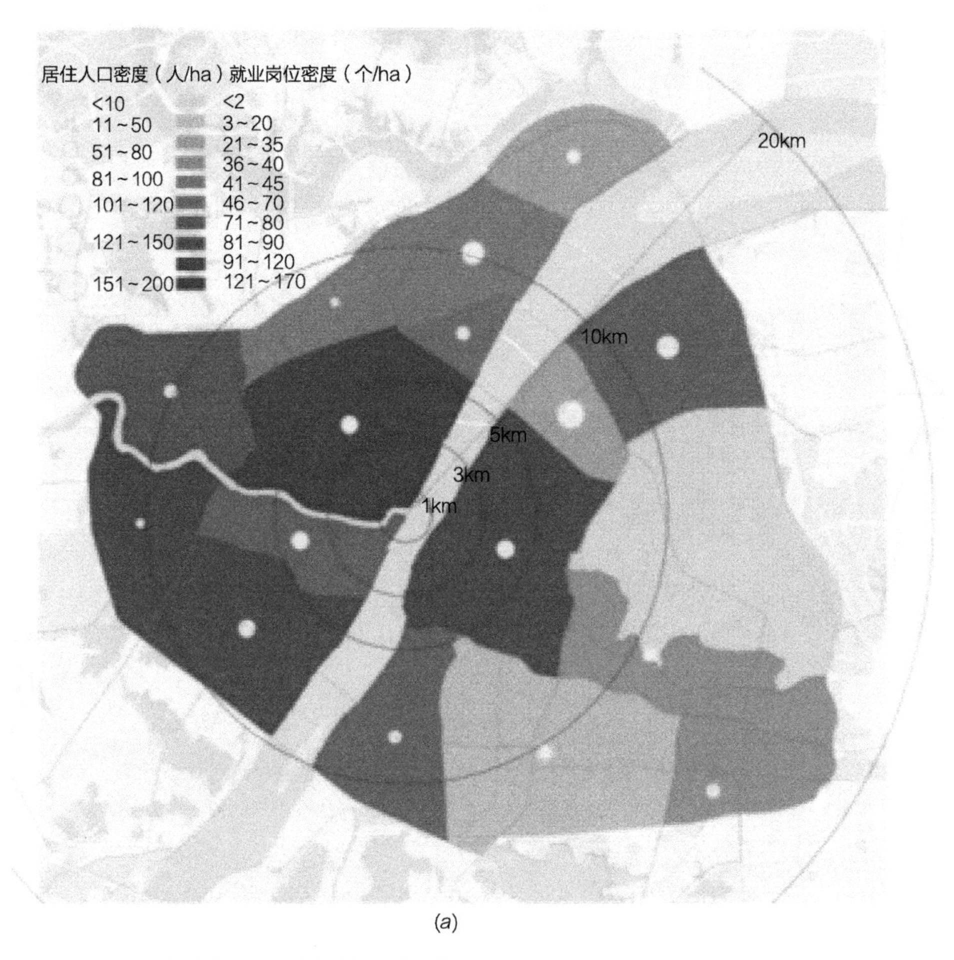

(a)

图6-24 主城区各功能单元职住比分析图（一）
（a）居住人口密度与就业岗位密度分布图

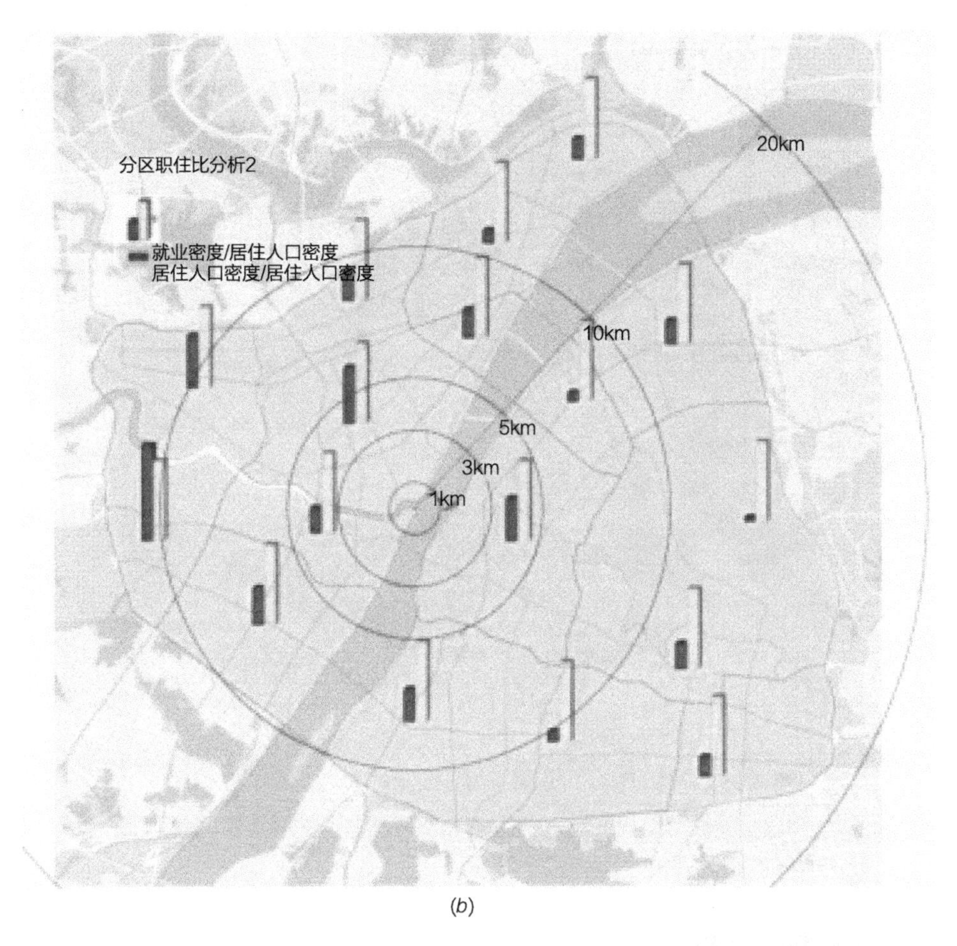

(*b*)

图6-24　主城区各功能单元职住比分析图（二）
（*b*）职住比分析图

6.4.3　基于功能板块职住比分析

在上述功能单元划分的基础上，进一步提取各功能单元的趋同要素和相关性，将主城区划分为汉口、汉阳和武昌中央活动区；包括后湖组团、古田组团、四新组团、南湖组团、关山组团、青山组团等几大功能板块。

从大的功能板块职住比的定量分析可以看出（图6-25），汉口中央活动区和武昌中央活动区的职住比较高，在0.6 ~ 0.7；汉阳中央活动区的职住比相对低且与外围的四新、古田、青山板块的职住比相近，在0.4 ~ 0.5；而关山、南湖、后湖等板块职住比最低，均在0.2 ~ 0.3。

各大功能板块的职住比反映了中央活动区的功能相对较为完善，而外围既定的城市副中心及正在形成的次级中心需要在新一轮总体规划中进一步完善城市功能，优化城市空间结构。

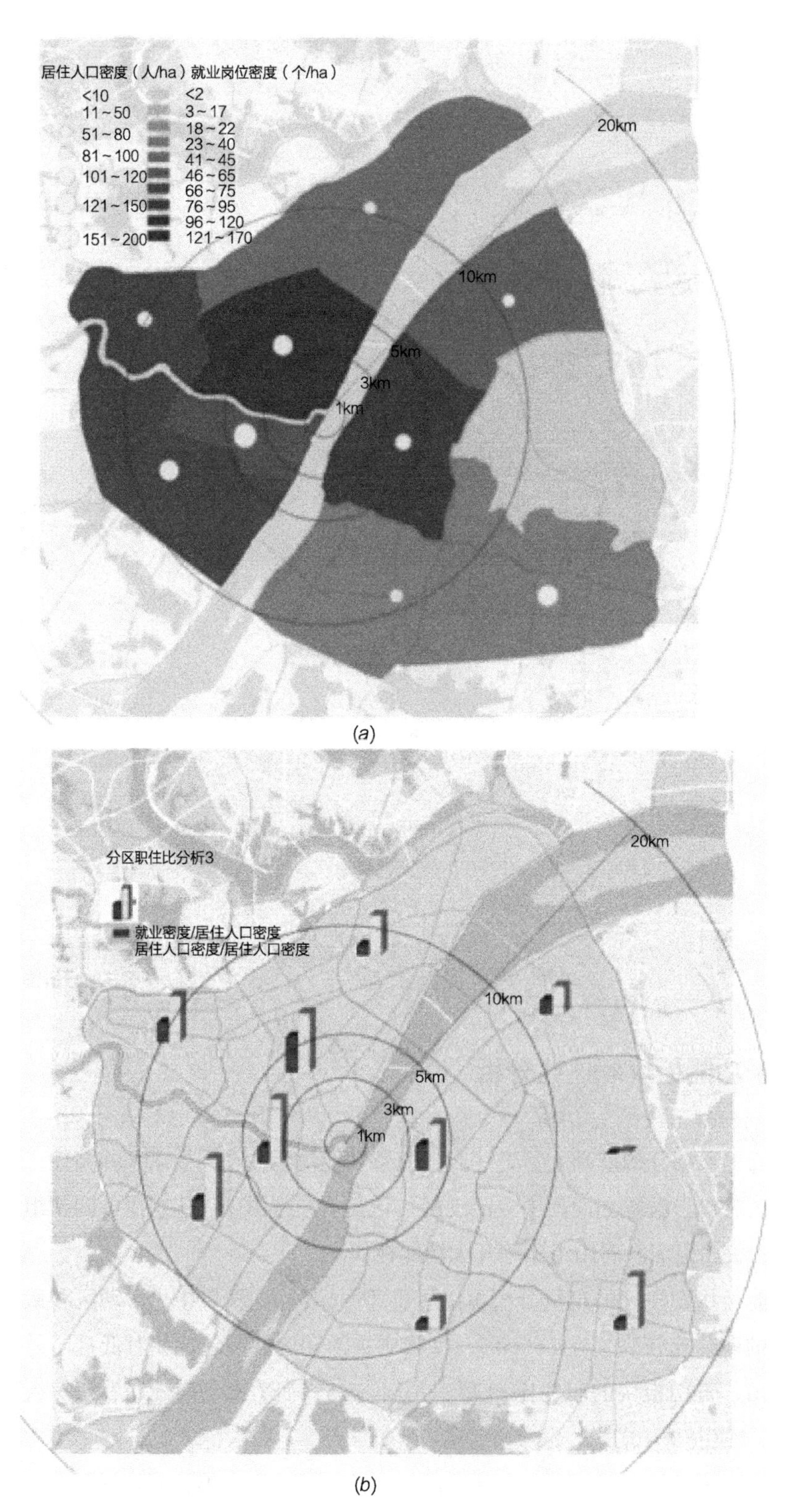

图6-25　主城区各功能板块职住比分析图
（*a*）居住人口密度与就业岗位密度分布图；（*b*）职住比分析图

6.4.4　小结

基于标准分区、功能单元和功能板块三大类不同区域的主城区居住人口与就业岗位关系及职住比分析，可以看出：

一是中央活动区的职住比不仅较为稳定，而且从3个维度的分析结果来看，其比值均大于1，大幅度超出相对均衡的值域0.5～0.6，一方面说明中央活动区的城市功能较为完善；另一方面说明中央活动区的服务范围和服务能级不仅仅局限于中央活动区层面，而是作为区域现代服务中心服务更大的都市区、城市圈等区域层面。

二是总体规划确定的3个副中心的职住比相对较低，其中：

四新、杨春湖所在的青山板块的职住比在0.6左右，接近于均衡状态，规划中的城市副中心将随着城市化质量的提升和控制性详细规划的实施逐步走向成熟；

鲁巷所在的关山板块的职住比则较低，在0.2～0.3左右，主要原因在于关山板块的居住人口较多，尽管光谷地区的光电子产业发展迅猛，就业岗位增加较多，但与该地区人口增速相比而言，仍然显得相对较慢，在新一轮总体规划中，要进一步强化地区的综合服务功能，提升地区的综合服务中心品质和形象。

三是外围即将成为居住人口密度较高、就业岗位密度也较高的后湖、南湖区域，是未来形成城市副中心极具潜力的地区，新一轮城市总体规划应重视该地区城市功能的提档升级和空间结构的优化。

6.5　基于职住关系分析的主城区空间发展策略

6.5.1　基于职住错位的案例——东京

1. 东京都市区人口与就业空间分布

东京内三区占地约42km^2，243万个就业机会，居住很少；

中央8区占地约104km^2，近400万个就业机会，居住人口127万人；

中央23区占地约621km^2，提供了700多万个就业机会，居住人口近800万人。1990—2010年，内三区就业增长了37%，居住人口下降了40%。8区有同样的趋势，就业增长了50%，居住人口下降了29%。23区就业增长了46%，居住人口下降了8%。越靠近市中心就业越聚集，就业取代住宅，而越远离市中心住宅越发展。

2. 启示

凸显空间极核：相比东京，武汉市城市空间极核范围不清晰，城市中心区居住功能较重，就业功能偏弱。确立武广-江汉路、中南-中北路中心区内中心范围（图6-26）。

城市	极核区域			城市中心区			主城区/都市区			市域规划人口（万人）	
	面积（km^2）	居住人口（万人）	就业人口（万人）	面积（km^2）	居住人口（万人）	就业人口（万人）	面积（km^2）	居住人口（万人）	就业人口（万人）	2010年	2030年
武汉	—	—	—	102（中央活动区）	237	157	—	515	230.5	1060	1500
东京	42（内三区）	211	243	104（中央8区）	127	400	—	800	700	2500	3000

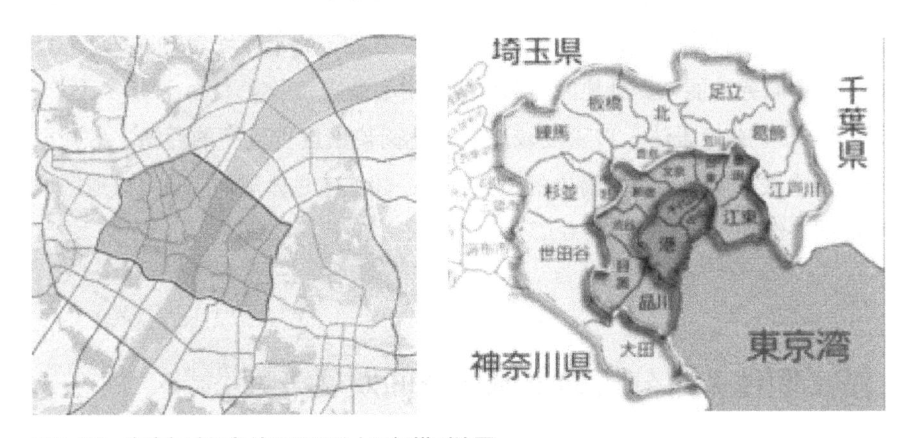

图6-26　东京与武汉各片区面积及人口规模对比图

扩容提质副中心：限制住宅用地的批租，强化副中心商业、商务职能。

优化提升组群单元：实现城市各功能板块从“万马奔腾”到“集团作战”的转变。

6.5.2　空间趋势与对策

1. 目标及策略

总体目标：远期实现大片区内的职住比相对平衡，远景实现组团内的实际职住比平衡。

（1）策略一：一心引领，多点发展

中央活动区为就业主中心，六大片区形成就业副中心。就业岗位从沿江、沿路的线状集聚向一主六副的面状集聚。

空间结构：构建“一心六片一区”的功能空间结构。

中央活动区为核心片区；关山–珞瑜组团等为六大功能片区；东湖风景区为独立片区。

（2）策略二：调节职住，内部平衡

根据合理的职住比与各片区规划的居住人口，确定未来各片区合理的就业岗位。

空间结构：构建“一主六副”的就业中心体系。

中央活动区强化就业职能，增强就业中心能级；六大片区形成各自的就业副中心。中心居住增长同比减少。

（3）策略三：平衡增量，注重时序

协调中央活动区与各片区中居住人口、就业岗位增长，均衡分布居住人口、就业岗位增量，做到正向同步增长。

空间结构：构建“一区两心”的城市中心体系。

增强中央活动区的综合性职能，培育武广–江汉、中南–中北为区域生产性服务业中心与综合中心。

2．政策措施

基于居住、就业现状分布、控制规划意图及发展态势，提出规划调控对策：

（1）中央活动区“有序增长”：强心聚核，有序更新，复合化、专业化发展

构筑高端文化创意和总部经济极核，构建区域辐射的服务高地，打造全国知名的历史街区。“精细规划”武广商圈，发展专业化、高端化、区域化的服务业态。

（2）潜在副中心“精明增长”：错位发展、特色凸显，积极拓展副中心总量，提高其质量

积极培育中南–中北、钟家村等城市副中心，引导四新、杨家湖等片区中心。把握居住与就业用地增减趋势，优先提高量的增长，避免重复建设，注重特色服务业态的导入，优先配套设施的设置。

（3）扶持组团内生活服务中心的“同步增长”：构建城市公共服务节点体系，点–廊–片模块、网络化建设

加大居住与就业高密度兼容、复合布局，形成组团内“日中心–周中心–月中心”城市公共服务节点体系。

（4）土地更新由传统产业到都市型产业的“平滑增长”：中心辐射，核心触媒，功能优化

抑制住宅产业，积极承接产业转移，“退二进三”，有所为、有所不为。

6.6 基于轨道交通的主城区功能及空间重构

6.6.1 武汉市轨道交通发展情况

2012年12月，地铁2号线一期开通，武汉步入“地铁时代”。

2013年，武汉市开展了第三轮轨道交通线网规划修编（图6–27），设想武汉打造“地铁城市”。至2017年，武汉全市形成由7条线构成的总长215.3km的轨道交通骨干网络。

《武汉市轨道交通线网规划修编（2013—2049年）》的研究工作于2013年1月开展，用时约1年。此次研究在上一轮《武汉市轨道交通线网规划（远景年）》和《武汉市城市轨道交通近期建设规划（2010—2017年）》的基础上，研究和制定长远轨道发展蓝图，研究是否需进一步增加和优化轨道线路，研究形成了两个对比方案。

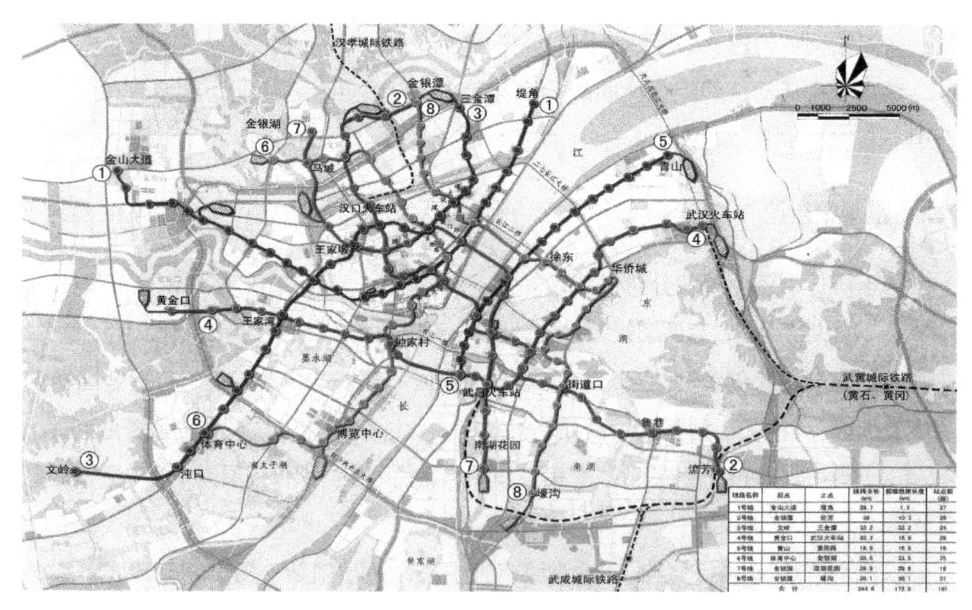

图6–27 武汉市轨道交通网规划（2020年）

（1）方案一

由22条线路构成，总规模981km，站点总数567座。其中环线57km（正环48km），主城495km，站点数365座。环线基本覆盖了中央活动区，联系了汉口火车站、武昌火车站、武汉火车站、王家墩CBD、四新城市副中心、沙湖中央文化旅游区等城市重点功能区（图6–28）。

（2）方案二

由23条线路构成，总规模1009km，站点总数571座。其中环线60km，主城

图6-28　武汉市轨道交通线网规划（2013年）方案一

521km，站点数370座（图6-29）。环线比方案一覆盖范围更大，联系了汉口火车站、古田组团、四新城市副中心、南湖组团、省级行政中心和东湖风景区等城市重点功能区。

6.6.2　轨道交通与主城区规划耦合分析

1．研究方法、对象和范围

整体思路：通过分要素和分层次分析轨道交通站点500m覆盖范围内用地面积和用地结构特征（见图6-30），以此来评价在既定轨道交通线网条件下城市土地利用规划的合理性，并提出未来的城市空间结构和土地利用规划的优化策略和措施。

研究对象是既定8条轨道交通线路轨道交通站点500m覆盖范围内用地（表格），对线路站点覆盖率（面）、线路类型（线）和站点类型（点）3个方面进行评价。

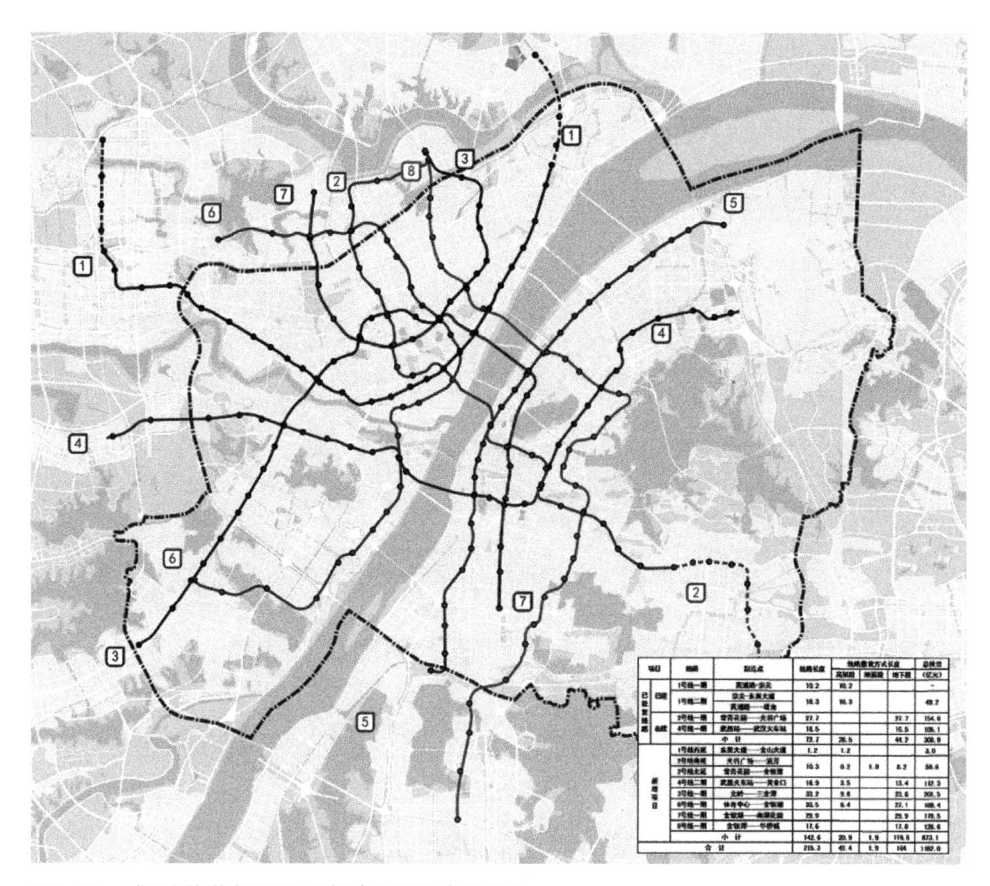

图6-29 武汉市轨道交通线网规划（2020年）方案二

2．轨道交通站点空间分区覆盖率分析

利用GIS软件，建立轨道交通站点周边500m缓冲区，通过自相交建立覆盖范围，并与不同范围内的土地利用规划相叠加（见图6-30），研究地铁站点500m覆盖范围内用地的结构特征。

空间范围上分为3个层次来评价（图6-31），分别为中央活动区（Ⅰ区）、二环线以内（Ⅱ区）以及三环线以内（Ⅲ区）范围（表6-19）。

主城区内3个空间层次空间用地构成一览表　　表6-19

用地分类（大类）	空间层次					
	Ⅰ区		Ⅱ区		Ⅲ区	
	面积（ha）	比例	面积（ha）	比例	面积（ha）	比例
A 公共管理与公共服务用地	309	6.94%	1921	10.58%	5655	8.34%
B 商业服务业设施用地	563	12.64%	1641	9.04%	3665	5.41%

续表

用地分类（大类）	空间层次					
	Ⅰ区		Ⅱ区		Ⅲ区	
	面积（ha）	比例	面积（ha）	比例	面积（ha）	比例
E 非建设用地	1355	30.43%	3350	18.46%	15710	23.17%
G 绿地	462	10.38%	2109	11.62%	11724	17.29%
H 建设用地	5	0.11%	236	1.30%	898	1.33%
M 工业用地	2	0.04%	158	0.87%	5698	8.40%
R 居住用地	997	22.39%	5577	30.72%	14602	21.54%
S 交通设施用地	735	16.51%	3022	16.65%	8898	13.12%
U 公用设施用地	25	0.56%	138	0.76%	683	1.01%
W 物流仓储用地	0	0.00%	0	0.00%	267	0.39%
合计	4453	100%	18152	100%	67800	100%

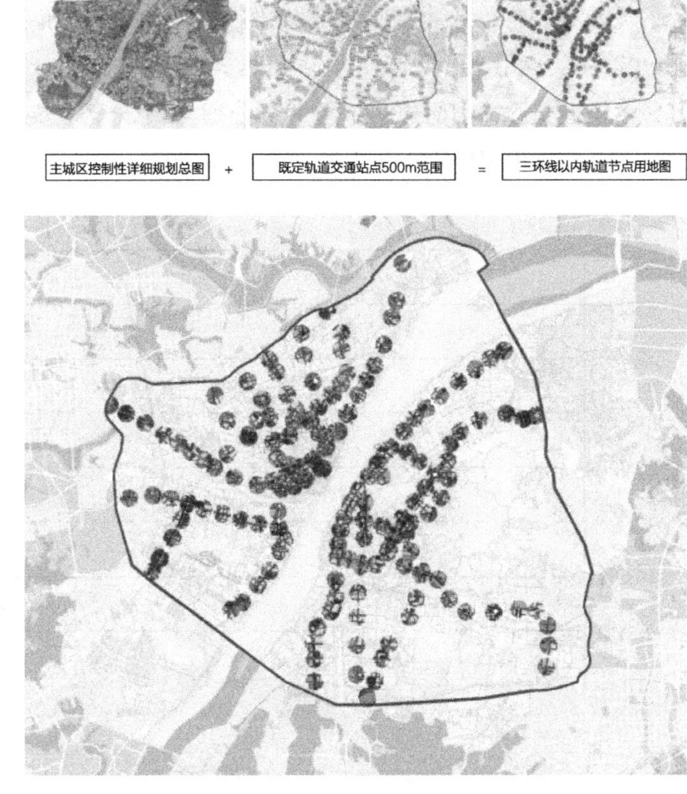

图6-30　武汉市主城区轨道交通站点500m覆盖范围用地规划图

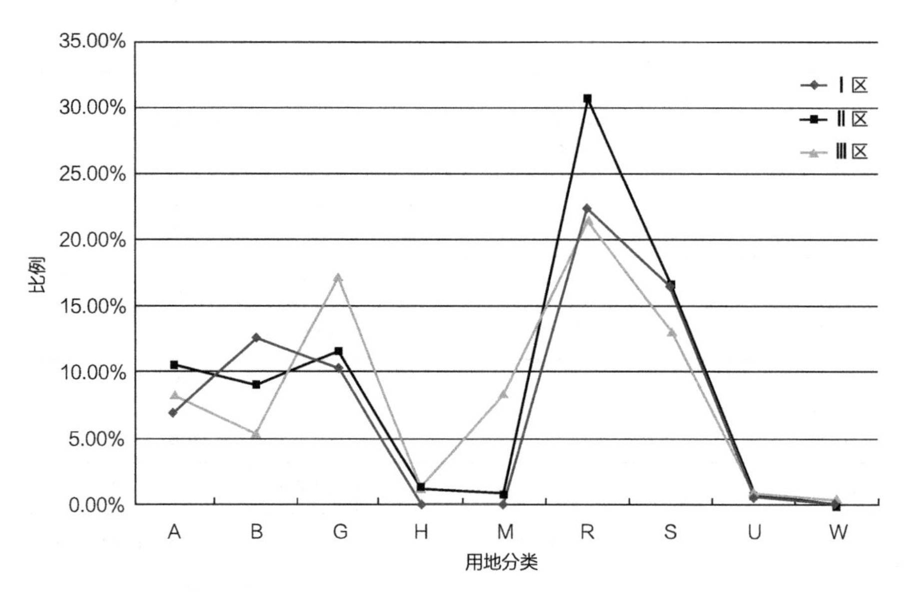

图6-31 主城区内3个空间层次空间用地构成图

（1）主城区内建设用地构成特征

①Ⅱ区的居住用地比例最高，且占自身最大的比重，Ⅰ区和Ⅲ区的居住用地比例相当。

Ⅲ区内，W类、U类和H类用地比例低，M类主要分布于Ⅲ区。

②在B类的用地比例上，Ⅰ区≥Ⅱ区≥Ⅲ区。

将轨道交通站点周边500m缓冲区分别与3个分区相交，得出每个分区的站点500m覆盖范围内用地的构成（图6–32、表6–20）。

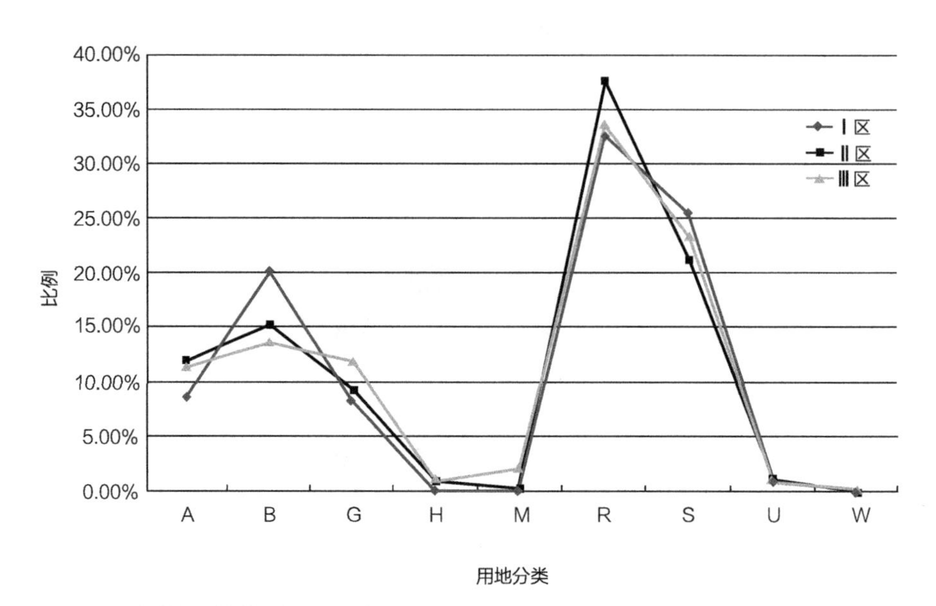

图6-32 轨道交通站点500m覆盖范围内用地构成图

Ⅰ、Ⅱ、Ⅲ区轨道交通站点500m覆盖范围内用地构成一览表　　表6-20

用地分类（大类）	Ⅰ区		Ⅱ区		Ⅲ区	
	面积（ha）	比例	面积（ha）	比例	面积（ha）	比例
A公共管理与公共服务用地	171	8.62%	817	11.96%	1393	11.40%
B商业服务业设施用地	401	20.17%	1043	15.27%	1671	13.67%
E非建设用地	73	3.69%	142	2.08%	190	1.55%
G绿地	165	8.31%	644	9.42%	1453	11.89%
H建设用地	2	0.09%	68	1.00%	134	1.10%
M工业用地	2	0.10%	24	0.35%	262	2.14%
R居住用地	650	32.68%	2562	37.51%	4112	33.64%
S交通设施用地	506	25.44%	1452	21.25%	2855	23.35%
U公用设施用地	18	0.90%	80	1.16%	137	1.12%
W物流仓储用地	0	0.00%	0	0.00%	17	0.14%
合计	1988	100%	6832	100%	12224	100%

（2）从图6-32可以反映出的特征

①轨道交通站点附近的居住用地覆盖率最高，其次是商业服务业设施用地和公共管理公共服务用地。

②Ⅰ区、Ⅱ区和Ⅲ区的轨道交通站点覆盖土地利用结构相似度很高（见表6-21、图6-33）；居住用地35%左右，商业服务业设施用地15%左右，公共管理与公共服务用地10%左右，三者占地铁站点开发用地的60%。

Ⅰ、Ⅱ、Ⅲ区的土地利用结构与轨道交通站点覆盖范围用地结构比较　表6-21

用地分类（大类）	Ⅰ区			Ⅱ区			Ⅲ区		
	站点500m范围内的覆盖面积（ha）	边界面积（ha）	比例	站点500m范围内的覆盖面积（ha）	边界面积（ha）	比例	站点500m范围内的覆盖面积（ha）	边界面积（ha）	比例
A 公共管理与公共服务用地	171	309	55.34%	817	1921	42.53%	1393	5655	24.63%
B 商业服务业设施用地	401	563	71.23%	1043	1641	63.56%	1671	3665	45.59%
G 绿地	165	462	35.71%	644	2109	30.54%	1453	11724	12.39%
H 建设用地	2	5	40.00%	68	236	28.81%	134	898	14.92%
M 工业用地	2	2	100.00%	24	158	15.19%	262	5698	4.60%

续表

用地分类（大类）	Ⅰ区			Ⅱ区			Ⅲ区		
	站点500m范围内的覆盖面积（ha）	边界面积（ha）	比例	站点500m范围内的覆盖面积（ha）	边界面积（ha）	比例	站点500m范围内的覆盖面积（ha）	边界面积（ha）	比例
R 居住用地	650	997	65.20%	2562	5577	45.94%	4112	14602	28.16%
S 交通设施用地	506	735	68.84%	1452	3022	48.06%	2855	8898	32.09%
U 公用设施用地	18	25	72.00%	80	138	57.97%	137	683	20.06%
W 物流仓储用地	0	0	0.00%	0	0	0.00%	17	267	6.37%
E 非建设用地	73	1355	5.39%	142	3350	4.24%	190	15710	1.21%
合计	1988	4453	44.64%	6832	18152	37.64%	12224	67800	18.03%

（3）从图6-33可以反映出的特征

①Ⅰ区和Ⅱ区的轨道交通站点500m范围覆盖率在50%左右，达到了地铁城市的标准，而Ⅲ区的覆盖率还有差距。

②在轨道交通站点500m范围覆盖率上，Ⅰ区>Ⅱ区>Ⅲ区，轨道交通站点中心集聚趋势明显。

3．轨道交通站点空间覆盖圈层特征

①将主城区空间分为3个圈层，分别为一环线以内圈层（简称A圈层）；一环线与二环线之间圈层（简称B圈层）；二环线与三环线之间圈层（简称C圈层）。分别进行轨道交通站点500m覆盖范围内的用地分析（表6-22、图6-34）。

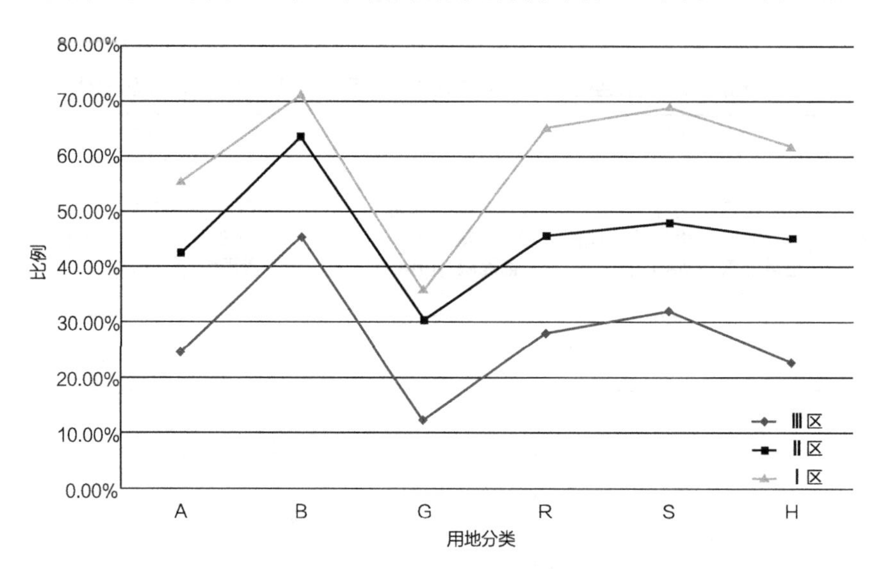

图6-33　Ⅰ、Ⅱ、Ⅲ区的土地利用结构与轨道交通站点覆盖范围用地结构比较图

A、B、C圈层用地构成一览表　　表6-22

用地分类（大类）	A圈层		B圈层		C圈层	
	面积（ha）	比例	面积（ha）	比例	面积（ha）	比例
A 公共管理与公共服务用地	309	6.94%	1612	11.77%	3734	7.52%
B 商业服务业设施用地	563	12.65%	1079	7.88%	2024	4.08%
E 非建设用地	1355	30.44%	1995	14.56%	12360	24.89%
G 绿地	462	10.38%	1651	12.05%	9615	19.36%
H 建设用地	3	0.07%	232	1.69%	660	1.33%
M 工业用地	2	0.05%	156	1.14%	5540	11.16%
R 居住用地	997	22.40%	4580	33.43%	9025	18.18%
S 交通设施用地	735	16.51%	2283	16.66%	5877	11.84%
U 公用设施用地	25	0.56%	113	0.82%	546	1.10%
W 物流仓储用地	0	0.00%	0	0.00%	267	0.54%
合计	4451	100%	13701	100%	49648	100%

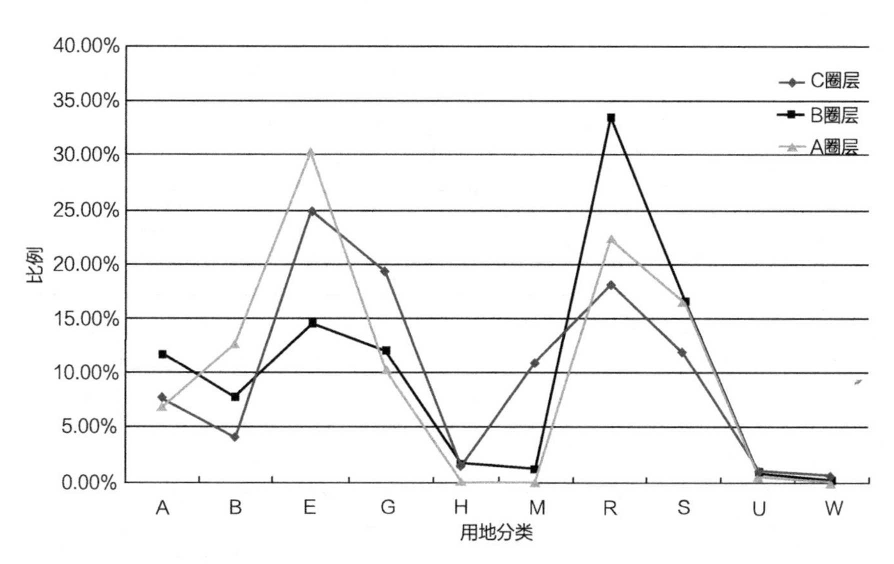

图6-34　A、B、C圈层用地构成图

从图6-34可以反映出以下特征：

a. B圈层的居住用地覆盖率最高；A圈层的商业服务业设施用地覆盖率最高。

b. 在地铁站点500m范围覆盖率上，A圈层＞B圈层＞C圈层，地铁站点中心集聚趋势明显。

②分析A、B、C圈层中，轨道交通站点500m范围内用地覆盖比例及各类用地覆盖的比例（图6-35、表6-23）。

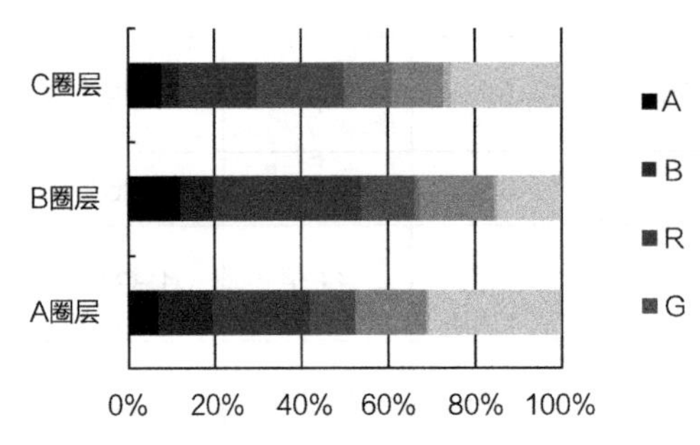

图6-35 A、B、C圈层用地构成条形图

A、B、C圈层轨道交通站点500m范围内用地覆盖比例一览表 表6-23

用地分类（大类）	A圈层			B圈层			C圈层		
	站点500m范围内的覆盖面积（ha）	圈层面积（ha）	比例	站点500m范围内的覆盖面积（ha）	圈层面积（ha）	比例	站点500m范围内的覆盖面积（ha）	圈层面积（ha）	比例
A公共管理与公共服务用地	171	309	55.34%	657	1612	40.76%	582	3734	15.59%
B商业服务业设施用地	401	563	71.23%	666	1079	61.72%	634	2024	31.32%
G绿地	165	462	35.71%	489	1651	29.62%	826	9615	8.59%
M工业用地	2	2	100.00%	22	156	14.10%	238	5540	4.30%
R居住用地	650	997	65.20%	1932	4580	42.18%	1569	9025	17.39%
S交通设施用地	415	735	56.46%	970	2283	42.49%	1344	5877	22.87%
U 公用设施用地	18	25	72.00%	62	113	54.87%	60	546	10.99%
W 物流仓储用地	0	0	0.00%	0	0	0.00%	17	267	6.37%
H建设用地	3	3	100.00%	66	232	28.45%	71	660	10.76%
E 非建设用地	73	1355	5.39%	70	1995	3.51%	51	12360	0.41%
合计	1898	4451	42.64%	4934	13701	36.01%	5392	49648	10.86%

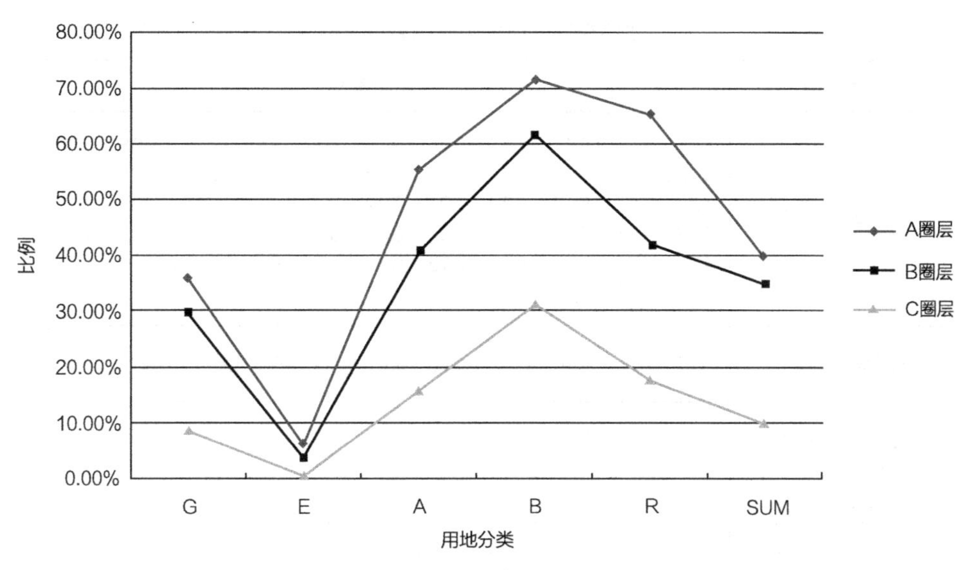

图6-36　A、B、C圈层轨道交通站点500m范围内各类用地覆盖比例

从图6-36可以反映出以下特征：

a．A、B圈层轨道交通站点覆盖率和覆盖范围内的土地利用结构非常相似，轨道交通站点覆盖率高；C圈层的轨道交通站点覆盖率整体上偏低。

b．轨道交通站点500m范围覆盖率随着中心区向外围逐渐递减。

4．轨道交通站点类型分析

用层次分析法对轨道交通站点500m范围内的用地构成进行分类，研究不同空间层次不同类型站点的分布情况（表6-24）；具体分类情况如图6-37所示。

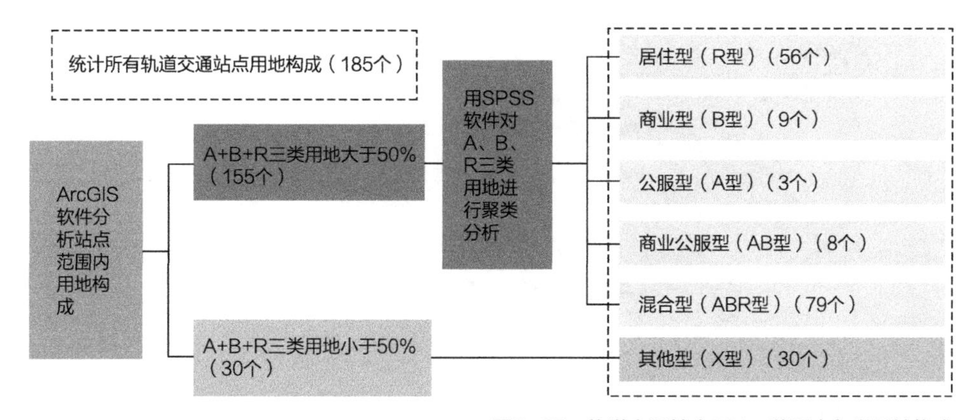

图6-37　轨道交通站点500m范围内各类用地构成

轨道交通站点分类一览表 表6-24

站点类型	站点编号
居住型（R型）	110、114、117、122、204、221、303、311、405、408、409、419、421、427、502、503、504、512、521、522、525、526、609、612、614、624、701、702、706、707、710、801、821、107、108、115、210、302、310、315、323、324、403、416、420、422、506、511、513、517、527、605、608、613、617、711（56个）
商业型（B型）	213、301、304、314、619、703、423、307、123（9个）
公服型（A型）	207、317、220（3个）
商业公服型（AB型）	203、212、214、319、406、514、615、819（8个）
混合型（ABR型）	101、109、111、112、113、116、118、119、121、202、205、206、208、209、211、215、216、217、219、224、305、306、308、309、312、313、316、318、321、404、407、410、412、413、417、424、428、501、505、507、508、509、516、520、523、528、601、602、618、620、621、622、625、626、627、704、705、708、709、712、713、714、718、802、803、804、805、806、808、814、815、816、817、818、820、822、823、824、826（79个）
其他型（X型）	102、106、120、125、126、222、223、225、228、322、402、411、414、415、418、425、426、510、515、518、519、611、616、623、716、717、720、807、810、825（30个）

图6-38 武汉市轨道交通站点编号图

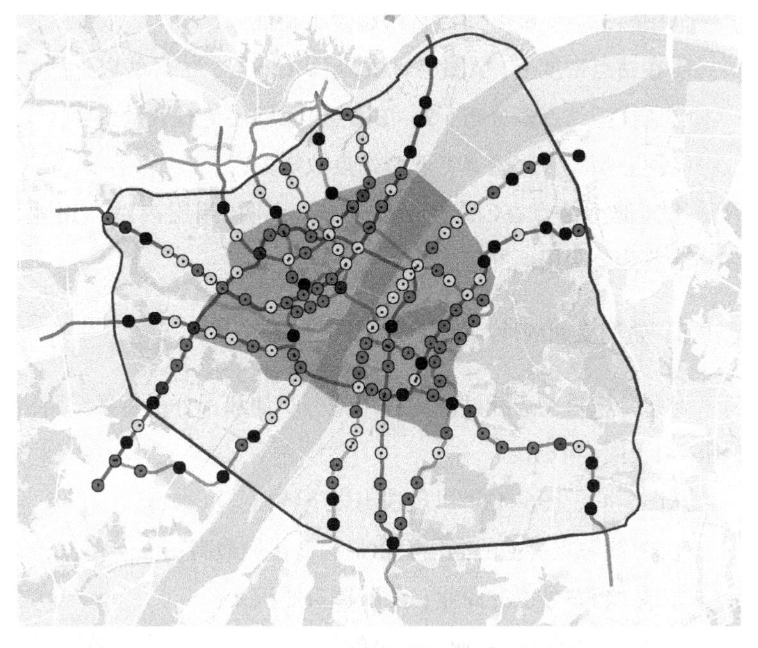

图6-39　武汉市轨道交通站点编号及500m范围图

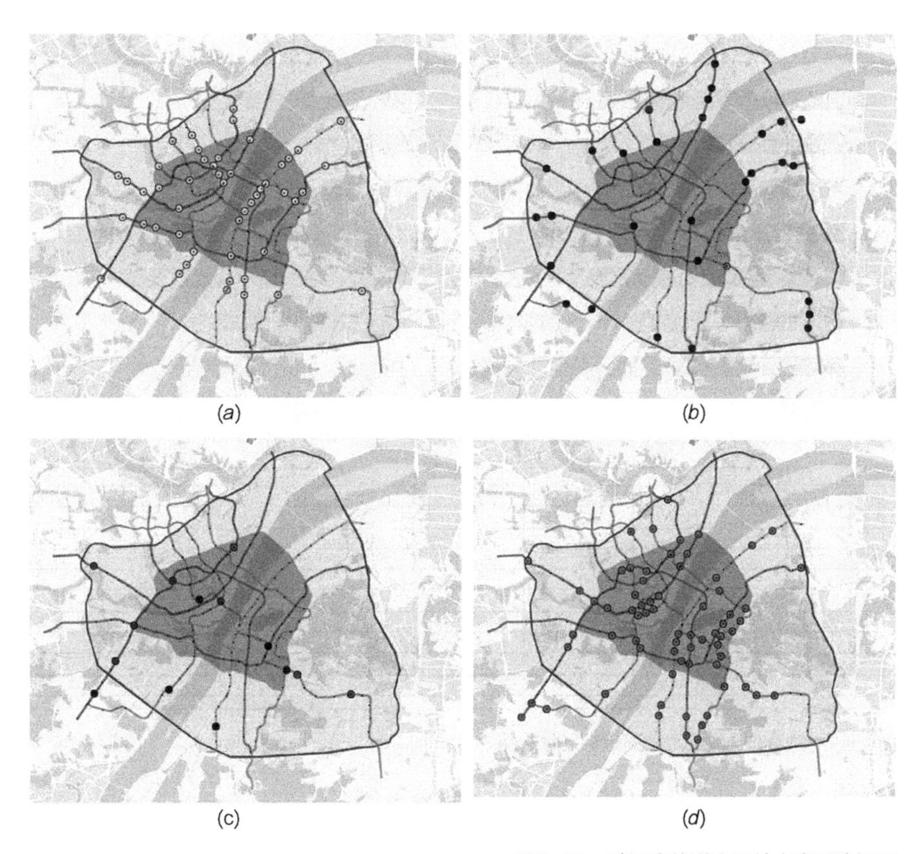

图6-40　武汉市轨道交通站点类型分析图
（a）居住型站点分布情况；（b）其他型站点分布情况；（c）专业型站点分布情况；（d）混合型站点分布情况

从图6-38～图6-40可以反映出以下特征：

①在站点密度上，A圈层≥B圈层≥C圈层，二环线以外的站点发育不够；

②居住型站点多分布于A、B圈层，C圈层绝对数量太少；

③商业型和公服型等专业型站点数量少；

④其他型站点在C圈层分布较多，说明C圈层内站点用地在开发上缺乏对居住、商业和公服用地的考虑。

5．轨道交通线性用地结构特征分析

对每条轨道交通线站点周边用地分类加和，分析每条线路覆盖规划用地的特征（图6-41、图6-42）。

从图6-41、图6-42可以反映出以下特征：

①5号线站点覆盖的居住面积最大、比例最高；

②2号线和3号线的商业、公服覆盖面积大；

③7号线的居住、商业、公服的覆盖率最低，没有有效覆盖主要城市功能。

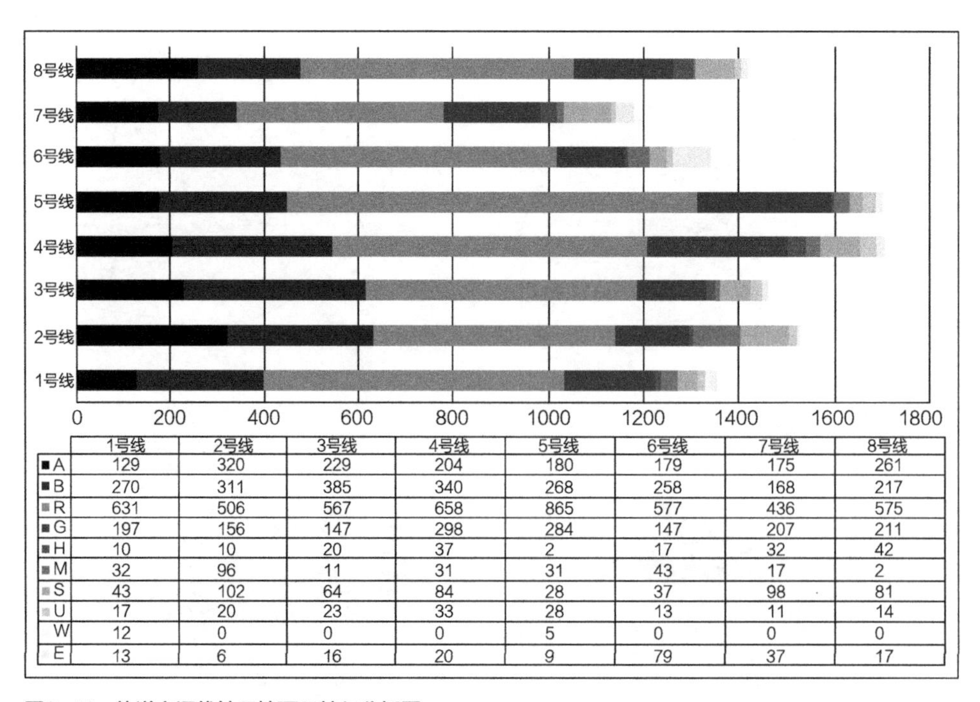

	1号线	2号线	3号线	4号线	5号线	6号线	7号线	8号线
A	129	320	229	204	180	179	175	261
B	270	311	385	340	268	258	168	217
R	631	506	567	658	865	577	436	575
G	197	156	147	298	284	147	207	211
H	10	10	20	37	2	17	32	42
M	32	96	11	31	31	43	17	2
S	43	102	64	84	28	37	98	81
U	17	20	23	33	28	13	11	14
W	12	0	0	0	5	0	0	0
E	13	6	16	20	9	79	37	17

图6-41 轨道交通线性用地面积特征分析图

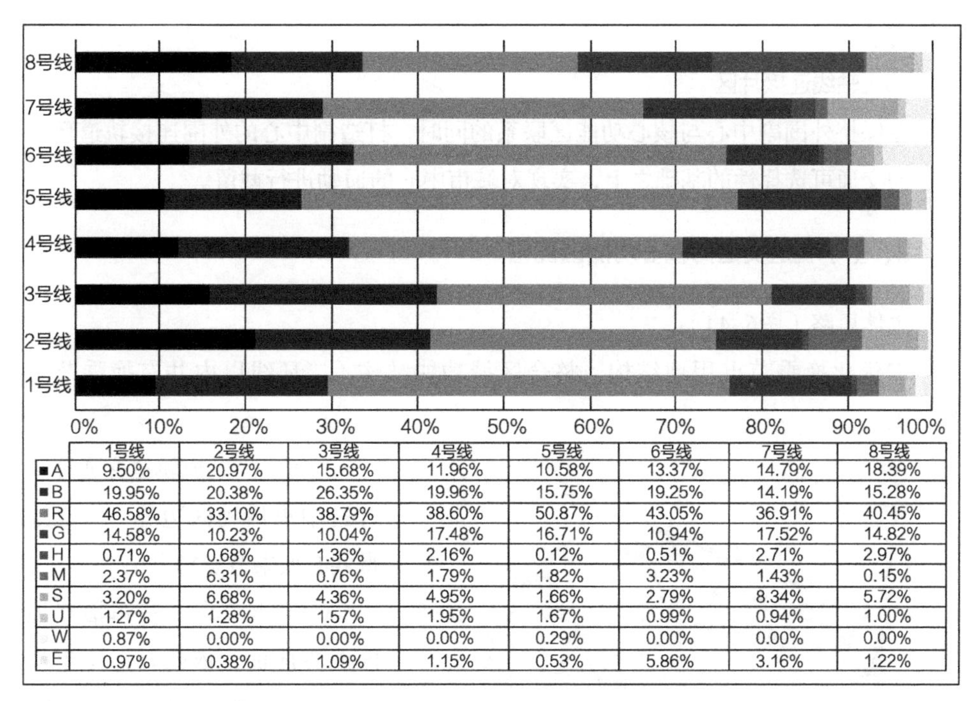

	1号线	2号线	3号线	4号线	5号线	6号线	7号线	8号线
A	9.50%	20.97%	15.68%	11.96%	10.58%	13.37%	14.79%	18.39%
B	19.95%	20.38%	26.35%	19.96%	15.75%	19.25%	14.19%	15.28%
R	46.58%	33.10%	38.79%	38.60%	50.87%	43.05%	36.91%	40.45%
G	14.58%	10.23%	10.04%	17.48%	16.71%	10.94%	17.52%	14.82%
H	0.71%	0.68%	1.36%	2.16%	0.12%	0.51%	2.71%	2.97%
M	2.37%	6.31%	0.76%	1.79%	1.82%	3.23%	1.43%	0.15%
S	3.20%	6.68%	4.36%	4.95%	1.66%	2.79%	8.34%	5.72%
U	1.27%	1.28%	1.57%	1.95%	1.67%	0.99%	0.94%	1.00%
W	0.87%	0.00%	0.00%	0.00%	0.29%	0.00%	0.00%	0.00%
E	0.97%	0.38%	1.09%	1.15%	0.53%	5.86%	3.16%	1.22%

图6-42　轨道交通线性用地比例特征分析图

6.6.3　基于轨道交通的主城区空间规划优化策略

1. 主城区空间规划结构优化策略

主体思路：创建外围发展节点，引领开发自平衡区域，减少区域间轨道交通的向心通勤需求（见图6-43）。

发展路径：“提升内核功能，发育外围中心，轴环连接片区”的城市空间紧凑发展。

（1）提升内核功能

升级核心区的功能，增加地区性服务职能，定位高端生产性服务业、高端商业，结合二环线以内高档居住集聚区，形成高消费活动自平衡区域。

（2）发育外围中心

二环线以外结合已有轨道交通发展条件和可能发展潜力，选择城市副中心，引领发展城市服务职能，带动发展职住平衡区域，减少区域间交通

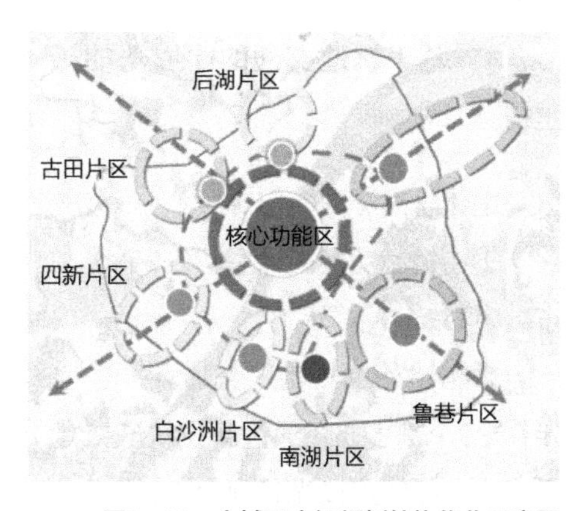

图6-43　主城区空间规划结构优化示意图

通勤需求。

（3）轴线连接片区

在保持外围副中心与核心功能区联系的同时，打造副中心的外围连接轨道环，在增加交通可选择性的基础之上，实现对城市中心的通勤进行截留。

2. 基于轨道交通的核心功能区优化

主体思路（图6-44）：

①优化换乘节点用地结构，整合区域功能结构（二环线以内共有换乘节点21个）；

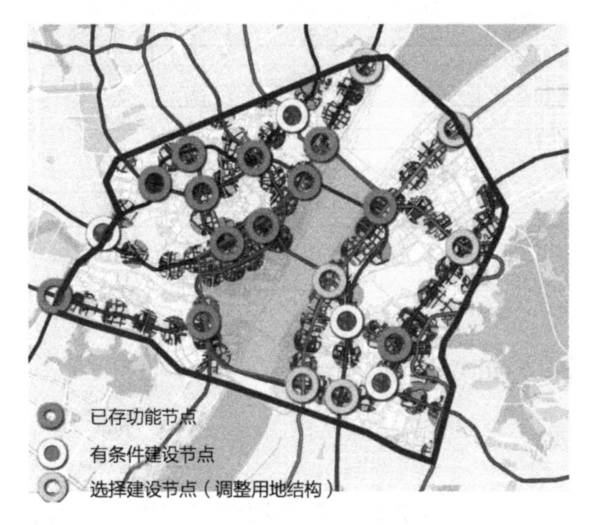

图6-44　基于轨道交通的核心功能区优化示意图

②辅以“既成轨道交通环”打造中央活动区边界（沿江地带共有换乘节点10个）；

③换乘节点在三镇沿江地区汇集成面，依此打造城市核心功能区，植入地区服务职能；

④城市核心功能区汉口成熟、汉阳潜力小、武昌重点发展，依此包括二七节点、永清节点、武商节点、江汉路节点、琴台节点、武泰闸节点（新建）、新生路节点（新建）和余家头节点（新建）；

⑤中央活动区外围更新打造节点有武泰闸节点、古田节点、南湖节点、岳家嘴节点。

3. 基于轨道交通的中心功能重构

主体思路（图6-45）：

①在核心功能区外围构筑9个城市副中心；

②构建外围“轨道交通环”连接其中7个副中心，通过新设轨道交通线或者专线连接光谷副中心；

③9个副中心包括：1中南城市

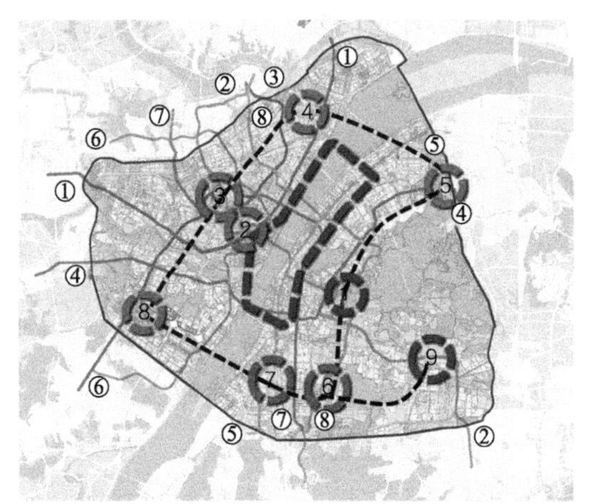

图6-45　基于轨道交通的中心功能重构示意图

副中心、2武商城市副中心、3唐家墩城市副中心、4后湖城市副中心、5杨春湖城市副中心、6南湖城市副中心、7武泰闸城市副中心、8四新城市副中心、9光谷城市副中心。

4. 基于轨道交通的城市功能结构规划

空间结构："节点引领，一核九心；均衡发展，八片纷呈"。

主体思路（图6–46）：

①选取轨道交通换乘节点及其覆盖范围作为城市中心选址；构筑核心功能区以及9个城市副中心；

②倡导片区轨道交通换乘平衡，在核心功能区外通过轨道交通环线设置7个副中心，实现通勤截留，并以此设立副中心引导片区均衡发展；

③将主城区主导功能定位于居住、商业、公共服务功能，并以三环线为界划定主城区范围。

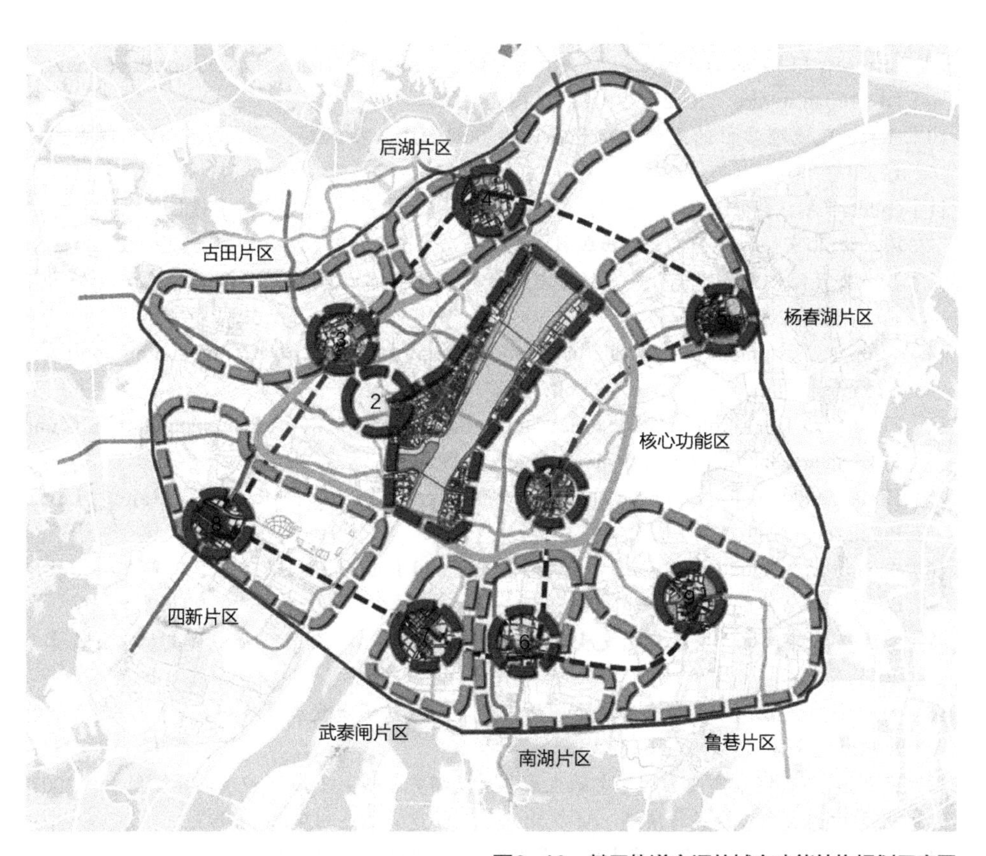

图6–46　基于轨道交通的城市功能结构规划示意图

参考文献

[1] Bourne L S. Internal structure of the city：Reading on urban form，growth and policy [M] . Oxford：Oxford University Press，1982.

[2] Sassen S. Cities in a world economy [M] . London：Pine Forge Press，1994.

[3] Brotchie J. The future of urban form：The impact of new technology [M] . London：Routledge，1989.

[4] Gillham O. The limitless city：A primer on the urban sprawl debate [M] . Washington D.C：Island Press，2002.

[5] Jenks M，Burton E，Williams K. The compact city：A sustainable urban form [M] . New York：E&Fn Spoon，2000.

[6] Mclaren D. Compact or dispersed dilution is no solution [J] . Built environment，1992，18（4）：268–284.

[7] Lopez R，Hynes H P. Sprawl in the 1990’s：Measurement，distribution and trends [J] . Urban affairs review，2003（38）：328–355.

[8] Edwin S M. Book review of urban sprawl cause，consequences and policy response [J] . Regional science and urban economics，2003（33）：251–252.

[9] Carruthers J L. The impacts of state growth management programmes：A comparative analysis [J] . Urban studies，2002，39（11）：1959–1982.

[10] HarveyD.地理学中的解释 [M] .高泳源，刘立华，蔡运龙，译.北京：商务印书馆，1996.

[11] Giddens A.社会学方法的新规则：一种对解释社会学的建设性批判 [M] .田佑中，刘江涛，译.北京：社会科学文献出版社，2003.

[12] Tom R B.结构主义的视野——经济与社会的变迁 [M] . 周长城，译.北京：社会科学文献出版社，2004.

[13] Tannier C，Pumain D. Fractals in urban geography：A general outline and an empirical example [J] . Cybergeo，2005，307：22.

[14] Zhou Y X. Definition of urban place and statistical standards of urban population in China Problem and solution [J] .Asian geography，1988，7（1）：12–18.

[15] Honachefsky W B. Ecologically based municipal planning [M] . Boca Raton：Lewis Publisher，1999.

[16] Antrop M. Background concepts for integrated landscape analysis [J]. Agriculture ecosystems and environment，2000，77：17–28.

[17] 黄亚平.城市土地开发及空间发展——以武汉市为例 [M].武汉：华中科技大学出版社，2011.

[18] 黄亚平，胡忆东，彭翀.武汉城市圈协同发展及武汉城市发展策略研究 [M] .武汉：华中科技大学出版社，2017.

[19] 高雪莲.超大城市产业空间形态的生成与发展研究 [M] .北京：经济科学出版社，2007.

[20] 胡俊.中国城市：模式与演进 [M] .北京：中国建筑工业出版社，1995.

[21] Ian L McHarg.设计结合自然 [M] .茵经纬，译.北京：中国建筑工业出版社，1992.

[22] 刘易斯•芒福德.城市发展史–起源、演变和前景 [M] .倪文彦，译.北京：中国建筑工业

出版社，1989.
[23] 苏伟忠，杨英宝.基于景观生态学的城市空间结构研究［M］.北京：科学出版社，2007.
[24] 吴薇，吴庆洲.近代武昌城市发展与空间形态研究［M］.北京：中国建筑工业出版社，2014.
[25] 顾朝林.经济全球化与中国城市发展［M］.北京：商务印书馆，1999.
[26] 姚士谋，陈振光，朱英明.中国城市群［M］.合肥：中国科学技术大学出版社，2006.
[27] 张京祥.城镇群体空间组合［M］.南京：东南大学出版社，2000.
[28] 高桥伸夫.新都市地理学［M］.东洋书林株式会社，1997.
[29] 朱喜钢.城市空间集中与分散论［M］.北京：中国建筑工业出版社，2002.
[30] 陈修颖. 区域空间结构重组［M］南京：东南大学出版社，2005.
[31] 李浩.生态学视角的城镇密集地区发展研究［M］.北京：中国建筑工业出版社，2009.
[32] 李国平.首都圈结构、分工和营建战略［M］.北京：中国城市出版社，2004.
[33] 柴彦威. 城市空间［M］.北京：科学出版社，2007.
[34] 方创琳，姚士谋，刘盛和，等.中国城市群发展报告（2010）［M］.北京：科学出版社，2011.
[35] 张勇强.城市空间发展自组织与城市规划［M］.南京：东南大学出版社，2006.
[36] 方创琳，鲍超，乔标.城市化过程与生态环境效应［M］.北京：科学出版社，2008.
[37] 叶必丰，周佑勇.行政规范研究［M］.北京：法律出版社，2002.
[38] 武进.中国城市形态：结构、特征及其演变［M］.南京：江苏科学技术出版社，1990.
[39] 丁成日.城市规划与空间结构［M］.北京：中国建筑工业出版社，2005.
[40] 孙施文.城市规划哲学［M］.北京：中国建筑工业出版社，1997.
[41] 姚士谋.中国大都市的空间扩展［M］.合肥：中国科学技术大学出版社，1998.
[42] 王兴平.中国城市新产业空间——发展机制与空间组织［M］.北京：科学出版社，2005.
[43] 朱东风.城市空间发展的拓扑分析——以苏州为例［M］.南京：东南大学出版社，2007.
[44] 冯健.转型期中国城市内部空间重构［M］.北京：科学出版社，2004.
[45] 熊国平.当代中国城市形态演变［M］.北京：中国建筑工业出版社，2006.
[46] 黄亚平.城市规划与城市社会发展［M］.北京：中国建筑工业出版社，2009.
[47] 张忠国.城市成长管理的空间策略［M］.南京：东南大学出版社，2006.
[48] 谢守红.大都市区的空间组织［M］.北京：科学出版社，2004.
[49] 储金龙.城市空间形态定量分析研究［M］.南京：东南大学出版社，2007.
[50] 段进.城市空间发展论［M］.南京：江苏科技技术出版社，2000.
[51] 陈友华，赵民.城市规划概论［M］.上海：上海科学技术文献出版社，2000.
[52] 孙施文. 城市规划理论［M］. 北京：中国建筑工业出版社，2004.
[53] 黄亚平.城市空间理论与空间分析［M］.南京：东南大学出版社，2002.
[54] 顾朝林，甄峰，张京祥.积聚与扩散——城市空间结构新论［M］.南京：东南大学出版社，2000.
[55] 周春山.城市空间结构与形态［M］.北京：科学出版社，2007.
[56] 张京祥，崔功豪.区域与城市研究领域的拓展：城镇群体空间组合［J］.城市规划，1999，23（6）：37–39.
[57] 朱才斌.现代区域发展理论与城市空间发展战略——以天津城市空间发展战略等为例［J］.城市规划学刊，2006（5）：30–37.
[58] 刘健.区域•城市•郊区——北京城市空间发展的重新审视［J］.北京规划建设，2004（2）：64–67.
[59] 张晓春，林涛.都市圈背景下城市综合交通规划研究——以佛山市为例［C］//中国城市规划设计研究院城市交通专业研究院.http://www.sutpc.com/papershow.asp?id=199.

[60] 胡跃平.城市群发展的阶段性及其空间策略的适应性——武汉城市圈的规划实践 [J].城市规划学刊，2009（Z1）：7-11.
[61] 李志刚，吴缚龙，高向东."全球城市"极化与上海社会空间分异研究 [J].地理科学，2007（3）：304-311.
[62] 庞晶，叶裕民.全球化对城市空间结构的作用机制分析 [J].城市发展研究，2012（4）：56-60.